터널 설계와 시공 Basic for Expert

터널 설계와 시공

Basic for Expert

김재동 · 박연준 저

씨아이알

머리말

이 책은 대학에서 터널공학을 공부하는 공학도나 터널 건설 현장에서 활동하는 초급기술자들의 공학적 능력을 향상시키고자 하는 목적으로 저술되었다. 따라서 기초적이고 필수적인 터널공학의 이론들과 현장 적용 기술들을 체계적으로 정리하였으며 가능한 범위에서 터널 건설 현장에서의 적용성을 쉽게 파악할 수 있도록 하였다.

1장의 서언에는 터널의 의의, 역사, 활용 등에 대한 개략적 내용을 정리하였으며, 2장과 3장에는 터널 설계와 시공을 위한 기초자료가 되는 지질 및 지압의 특성, 조사 항목 및 자료 획득 방법과 설계에의 활용성 등을 터널 공학의 측면에서 설명하였다.

4장의 터널 설계에서는 최근까지 발전된 설계 기법들을 이론적 배경과 함께 설명하였다. 이와 함께 NATM 공법이나 NMT 공법과 같은 최근의 발전된 설계 개념과, 설계를 시공과 연결하는 계획의 수립 부분도 현업에서의 진행과정을 이해할 수 있는 수준으로 다루었다.

5장은 터널 시공을 위한 굴착 방법을 발파에 의한 방법과 기계에 의한 방법으로 나누어 간략히 장비를 중심으로 설명하였으며, 6장에는 설계에 근거하여 시공되는 지보재 각각에 대하여 특성과 효과, 시공 방법 등을 설명하였다. 아울러 방배수에 대한 부분도 터널 시공의 전반적 흐름에 대한 이해를 돕기 위하여 수록하였다.

터널은 양호한 암반에 시공하는 것이 바람직하지만, 여러 가지 이유로 취약한 지질 조건의 지반을 관통해야 하는 경우도 빈번하므로, 이때 고려할 수 있는 특수 공법에 대한 부분도 소개하였다. 마지막으로 시공 후 터널의 안정적 유지를 확인하기 위해 실시하는 계측에 대한 사항도 기술하였다.

이 책의 특징으로는 부록에 수록한 설계 예제이다. 터널 설계의 전부라고 할 수는 없으나 기초적으로 지반 조사 자료로부터 터널의 지보설계 과정을 순차적으로 파악하고 실감하는 데 크게 도움이 될 것으로 믿는다.

터널공학에 대한 입문서로서 대학에서 공부하는 공학도나 초급 엔지니어들에게 도움이 될 수 있도록 많은 그림과 사진들을 수록하고, 가급적 기초를 다지는 데 필요한 부분들로 책을 구성하고자 노력하였다. 이 책의 저술에 많은 도움을 주신 김기석 박사님, 박영도 박사님, 서영호 박사님, 김종훈 박사님께 깊은 감사를 드리며 이 책을 정독한 후 보다 높은 수준의 전문 서적들을 탐독하기를 권한다.

CONTENTS

Chapter 04 터널 설계

Chapter 05 터널 굴착

Chapter 06 지보 시공

Chapter 07 계측

Chapter 01

서언

Chapter 01 서언

1.1 터널공학의 공학적 의의

과학(science)과 공학(engineering)의 차이는 무엇일까? 과학은 호기심(curiosity)에서 시작하여 사물과 현상을 포함하는 미지의 영역에 대한 발견(finding)과 이해(understanding)를 추구한다고 하고, 공학은 이러한 과학적 발견과 이해를 토대로 우리 인류에게 필요한 도구(tool)와 방법(method)을 개발하고 사물과 환경을 창조(creation)하는 것이라고들 한다. 20세기 후반에 들어 이러한 과학과 공학의 경계가 상당히 무너지긴 하였으나 공학의 기본적인 자세가 경제성의 추구에 있다는 것을 염두에 둔다면 둘 사이에 대상을 바라보는 관점에서 차이가 존재하는 것은 엄연한 사실이다.

터널을 두고 보면 이러한 과학과 공학의 차이를 확연하게 이해할 수 있다. 하나의 터널을 건설하기 위해서는 지질학이나 광물학, 암석학, 지질구조학, 지구물리학, 암석역학, 수리학 등과 같은 과학적 지식이 필요하며, 여기에 암반공학, 물리탐사공학, 지질공학, 발파공학, 굴착공학, 기계공학, 전기공학, 통신공학 등 여러 가지 공학적 지식과 경험이 더해져야 한다.

이러한 모든 분야에 대한 지식과 경험을 한 사람이 가지고 있기는 사실 불가능하다고 할 수 있으며, 또한 터널서 각 분야의 중요성이 차등적이라고 단언하기도 어렵다. 현재의 공학적 발전은 어느 한 분야의 독보적인 발전에 의존한 결과 성취된 것은 아니며 오히려 상호 협력에 의해 이루어지는 공동의 성과라고 해야 맞다. 이러한 관점에서 볼 때, 특히 과학자나 공학자들이 관련 분야에 대해 깊게 이해하고 헌신적으로 협력함으로써 인류의 복지와 발전에 기여할 수 있을 것이다.

공학자는 영어로 엔지니어(engineer)이다. 이 말은 프랑스어로 '재능이 있는'이라는 뜻을 지닌 'genie'에서 유래되었다고 한다. 즉, 공학자가 추구해야 할 최고의 덕목은 창의성과 인류에 기여할 수 있는 사명감이라고도 할 수 있다. 터널의 건설에 종사하는 터널 엔지니어야 말로 이러한 덕목이 최고로 필요한 엔지니어이다. 정직하고 공정하게 전문 엔지니어로서 인류의 복지 증진을 위해 자신의 지식과 기술을 사용하며 연관된 분야와의 협력을 아끼지 말아야 한다.

1.2 터널의 발전사

자연적으로 형성된 동굴이나 지하공간을 통로로 사용한 고대로부터 터널의 역사를 살펴볼 수 있으나, 인류가 인위적으로 터널을 건설한 역사는 광산에서부터 시작한다. 기원전 4만년부터 개발된 남아프리카 스와질란드의 Bomvu Ridge 광산에서 적철석을 채광한 예로부터 신석기시대에 부싯돌을 이용하여 프랑스, 스웨덴, 오스트리아 등지에서 석회석, 암염 광산들이 운영된 기록이 남아 있다.

이후 구리의 제련기술이 발달하여 금속제 굴착도구들이 발명됨에 따라 이집트에서는 피라미드를 만들기 위해 터널을 굴착하기도 하였으며, 농사를 위한 물을 저장하기 위해 지하공동을 굴착하기도 하였다. 로마인들은 보다 조직적으로 군사용, 교통수단, 용수로 및 배수로 등의 목적으로 터널을 건설하고 사용하였다. 서기 180년경 로마인에 의해 아테네에 건설된 수로터널은 아직도 사용되고 있는 정도이다. 서기 3세기경 기독교로의 개종으로 순교한 성 바르바라(St. Barbara)는 순교할 때 맑은 하늘에서 천둥과 벼락이 쳐 그녀를 참수한 그녀의 아버지를 죽였다고 하여, '천둥과 번개, 화재, 폭풍, 폭발'과 같은 모든 위험에 대한 수호신으로 불리게 되었다. 성 바르바라는 광부와 터널기술자, 어부와 포병, 소방원들의 수호신으로 잘 알려져 있으며, 순교일인 12월 4일은 여러 나라에서 기념일로 하고 있다.

중세에 들어 흑색화약의 발명은 암석을 굴착하는 데 큰 영향을 미쳤다. 그러나 발파공의 천공은 여전히 수작업에 의존하였다. 이 시대에는 말을 이용한 양수장치가 개발되기도 하였으며, 수차에 의해 작동하는 피스톤식 펌프가 발명되어 지하 심부까지 채광이 가능하게 되었다. 18세기에는 증기기관의 발명으로 광산에까지 사용되었고, 최초의 대규모 운하터널인 '미디운하(Canal du Midi)'가 화약을 사용하여 굴착되었다.

19세기 후반은 터널 굴착의 황금기라고 할 만하다. 산업사회로의 진행과 함께 기계식 채탄기와 암석용 천공기, 다이너마이트의 발명 등에 힘입어 터널 굴착도 눈부시게 발전하였다. 이때에 알프스 산맥을 관통하는 3개의 터널이 완공되었으며, 미국에서는 20세기 초에 해발 3,500m를 넘는 로키 산맥을 관통하여 철도터널을 건설하였다. 솔트 레이크 시티(Salt Lake City)와 덴버(Denver)를 연결하는 9.6km의 이 터널은 7시간이 걸리던 것을 12분으로 단축시켰다.

이후 자동차의 발명은 터널에도 크게 영향을 미쳤다. 터널의 규모와 자동차의 매연을 해결하기 위한 통기시설 등 터널 굴착방법과 설비의 발전이 필요했으며, 불리한 지질조건들을 극복하기 위한 많은 연구와 기술 개발이 뒤따랐다.

우리나라에서는 일제강점기 시절 철도의 개발을 시작으로 터널의 본격적인 건설이 시작되었다. 광복 후 21세기 초에 이르는 지금까지 터널 건설 기술은 눈부시게 발전하여 현재 세계 최고의 기술수준에 이를 정도이다. 1990년대 영동고속도로의 4차로 확장공사에서 3.3km의 둔내터널이 완공되었고 이후 2012년 현재 국내 최장 고속도로 터널인 5.1km의 배후령터널이 건설되었다. 계획 중인 터널로는 현재 공사 중인 동서고속도로 구간 내의 10.9km의 인제터널이 있다. 철도터널로는 현재 20.3km의 금정터널이 최장이다.

2012년 초를 기준으로 전국의 터널은 1,382개(974.7km)이다. 25년 전인 1987년에 70개에 불과했던 터널은 1997년 184개로 증가하였고, 이후 10년간 1,064개로 1,000개 이상의 터널이 건설되었다. 비축기지와 같은 지하공동 굴착을 포함한 우리나라의 터널 건설 현황은 [표 1-1]과 같다. 우리나라 국토개발에 대한 계획에 따르면 향후 10년간 지금까지의 건설량 만큼의 터널이 추가로 필요할 것으로 예상하고 있다.

[표 1-1] 국내 터널 건설 현황(2012년 초 현재)

종류	길이(km)
철도터널	373.6
고속철도터널	152.7
도로터널	974.7
지하철	544.9
비축기지	30
전력터널	117
통신터널	267
합계	2,459.9

우리나라의 지하철 건설은 대도시의 교통난 해소를 위해, 1974년 서울에서 지하철 1호선이 개통·운행되기 시작한 이래 총 연장 544.9km가 건설되었다. 이후 부산, 대구, 광주, 대전 등지에서 건설·운영되고 있다.

[표 1-2] 국내 지하철 노선별 연장

지하철 노선	길이(km)	개통일
서울 1	7.8	1974. 08. 15.
서울 2	60.2	1980. 10. 31.
서울 3	38.2	1985. 07. 12.
서울 4	31.7	1985. 04. 20.
서울 5	52.3	1995. 11. 15.
서울 6	35.1	2000. 08. 07.
서울 7	46.9	1996. 10. 11.
서울 8	17.7	1996. 11. 23.
서울 9	27.0	2009. 07. 24.

지하철 노선	길이(km)	개통일
부산	131.2	1985. 07. 19.
광주	20.1	2004. 04. 28.
대구	53.9	1997. 11. 26.
대전	22.7	2006. 03. 16.
총 연장	544.9	

[그림 1-1]은 서울 지하철 5호선 여의도와 마포를 연결하는 한강 하저 지하철 터널의 구간도이다. 이 구간은 균열이 심하게 발달된 하상 풍화암층을 뚫고 건설하였다. 건설기간 단축을 위해 강 중간에 임시로 인공섬을 만들고, 수직터널을 건설하여 하부로 내려간 후 수평으로 터널을 굴착하는 방법을 사용하였다.

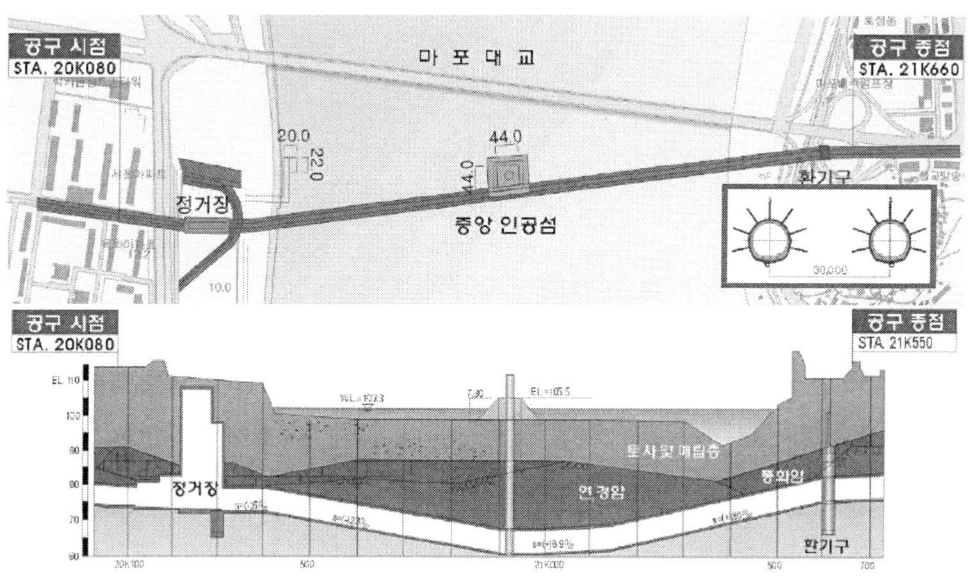

[그림 1-1] 서울 지하철 5호선 여의도 부근의 하저 지하철 터널 구간도

[그림 1-2]와 같이 터널은 주로 교통을 위해 건설되지만, 산업의 발전에 따라 여러 가지 용도의 산업용 터널이 건설되었다. 수로터널의 경우 [그림 1-3]에 도시한 것과 같이 1965년 이래 2012년 현재까지 145km가 건설되었으며, 전력선의 지하화와 통신 선로의 확보를 위해 국가적인 사업으로 전력구와 통신구의 건설도 꾸준히 계속되고 있다. 최근에는 터널의 활용성을 높이기 위해 이들을 통합 운영하는 공동구도 건설되고 있다.

[그림 1-2] 수리터널(서울외곽순환도로 판교지점, 편도 4차선, 폭 17.94m, 길이 1,882m)

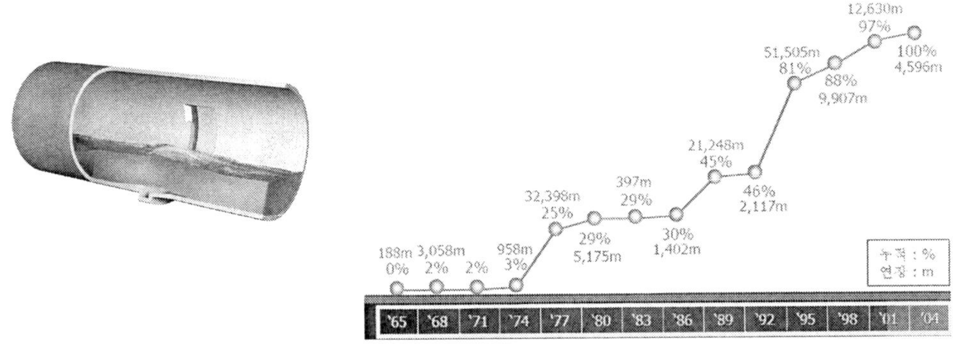

[그림 1-3] 우리나라 수로터널의 건설 현황

1.3 터널의 종류와 특성

터널은 구조적으로 볼 때 단순한 형태를 띠고 있으나 건설 대상 지반의 지질이나 위치, 단면의 크기, 모양, 사용 목적, 시공방법 등에 따라 매우 다양하게 구분된다. 이는 현재 터널이 여러 용도로 다양하게 활용되고 있는 것을 반영하고 있다고 할 수 있다. 터널은 [표 1-3]에서 분류한 것과 같이 용도, 지질, 형태, 공법, 위치, 연장 등 다양한 기준에 의해 분류할 수 있다.

[표 1-3] 터널의 종류

구분 기준	내용
사용 목적	• 철도터널 • 도시철도터널 • 도로터널 • 수력발전용 도수터널 • 상하수도용 배수터널 • 산업용 터널(광산터널, 통신구(通信溝), 전력구, 지하공동 관련 터널 등)
시공방법	• 개착식 터널 • 실드(shield) 터널 • 침매(沈埋) 터널 • 천공발파식 터널 • 기계굴착식 터널
건설 위치	• 도심지터널 • 산악터널 • 하저터널 • 해저터널
길이	• 초장대(10km 이상) 터널 • 장대(3～10km) 터널 • 보통(1～3km) 터널 • 짧은(1km 이하) 터널

구분 기준	내용
단면 크기	• 초대단면(100m^2 이상) 터널 • 대단면($50\sim100\text{m}^2$) 터널 • 중단면($10\sim50\text{m}^2$) 터널 • 소단면($3\sim10\text{m}^2$) 터널 • 극소단면(3m^2 이하) 터널
단면 모양	• 마제형 터널 • 원형 터널 • 사각형 터널 • 계란형 터널
지질	• 경암터널 • 연암터널 • 토사터널 • 특수지반터널(팽창성 지반, 미고결 지반 등)
경사	• 수평터널 • 경사터널 • 수직터널
차로(車路)의 수	• 단선터널 • 복선터널 • 대면(對面)터널

터널은 다른 토목구조물들에 비해 상대적으로 단순한 형태를 가진다. 대부분의 터널은 동일한 단면형상을 유지하면서 일차원적인 선상으로 구축된다. 그러나 복수의 터널이 평행하게 진행하거나 교차하는 경우도 있는데, 이러한 경우에는 안정성에 대한 해석이 설계상의 중요한 문제로 대두된다.

터널을 건설하는 데에는 막대한 비용이 소요된다. 따라서 터널의 내부 공간을 효율적으로 활용하는 것은 매우 중요한 문제이다. 도로나 철도터널과 같은 교통터널의 경우에는 필요한 차로나 인도를 설치하기 위한 공간을 제외하면 대체로 터널의 안정성을 확보하기 위한 정도의 형태가 필요하다. 하지만 전력구나 산업용 터널 등과 같이 특정한 사용목적이 있는 경우에서는 내부 공간의 배치가 크게 달라질 수 있다. [그림 1-4]는 도로터널의 내부 공간 배치를 보여주고 있으며, [그림 1-5]와 [그림 1-6]은 전력구와 통신구로 사용되는 소형 터널의 규격 및 내부 구조를 보여주고 있다.

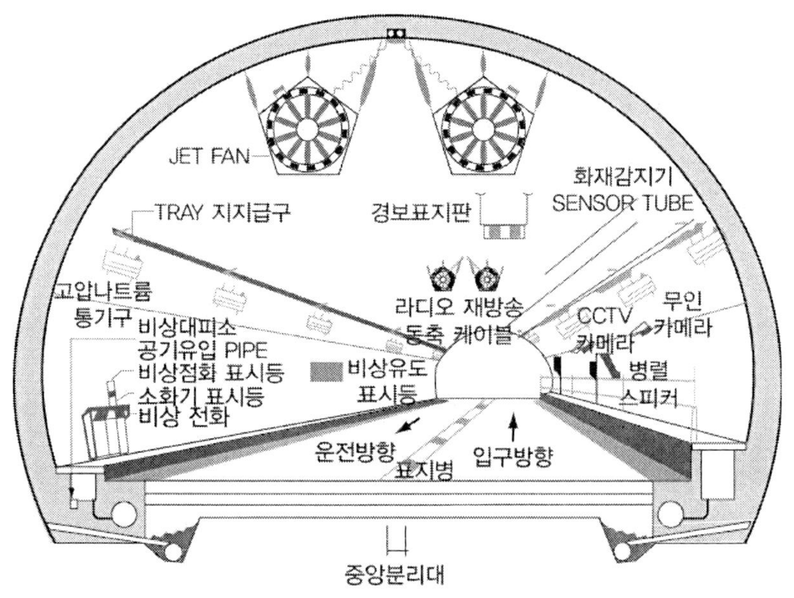

[그림 1-4] 터널 내부 공간의 배치

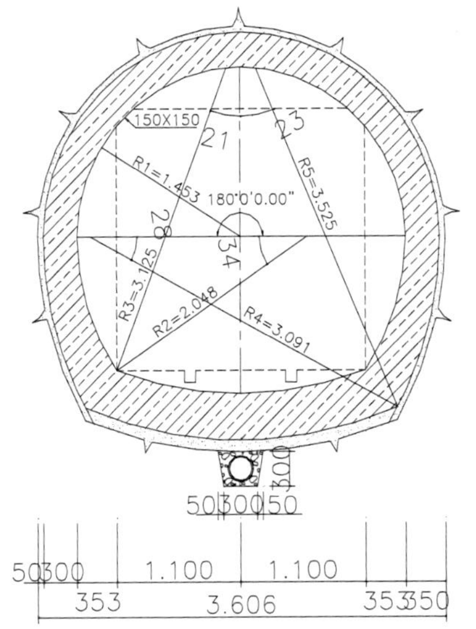

[그림 1-5] 전력터널(직경 2.4~5.0m, 총연장 117km)

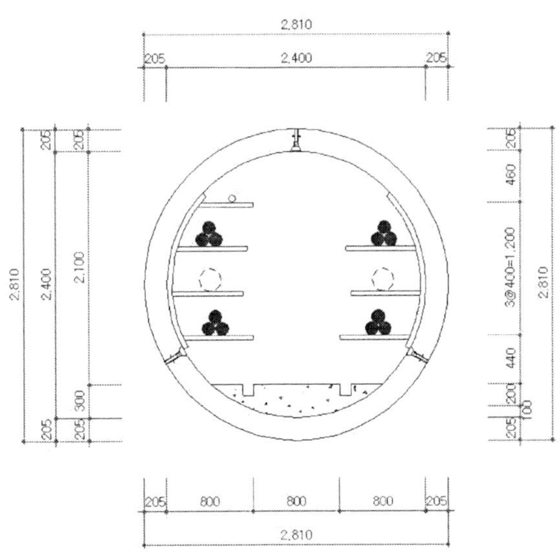

[그림 1-6] 통신터널(직경 2.0~3.5m, 총연장 267km)

Chapter 02

지질과 지압

Chapter 02 지질과 지압

터널의 건설은 지반을 대상으로 하며, 따라서 당연한 이야기지만 지질에 대한 지식이 없이는 터널의 건설이 불가능하다고 단언할 수 있다. 또한 지중에는 여러 가지 요인에 의하여 지압이 작용하고 있는데, 지압은 공학적으로 터널을 설계하고 시공하는 부분 전체에 영향을 미치는 중요하고도 기본적인 요소라고 할 수 있다.

본 장에서는 우리나라의 지질에 대한 개요, 지압이 작용하는 원리 및 상태 등과 이들이 터널의 설계와 시공에 미치는 중요성에 대해 기술하였다.

2.1 한국의 지질

2.1.1 암석의 종류와 성인

지구의 크기를 계란으로 축소시켜 놓았을 때 계란 껍데기의 두께에 해당하는 부분이 지각이다. 지각은 대륙지각과 해양지각으로 크게 나뉘는데, 대륙지각은 다양한 암석들로 구성되며 평균두께가 30km 정도이다. 반면에 해양지각의 대부분은 해령에서 형성되는 현무암질의 암석들로 구성되며 두께는 보통 5~8km 정도이다.

우리나라는 유라시아 대륙판의 동쪽 연변부에 위치하고 있다. 따라서 우리나라의 지질은 대륙지각에서 흔히 관찰되는 편마암, 화강암, 편암, 그리고 여러 종류의 퇴적암류로 구성된다. 우리나라와 중국 사이인 서해의 경우 현재 퇴적물이 쌓이는 중이며 이 퇴적물들 아래에는 대륙지각이 존재한다. 따라서 서해바다의 해저에 터널을 시공한다면 다양한 대륙지각의 암석들을 접할 수 있을 것이다. 그러나 동해는 주로 해양지각으로 구성되어 있으므로 해저터널 시공 시 주로 현무암 계열의 암석을 접하게 될 것이다.

일반적으로 지각의 암석은 화성암, 변성암, 퇴적암으로 구분한다. 화성암은 용융된 암석물질이 냉각되면서 결정들이 성장하며 형성된 암석이다. 일반적으로 화성암은 포함된 SiO_2의 양에 따라 화학적으로 구분된다. 예를 들어, SiO_2의 양이 감소하면서 화강암－섬록암－현무암 등으로 화학적으로 구분된다. 화성암은 또한 관입된 위치에 따라 구분되기도 하는데, 화강암의 경우는 심부에 관입한 경우이고 동일한 화학조성을 갖는 마그마가 지표로 분출할 경우에는 유문암이 된다.

퇴적암은 성인에 따라 쇄설성과 비쇄설성으로 구분된다. 쇄설성 퇴적암은 풍화작용에 의한 암석의 풍화물이 주로 물의 흐름에 따라 이동하다가, 유속에 의한 에너지가 퇴적물들을 더 이상 이동시키지 못하는 지점에서 퇴적되어 고결작용들을 겪은 후 형성된 암석이다. 비쇄설성 퇴적암은 생명체의 유기작용, 증발 등과 같은 화학적 작용에 의해 형성되며 대표적인 예로 석회암을 들 수 있다.

우리나라의 영월 등지에서 산출하는 석회암은 주로 바닷물의 온도가 따뜻하고 쇄설성 퇴적물의 공급이 적은 바다에서 퇴적된 것이다. 이와 같이, 지질학자들은 퇴적암을 관찰한 후 고환경을 유추하여 과거의 지사를 복원하는 데 이용한다.

변성암은 화성암이나 퇴적암이 고온, 고압의 변성작용을 경험한 후 형성되는 암석이다. 지각의 심부로 들어갈수록 지온구배(약 20～25°C/km)에 의해 온도가 증가하며, 압력은 상부 암석의 하중이 증가함에 따라 같이 증가한다(압력＝밀도×중력가속도×심도). 지하 심부의 온도, 압력조건이 지표와 다르기 때문에 광물들이 화학반응을 하여 새로운 광물을 형성한다. 잘 알려진 예로서 온도와 압력이 증가할 때 셰일－점판암－천매암－편암－편마암 순으로 암석이 변화하는 것을 들 수 있다. 편마암이 형성된 후 변성조건이 더 높아지면 암석이 부분용융을 하게 되어 미그마타이트(섞인 암석이라는 뜻)가 형성되기도 한다.

우리나라의 경우 화천지역에서 이러한 미그마타이트 구조를 보이는 편마암이 관찰된다. 변성작용이 많이 진행될 경우 형성되는 부분용융물들은 한 곳으로 모여서 마그마를 형성한다. 즉, '마그마-화성암-풍화물-퇴적물-퇴적암-변성암-마그마'로 순환고리가 만들어지는데, 이러한 작용을 암석의 순환작용이라고 한다.

2.1.2 지질경계

지질경계를 설명하기 위해서 지사학의 법칙에 대한 이해가 필요하다. 지사학의 5대 법칙은 (1) 동일과정의 법칙, (2) 지층누중의 법칙, (3) 동물군 또는 식물군 천이의 법칙, (4) 부정합의 법칙, (5) 관입의 법칙 등이 있다. 이를 간단히 설명하면 다음과 같다.

(1) **동일과정의 법칙**: '현재는 과거의 열쇠이다'로 함축될 수 있는 이 법칙은 현재에 일어나는 지질현상들이 과거에도 동일하게 일어났음을 의미한다. 즉, 현재의 지질현상을 잘 이해함으로써 과거의 지사를 규명할 수 있음을 의미한다.

(2) **지층누중의 법칙**: 퇴적층이 형성될 때 먼저 쌓인 지층이 아래에 놓이고, 나중에 쌓인 지층은 먼저 쌓인 지층 위에 놓인다는 법칙이다.

(3) **동물군 또는 식물군 천이의 법칙**: 각 단위 지층 속에는 고유한 동식물 화석군이 있어 그 아래나 위의 지층에서 나오는 화석군과는 완전히 다르며, 이들 화석군은 연속된 지층의 경우 아래에서 위로 갈수록 진화되어 간다는 개념이다. 어떤 화석군은 모든 지질시대를 통해 한 시대에만 나오므로 반복되지 않는다. 이러한 화석을 표준화석이라 하며 표준화석을 알면 해당 지층의 지질시대를 알 수 있다.

(4) **부정합의 법칙**: 하부의 지층이 퇴적된 후 융기작용 등에 의해 하부퇴적층의 일부가 침식된 후 다시 퇴적작용이 일어날 때 상부퇴적층의 가장 하부가 부정합면이 된다. 부정합면을 경계로 상당한 퇴적연대의 차이가 있음을 설명하는 법칙이다.

(5) **관입의 법칙**: 대규모의 마그마 또는 암맥이 지하에서 기존의 암석(모암)에 관입을 할 때 모암의 형성이 관입암의 형성보다 시간적으로 앞선다는 법칙이다.

위에 설명된 법칙을 적용하면 어떠한 지역의 지사를 구명할 수 있는데, 그 실질적인 예는 [그림 2-1]에 도시되어 있다.

지사학의 법칙 중 (2) 지층누중의 법칙, (4) 부정합의 법칙, (5) 관입의 법칙은 지질경계의 형성과 관계가 있다(우리나라의 토목 관련 분야에서는 지질경계 'geologic boundary' 대신 암종경계 'lithologic boundary'라는 용어가 더 흔히 사용되지만, 모든 지질경계가 항상 암종경계는 아니므로 암종경계보다는 지질경계라는 용어의 사용이 바람직하다. 이러한 이유로 이 책에서는 지질경계라는 용어를 사용한다).

지질경계에는 (1) 퇴적경계, (2) 관입경계, (3) 단층경계의 세 종류가 있다.

(1) **퇴적경계**: 퇴적경계는 다시 정합경계와 부정합경계로 구분된다. 지층누중의 원리에 의해 형성된 정합경계는 서로 거의 평행하고 상부로 갈수록 젊어지는 경계이다(예 [그림 2-1] 퍼즐 2의 1, 2, 3, 4, 5, 6층 간의 지질경계). 부정합경계의 경우에는 부정합면을 경계로 상하부층의 퇴적시기가 많은 차이가 나게 된다(예 [그림 2-1] 퍼즐 1의 1, 2층 간의 지질경계). 일반적으로 부정합면 상부의 지층만이 부정합면과 평행하다. 그러나 상하부층 모두 부정합면과 평행할 수가 있는데, 이 경우에는 평행부정합이라 부른다.

(2) **관입경계**: 마그마 기원의 관입암이 주변암(또는 모암)에 관입하면서 형성되며, 그 예로는 [그림 2-1] 퍼즐 2의 7번 관입암과 1에서 6번의 지층 모두와의 경계를 들을 수 있다.

(3) **단층경계**: 원래 다른 위치에 있던 암석들이 단층면을 따라 이동하여 현재 같이 접합해 있는 경계이다(예 [그림 2-1] 퍼즐 5의 2와 2 사이, 2와 3 사이의 경계).

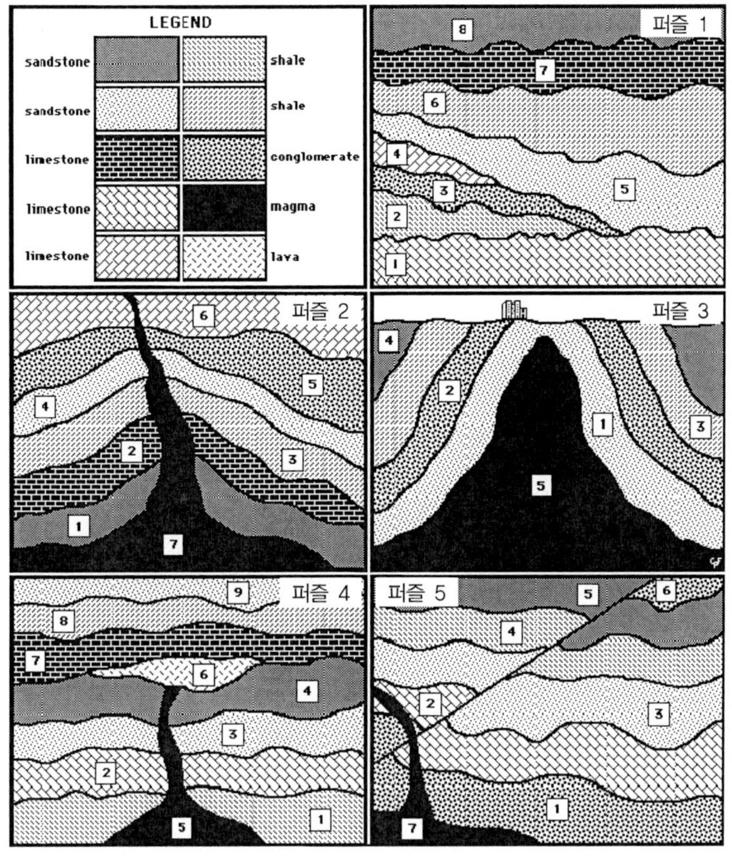

[그림 2-1] 지층누중의 법칙을 이용한 지층의 선후 관계 규명 예(암석의 번호들은 각 층의 형성 순서를 의미함). 용어 설명 : sandstone – 사암, limestone – 석회암, shale – 셰일, conglomerate – 역암, magma – 마그마가 굳어 형성된 화성암, lava – 지표에 분출한 마그마가 굳어서 형성된 화산암(그림 출처:http://www.wisegorilla.com/)

[그림 2-1]에서 퍼즐 5의 2와 2 사이에는 분명 단층경계가 존재하지만 암종경계에는 해당되지 않는다(이러한 이유로 '암종경계'라는 용어는 모든 지질경계를 묘사하기에는 적합하지 않은 용어이다). 단층은 단층면을 경계로 나누어지는 두 암반의 상대적 이동에 따라 정단층(normal fault), 역단층(reverse fault), 주향이동단층(strike-slip fault)으로 구분된다. 또한 단층은 성인에 의해 취성단층(brittle fault)과 연성전단대(ductile shear zone)로 구분된다.

취성단층은 보통 지각의 15km 이내의 깊이에서 암석의 깨짐 등의 취성작용에 의해 형성된 단층이다. 연성전단대는 15km보다 깊은 곳에서 암석을 구성하는 광물들의 늘어남과 같은 연성변형에 의하여 형성된 단층으로서 엽리가 잘 발달되어 있으며, 상부지각이 침식되어 노출되면 우리가 접할 수 있다. 예를 들어 미국 서부 캘리포니아의 샌 안드레아스(San Andreas) 단층의 경우, 상부는 취성단층이지만 하부는 연성전단대이다. 단층암의 물성측면에서 볼 때 가우지(gouge)와 각력(breccia) 등으로 구성된 취성단층은 원래의 무결암보다 강도가 많이 약하지만, 연성전단대의 경우에는 무결암과 거의 유사하거나 심지어는 더 강한 강도특성을 보이기도 한다.

2.1.3 한반도 남부의 지질분포

[그림 2-2]는 한반도 남부의 광역지질도로서 1 : 50,000 지질도와 1 : 250,000 지질도를 정리하여 작성한 1 : 1,000,000 지질도이다.

한반도 남부의 지질은 크게 선캄브리아기에 형성된 영남육괴와 경기육괴, 시대미상과 고생대의 암석으로 구성된다. 위치적으로는 경기육괴와 영남육괴 사이의 옥천대, 경기육괴 북부의 임진강대(경기육괴와 낭림육괴 사이), 영남육괴를 부정합으로 피복하는 중생대 백악기에 형성된 경상분지의 퇴적암으로 구성된다([그림 2-3]). 또한 중생대 쥐라기의 화강암이 주로 경기육괴와 옥천대를 관입하고, 백악기의 화강암이 영남육괴 위에 퇴적된 경상분지의 퇴적암을 관입한다. 최근 10여 년간의 연구결과에 의하면, 우리나라도 중생대 트라이아스기에 중국의 남중국지괴와 북중국지괴가 충돌할 때 형성된 충돌대의 연장선에 포함되는 것으로 밝혀졌다. 일반적으로 우리나라의 충돌대는 임진강대를 포함하는 것으로 해석되지만 임진강대 이외의 충돌대의 위치에 대한 해석은 학자들 간에 많은 이견이 있다.

우리나라의 지구조구에서 나타나는 암석들을 요약하면 다음과 같다.

(1) **선캄브리아기에 형성된 영남육괴와 경기육괴** : 주로 호상편마암, 화강암질 편마암 등이 나타나며 일부지역은 쥐라기 화강암의 관입을 받았다.

(2) **옥천대** : 옥천대는 제천~문경 선상의 남서부와 북동부로 나뉜다. 남서부는 시대미상의 변성암들인 편암, 천매암 등이 주로 나타나는 변성대이며, 북동부는 변성을 받지 않은 고생대 초기의 석회암(조선누층군)과 고생대 후기의 사암, 함탄사암(평안누층군)이 나타나는 비변상대이다. 또한 옥천대에는 주로 중생대 쥐라기에 관입한 화강암이 나타난다.

(3) **임진강대** : 임진강대에는 편암 등의 낮은 변성작용을 받은 변성암류와 고온, 고압에서 변성을 받은 편마암이 나타난다.

(4) **중생대 백악기의 경상분지의 퇴적암** : 주로 사암, 역암, 셰일 등이 나타나며, 일부지역은 백악기 화강암에 의해 관입을 받았다.

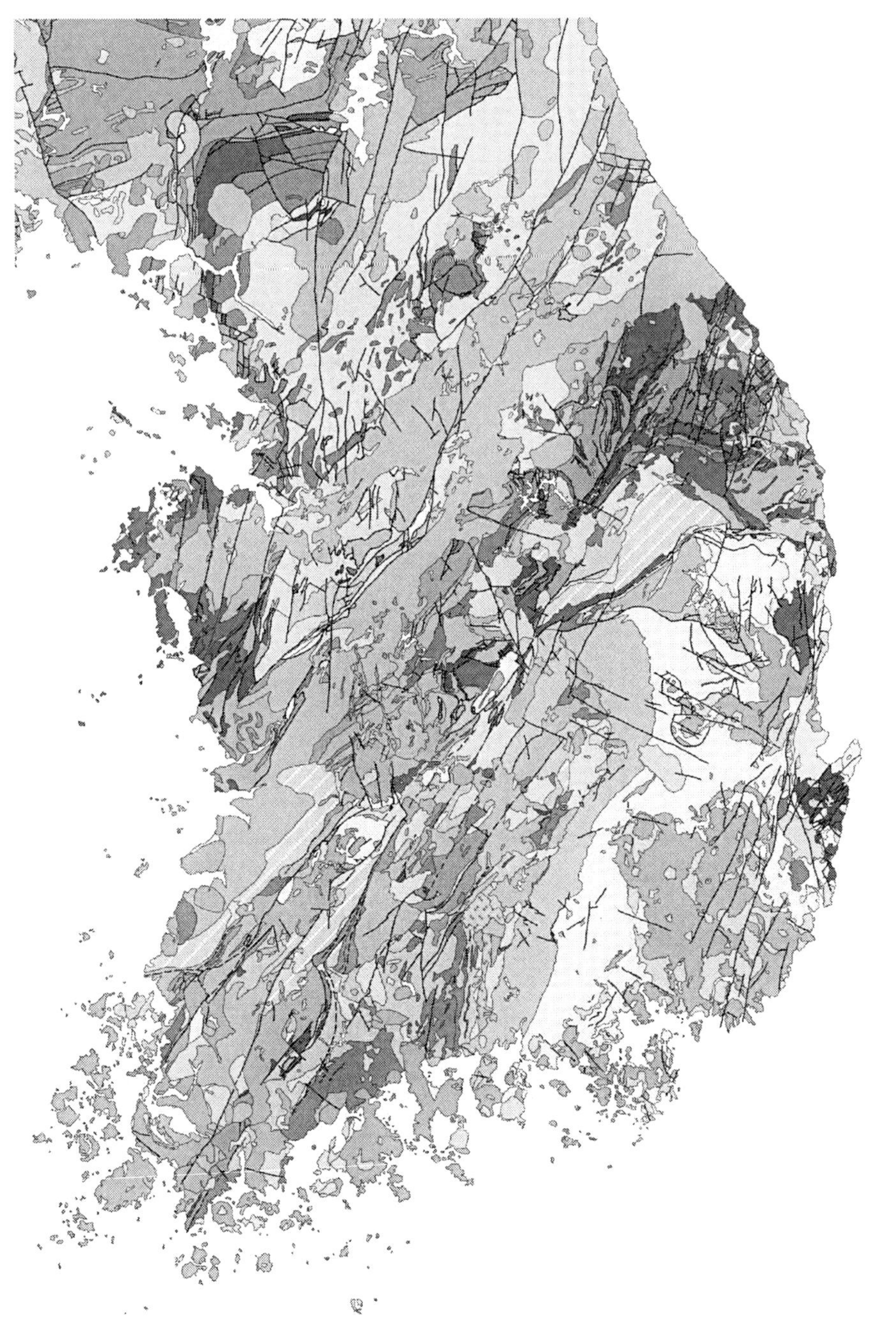

[그림 2-2] 한반도 남부의 광역 지질도(한국지질자원연구원, 1995)

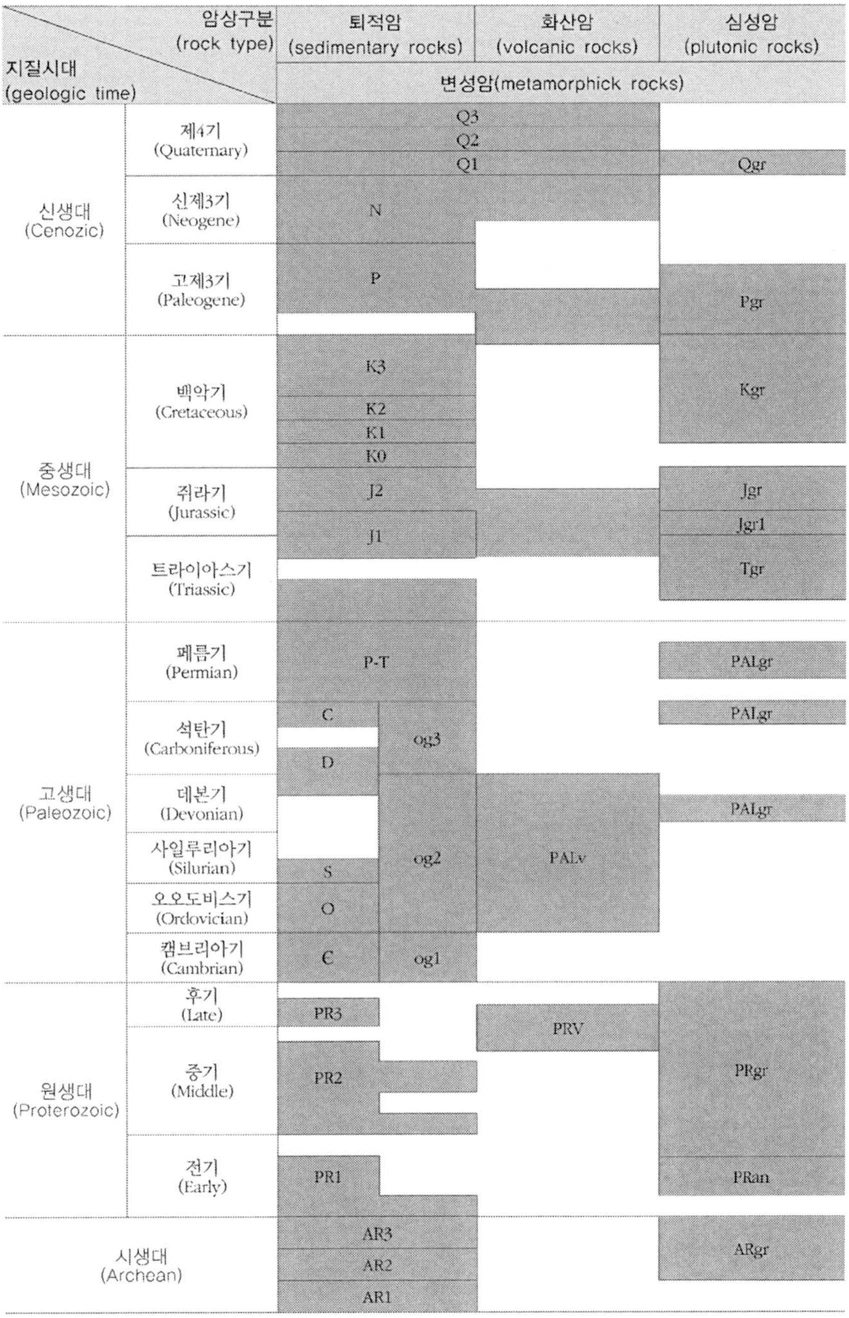

지질시대 (geologic time)	암상구분 (rock type)	퇴적암 (sedimentary rocks)	화산암 (volcanic rocks)	심성암 (plutonic rocks)
		변성암(metamorphick rocks)		
신생대 (Cenozoic)	제4기 (Quaternary)	Q3 Q2 Q1		Qgr
	신제3기 (Neogene)	N		
	고제3기 (Paleogene)	P		Pgr
중생대 (Mesozoic)	백악기 (Cretaceous)	K3 K2 K1 K0		Kgr
	쥐라기 (Jurassic)	J2 J1		Jgr Jgr1
	트라이아스기 (Triassic)			Tgr
고생대 (Paleozoic)	페름기 (Permian)	P-T		PALgr
	석탄기 (Carboniferous)	C / og3		PALgr
	데본기 (Devonian)	D		PALgr
	사일루리아기 (Silurian)	S / og2	PALv	
	오오도비스기 (Ordovician)	O		
	캠브리아기 (Cambrian)	Є / og1		
원생대 (Proterozoic)	후기 (Late)	PR3	PRV	PRgr
	중기 (Middle)	PR2		
	전기 (Early)	PR1		PRan
시생대 (Archean)		AR3 AR2 AR1		ARgr

[그림 2-2] 한반도 남부의 광역 지질도(계속)

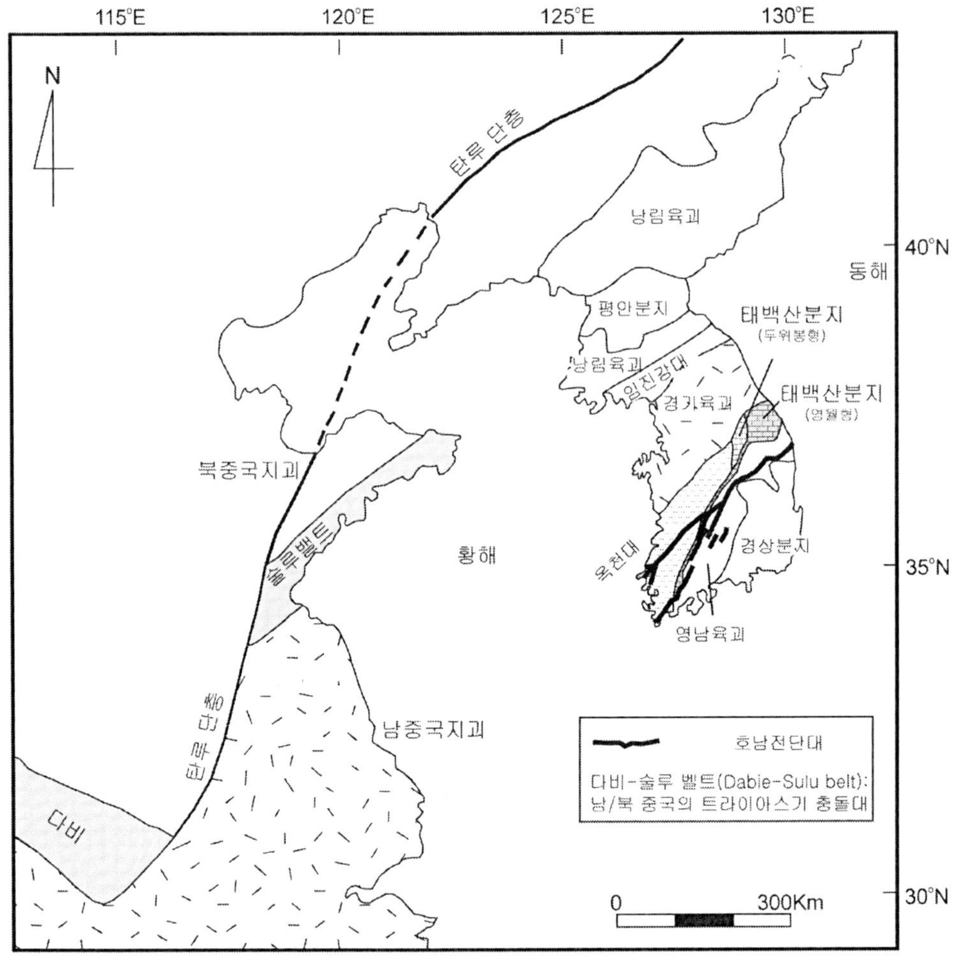

[그림 2-3] 한반도 남부의 광역 지구조도(Ree et al, 2001)

2.2 풍화

풍화작용은 지표의 암석이 지하수, 바람, 온도, 유수 등 여러 요인에 의해 제자리에서 부서지는 현상으로, 크게 역학적 풍화(mechanical weathering)와 화학적 풍화(chemical weathering)로 나눌 수 있다. 암석은 주로 역학적 풍화에 의해 여러 조각으로 분리되고 화학적 풍화에 의해 미세한 입자로 분해되거나 다른 물질로 변화한다.

역학적 풍화는 온도에 의한 팽창과 수축, 절리 내 지하수의 결빙과 융해, 지반의 융기와 침강에 의한 지압의 변화, 식물 뿌리의 침투 등이 주요 원인으로 알려져 있다. 예로서 암석 절리면 사이에 있는 물이 얼어 부피가 팽창하면서 절리를 발달시키는 경우나 작은 광물입자들이 유수에 의해 이동을 하며 서로 부딪히며 깨어지는 현상 등을 들 수 있다.

화학적 풍화는 고온다습한 환경에서 활발히 진행되며, 약산을 포함하고 있는 물과 광물 간의 반응에 의해 보다 안정한 광물로 변화하면서 진행된다. 화학적 풍화작용은 가수분해, 산화환원 작용, 탄산염화 작용, 증발 작용 등에 의해 진행되며 특히 석회석, 백운석과 같은 탄산염 광물은 지하수와 쉽게 반응하여 석회동굴이나 카르스트 지형을 형성한다. 이때 일부 이온들은 물에 용해되어 물과 함께 이동하기도 한다.

환경적 요인과 함께 암석의 종류와 암반 내 불연속면들의 발달 정도는 이러한 역학적 풍화와 화학적 풍화가 진행되는 정도에 크게 영향을 미친다. 역학적 풍화에 의해 불연속면들이 확장되고 면의 접촉상태가 나빠지면 지하수의 유동이 원활해져 화학적 풍화가 가속되는 상호작용이 나타난다.

암석이 풍화된 정도를 여러 단계로 정성적으로 구분하면 [표 2-1]과 같이 분류할 수 있다.

[표 2-1] 암석의 풍화 정도 분류

구분	ISRM / BSI 5930	암반상태
신선 (fresh)	• 조암광물의 풍화는 관찰되지 않음 • 주불연속면상에 약간의 변색 가능	• 모암의 변색은 관찰되지 않으나 그 외의 풍화효과로 강도의 손실이 발생
약한 풍화 (slightly weathered)	• 조암광물과 불연속면 표면 변색 • 모든 조암광물은 풍화에 의해 변색, 신선한 상태보다 약해짐	• 암석은 약한 변색을 보임 • 부분적으로 불연속면의 틈새가 벌어지고 표면의 변색이 관찰됨

구분	ISRM / BSI 5930	암반상태
		• 무결암의 경우 신선암에 비해 눈에 띄는 강도의 저하는 없음
중간 풍화 (moderately weathered)	• 조암광물의 절반 이하가 변질되거나 토상으로 붕괴 • 신선암 및 변색된 암은 핵석이나 불연속면의 골격을 이룸	• 암석의 변색 • 불연속면의 틈새는 벌어지고 내부로 변질되기 시작 • 무결암의 경우에도 신신암에 비해 명확한 강도의 저하 있음
심한 풍화 (highly weathered)	• 조암광물의 절반 이상이 변질되거나 토상으로 붕괴 • 신선암 및 변색된 암은 핵석이나 불연속면의 골격을 이룸	• 암석의 변색 • 불연속면의 틈새는 벌어지고 표면은 변색. 불연속면에 인접한 모암 조직은 변질 • 변질은 암석 내부 깊이 진행되나 핵석은 아직까지 존재
완전 풍화 (completely weathered)	• 모든 조암광물은 변질되거나 토상화됨 • 원암의 구조는 광역적으로 남아 있음	• 암석은 변색. 토상화 • 원암의 조직은 대부분 유지. 작은 핵석이 부분적으로 존재
풍화 잔류토 (residual soil)	• 모든 조암광물은 토상화됨 • 암의 구조나 광물조직의 붕괴. 부피의 변화가 있음 • 흙의 이동은 없음	

[표 2-2]는 탄성파 속도에 의해 결정되는 풍화지수를 도입하여 암석의 풍화 정도를 분류한 것이다. 화강암의 풍화작용의 예를 들면, 풍화에 의해 발생하는 조암광물의 광물학적 변화와 조직변화는 [그림 2-4]와 같다. 신선한 상태와 비교할 때 원래의 광물 중 풍화된 화강암에 남아 있는 광물은 석영이 거의 유일하다. 장석, 흑운모 등의 광물은 거의 모두가 점토광물로 변화하였으며 일부만이 잔류물로 남아 있을 뿐이다. 이러한 광물학적 변화는 결과적으로 [그림 2-5]와 같이 심도에 따라 핵석층이 발달된 지층단면을 형성한다.

[표 2-2] 화강암질 암석의 풍화 정도 분류(Iliev, 1967)

구분	탄성파 속도(P파, m/s)	풍화 지수*
신선(fresh)	>5,000	0
약한 풍화(slightly weathered)	4,000~5,000	0~0.2
중간 풍화(moderately weathered)	3,000~4,000	0.2~0.4
심한 풍화(highly weathered)	2,000~3,000	0.4~0.6
완전 풍화(completely weathered)	<2,000	0.6~1.0

* 풍화지수 : $K = \frac{(V_u - V_w)}{V_u}$, V_u : 신선암의 탄성파 속도, V_w : 풍화암의 탄성파 속도

(a) 신선한 화강암의 박편 사진

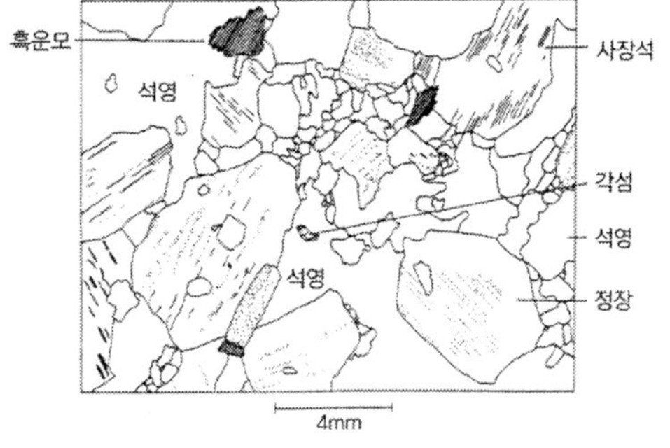

(b) 그림 (a)의 스케치

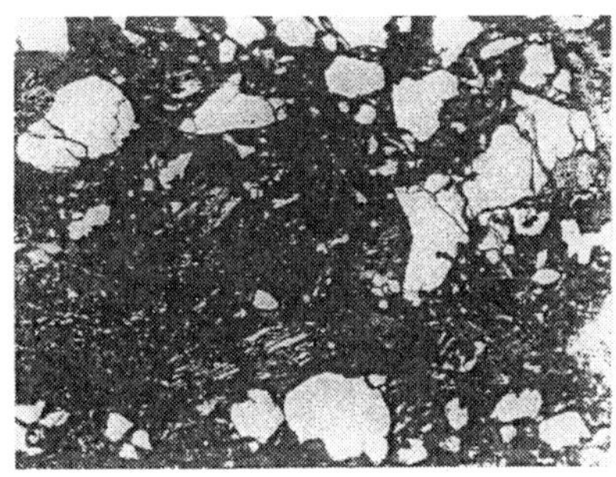

(c) 풍화된 화강암의 박편 사진

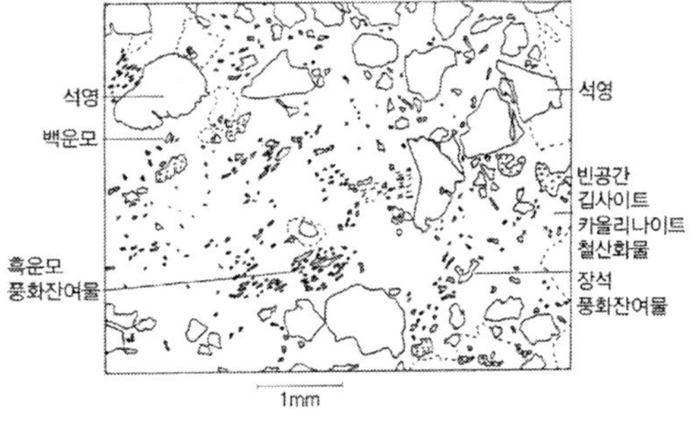

(d) 그림 (c)의 스케치

[그림 2-4] 신선한 화강암과 풍화가 진행된 화강암의 박편 사진과 스케치(Goodman, 1993)

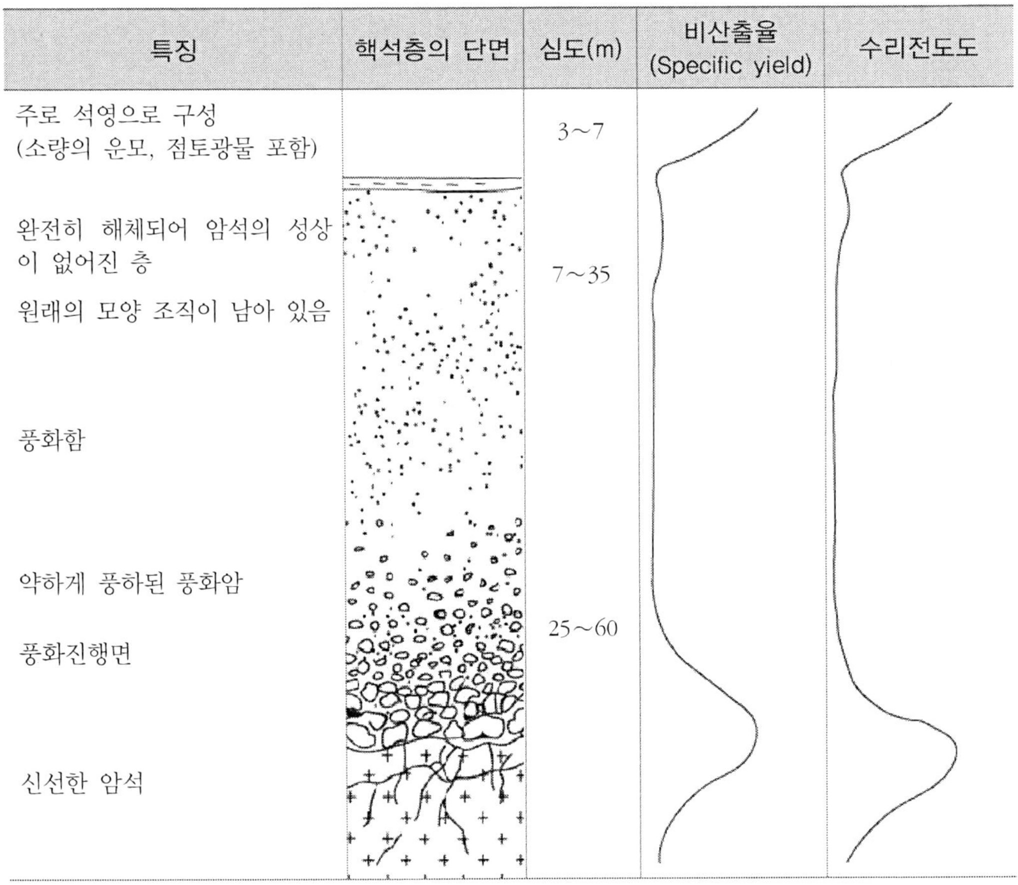

특징	핵석층의 단면	심도(m)	비산출율 (Specific yield)	수리전도도
주로 석영으로 구성 (소량의 운모, 점토광물 포함)		3~7		
완전히 해체되어 암석의 성상이 없어진 층		7~35		
원래의 모양 조직이 남아 있음				
풍화함				
약하게 풍하된 풍화암				
풍화진행면		25~60		
신선한 암석				

[그림 2-5] 풍화의 진행에 따른 핵석층의 생성과정과 핵석층의 수리 특성(Jones, 1985)

[표 2-3]은 화강암이 풍화될 때, 화강암의 주된 조암광물인 석영, 장석, 정장석, 흑운모, 각섬석이 풍화된 후 이동되어 어떠한 퇴적암에 포함되는가를 보여준다. 석영의 경우 화강암의 조암광물 중 화학적 풍화에 대한 저항성이 가장 크며, 역학적 풍화에 의해 작은 입자로 쪼개질 뿐이다. 반면에 정장석, 사장석, 운모류, 각섬석 등의 광물들은 주로 화학적 풍화를 받아 광물을 구성하는 일부 이온들이 물에 용해되어 물과 함께 없어져 버리기도 한다. 물에 용해되지 않는 이온들은 보통 점토광물들로 변화한다. 앞에서 설명한 대로 이러한 풍화잔류물들은 유수에 의해 이동된 후 쇄설성 퇴적암을 형성하며, 물에 용해된 이온들은 후에 비쇄설성 퇴적암을 형성한다.

[표 2-3] 화감암이 풍화되는 과정에서의 조암광물의 풍화와 퇴적암의 형성

모암(화강암)	모암 내의 광물	각 광물의 풍화산물	→	퇴적암
석영, 사장석, 정장석, 흑운모, 각섬석으로 구성된 화강암	석영	풍화 받지 않은 석영 입자	→	사암
	정장석	K : 물에 용해됨	→	증발암(예 암염) 또는 셰일에 포함됨
		Si: 소량의 물에 용해됨	→	처트 또는 퇴적암의 시멘트 물질이 됨
		점토광물	→	셰일
	사장석	Na : 물에 용해됨	→	일부는 암염 형성
		Si: 소량의 물에 용해됨	→	처트 또는 퇴적암의 시멘트 물질이 됨
		Ca : 물에 용해	→	석회암
		점토광물	→	셰일
	흑운모, 각섬석	K : 물에 용해됨	→	증발암(예 암염) 또는 셰일에 포함됨
		Si : 소량의 물에 용해됨	→	처트 또는 퇴적암의 시멘트 물질이 됨
		Mg : 물에 용해됨	→	돌로마이트에 포함됨
		철산화물(리모나이트)	→	암석을 착색시킴
		점토광물	→	셰일

2.3 지압

물속에서 수압이 작용하는 것과 같이 암반 내에도 지압이 존재한다. 굴착 전 자연 상태의 암반에 작용하고 있는 지압을 초기응력(initial stress)이라 하며, 암반의 굴착에 의해 굴착 공동 주위의 초기응력장이 교란되어 새로운 평형에 도달한 상태의 응력을 유도응력(induced stress)이라 한다.

유도응력의 상태는 초기응력과 직접적으로 관련되기 때문에 초기응력의 측정은 암반구조물 설계에서 중요한 설계변수가 된다. 초기응력의 방향과 크기는 피복암(overburden)의 두께, 지형, 지질구조, 판구조운동, 지열 등과 같은 다양한 지질학적 요인들에 의해 영향을 받지만, 어느 정도 합리적인 가정을 통해 이론적으로 예측이 가능한 경우도 있다. 초기응력을 측정하여 초기응력 성분의 크기와 작용방향을 알게 되면 이를 자료로 특정한 크기와 형상을 지닌 암반구조물 주변에 작용하는 유도응력을 계산할 수 있고, 또한 이러한 응력조건에 적합한 암반구조물의 규모, 배치, 방향, 단면형태, 지보수준 등을 설계할 수 있다.

2.3.1 초기응력의 추정

가. 지형의 영향

지표면에는 전단응력이 작용하지 않고 또 지표면에 작용하는 수직응력은 0이므로 지표면은 일종의 주응력 면이라 할 수 있다. 그러므로 [그림 2-7]과 같이 평탄한 지표면 부근에서는 3개의 주응력 방향 중 하나가 연직방향이며, 나머지 두 주응력 방향이 수평방향이라고 가정할 수 있다. 암반이 비교적 균질하고 지질학적 교란을 받지 않았다면 깊은 지점에서도 이러한 가정이 성립될 수 있다. 그러나 지표면이 평탄하지 않은 계곡부의 경우에는 연직방향이 주응력 방향이 된다는 앞의 가정이 더 이상 유효하지 않다. [그림 2-6]의 경우 지표면 부근에서의 주응력 방향은 그림에 표시된 것처럼 지표면에 수직한 방향, 그리고 이와 직교하는 방향으로 지표면의 접평면(tangential plane)과 평행한 방향이 될 것이다. 따라서 사면이나 계곡 근처에 터널, 수갱 등을 안전하게 굴착하려 하는 경우에는 지형이 초기응력에 미치는 영향을 고려하여 위치와 방향을 결정해야 한다.

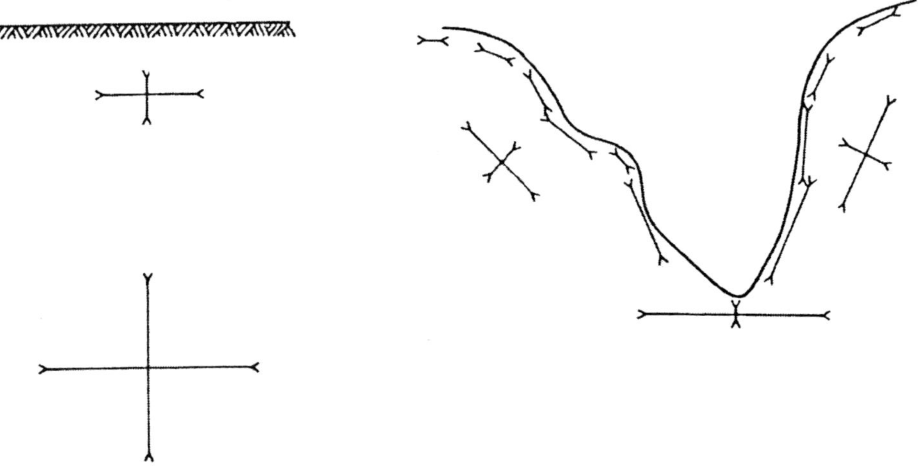

[그림 2-6] 지형이 초기응력에 미치는 영향(Goodman, 1989)

나. 연직방향 수직응력

연직방향을 주응력방향이라 가정할 경우, 초기연직응력(σ_v)은 상부 피복암에 중력이 작용하여 발생되는 것으로 생각하여 다음과 같이 깊이(z)에 비례하여 증가하는 것으로 가정할 수 있다.

$$\sigma_v = \rho g z = \gamma z \qquad \text{식(2.1)}$$

여기서 ρ는 암반의 밀도, g는 중력가속도, γ는 암반의 단위중량을 나타낸다.

초기응력 측정법의 하나인 수압파쇄법에서는 연직방향이 주응력의 한 방향이라고 가정하며, 그 크기는 직접 측정하지 않고 식(2.1)을 이용하여 추정한다.

[그림 2-8]에서 볼 수 있듯이 지금까지 수행된 수많은 초기지압 측정결과들을 보면 식(2.1)이 상당히 신빙성이 있음을 알 수 있다.

다. 수평방향 초기응력

수평방향 초기응력은 연직방향 초기응력에 대한 비($K=\sigma_h/\sigma_v$)로 나타내는 것이 일반적이며, 이때 K를 측압계수 또는 측압비라 부른다.

가장 간단한 경우로 $K=1$로 가정하는 것을 Heim의 법칙이라 한다. 특히 임의의 심도 z에서 3개 주응력 성분의 크기가 모두 γz로 같은 경우를 정수압과 구분하기 위해 정암응력상태(lithostatic state)라는 표현을 쓰기도 하지만 정수압상태(hydrostatic state)라는 용어도 여전히 사용되고 있다.

수평방향 응력이 연직방향 응력의 작용에 의해서만 발생한다고 가정하면 탄성이론에 의해 수평방향 응력의 크기를 계산할 수 있다. 연직방향이 주응력 방향 중의 하나이고 연직응력이 작용하는 동안 수평방향으로의 변형이 완전히 구속되었다는 가정하에 수평방향 주응력의 크기를 계산해 보기로 하자. 수평방향 변형률이 0이 되어야 하므로 일반화된 Hooke의 법칙에서는 다음이 성립한다.

$$0=\frac{1}{E}\left[\sigma_{h1}-\nu(\sigma_{h2}+\sigma_v)\right] \qquad \text{식(2.2)}$$

암반이 등방성이라면 두 수평방향 주응력은 같다고 할 수 있으므로 $\sigma_{h1}=\sigma_{h2}=\sigma_h$이다.

$$\sigma_h=\frac{\nu}{1-\nu}\sigma_v \qquad \text{식(2.3)}$$

따라서 측압계수 $K=\nu/(1-\nu)$가 되며, 이는 토질역학 관련 문헌에서 K_0로 표시하는 정지토압계수에 해당한다. 포아송비 ν는 0과 0.5 사이의 값을 가져야 하므로 측압계수 K는 0과 1 사이의 값을 가져야 하지만, 실제 측정결과는 1을 넘는 경우도 많다. Terzaghi와 Richart(1952)에 의하면 식(2.2)가 유도되는 조건은 지질학적으로 교란되지 않은 층상퇴적암의 경우에 근사적으로 적용될 수 있지만, 대부분의 암반조건에는 적합하지 않는 것으로 알려져 있다.

측압계수 K는 암반의 지질구조, 지질학적 시간 등을 포함한 다양한 지질학적 요인들에 의해 영향을 받기 때문에 보통 깊이에 따라 변화가 있고 수평방향에 따라서도 차이를 보인다. 실제 많은 측정결과, $K=\nu/(1-\nu)$를 유도하는 데 사용된 가정들은 현장의 초기지압 분포를 설명하기에 적합하지 않는 것으로 나타났다. 초기지압의 연직방향 성분과는 달리 아직까지는 수평 초기지압을 이론적으로 추정하는 합리적인 방법이 제시되어 있지 않기 때문에 특히 천부에서의 중요한 암반구조물의 설계 시에는 반드시 측정을 통해 초기지압의 수평방향성분을 결정하는 것이 필요하다.

라. 측압계수

앞서 언급하였듯이 초기지압의 수평성분을 이론적으로 추정하는 것은 대단히 어렵기 때문에 임의 심도의 측압계수를 정확히 예측한다는 것은 거의 불가능하다. 그러나 여러 가지 가정을 도입하여 암반의 거동을 단순화시키면 개략적인 측압계수의 범위를 산정할 수 있다. 간단한 예로서 측압계수가 식(2.3)에 의해 계산된다고 가정하여 보자.

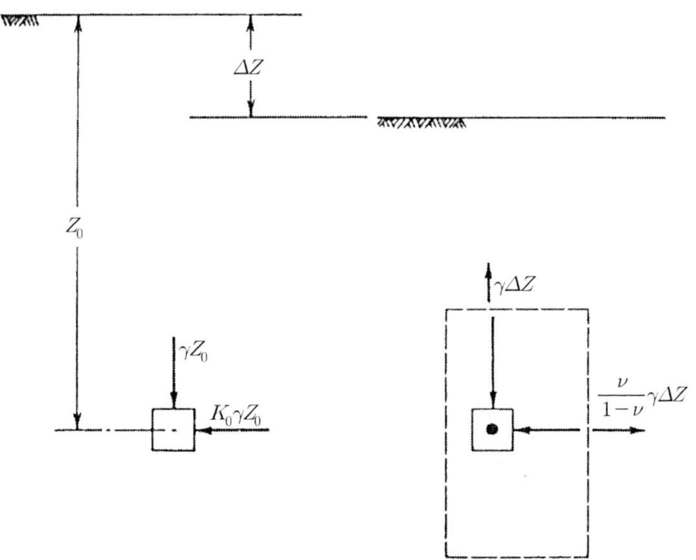

[그림 2-7] 침식으로 인한 지압의 크기 변화(Goodman, 1989)

[그림 2-7]과 같이 지표의 침식이 발생하기 전 심도 z_0에서 측압계수가 K_0이면, Δz만큼의 지표침식이 발생된 후 심도 $z = z_0 - \Delta z$에서의 수평지압은 $K_0 \gamma z_0 - \gamma \Delta z [\nu/(1-\nu)]$이므로 측압계수는 식(2.4)와 같이 계산할 수 있다.

$$K(z) = \frac{\sigma_h}{\sigma_v} = K_0 + \left[\left(K_0 - \frac{\nu}{1-\nu}\right)\Delta z\right]\frac{1}{z} \qquad \text{식(2.4)}$$

식(2.4)는 측압계수가 심도의 쌍곡선 함수임을 보여주며, 지표면의 침식에 의해 측압계수가 증가되는 경향이 있다는 것을 나타내고 있다.

2.3.2 초기응력의 측정

지난 30여 년 동안 여러 가지 초기응력 측정법이 개발되었다. 측정법들은 크게 응력보상법(stress compensating method), 응력개방법(stress relief method), 수압파쇄법(hydraulic fracturing method), 변형률회복법(strain recovery method) 등으로 구분할 수 있다. ISRM에서는 Kim & Franklin(1987)에 의해 여러 측정법에 대한 표준시험법을 제안하고 있다. 여기에서는 각 측정방법에 대한 자세한 설명은 생략하며 필요한 경우 관련된 서적을 참조하기 바란다.

2.3.3 초기응력 측정치의 세계적 경향과 국내 측정자료

세계적으로 광산 및 토목공사 현장에서 지난 30년간 다양한 방법에 의해 초기응력 측정이 이루어졌다. 많은 경우 주응력의 방향을 연직과 수평으로 가정하여 암반구조물의 설계가 이루어지고 있고, 이에 따라 연직 및 수평 초기응력의 크기가 주관심사가 되고 있다. Hoek & Brown(1980)은 세계 여러 곳에서 측정된 자료들을 수집하여 깊이에 따른 연직응력 및 측압계수의 변화를 [그림 2-8]과 [그림 2-9]와 같이 제시하였다. 자료들을 정리하는 과정에서 판구조운동이 활발한 지역과 같은 특이한 지질조건에서 측정한 결과들은 제외되었다.

[그림 2-8]에서 깊이(m)에 따른 연직방향 수직응력(σ_v)의 변화는 다음 식으로 나타난다.

$$\sigma_v = 0.027z(MPa) \qquad \text{식(2.5)}$$

암석의 단위중량 범위는 일반적으로 0.025~0.033MN/m^{3}이므로 자중에 의한 연직응력은 0.025~0.033MN/m^3 범위의 기울기로 직선적으로 증가할 것이다. 식(2.5)는 연직응력이 자중에 의해서 발생된다는 가정을 잘 뒷받침해 주고 있다. 측정이 이루어지지 않는 경우 평균적인 암석의 단위중량 값으로 0.027MN/m^{3}가 많이 사용된다. 천부에서 측정자료의 분산이 심한 주된 원인은 측정값들의 크기가 측정오차에 근접하기 때문인 것으로 추측된다.

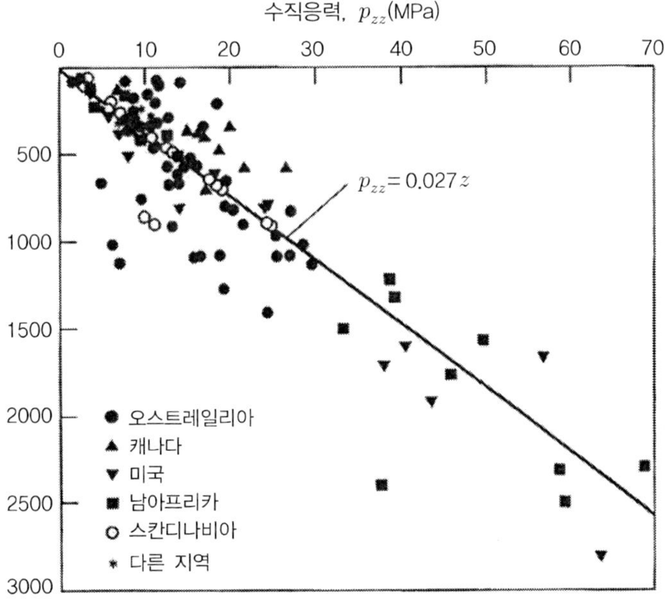

[그림 2-8] 깊이에 따른 연직방향 응력의 변화(Hoek & Brown, 1980)

수평응력의 깊이에 따른 변화는 수직응력에 대한 수평응력의 크기 비를 나타내는 측압계수 K로 표현하는 것이 편리하다. [그림 2-9]에서 깊이에 따른 K 값은 다음과 같이 두 개의 쌍곡선 사이에 분포함을 알 수 있다.

$$\frac{100}{z}+0.3<K<\frac{1500}{z}+0.5 \qquad 식(2.6)$$

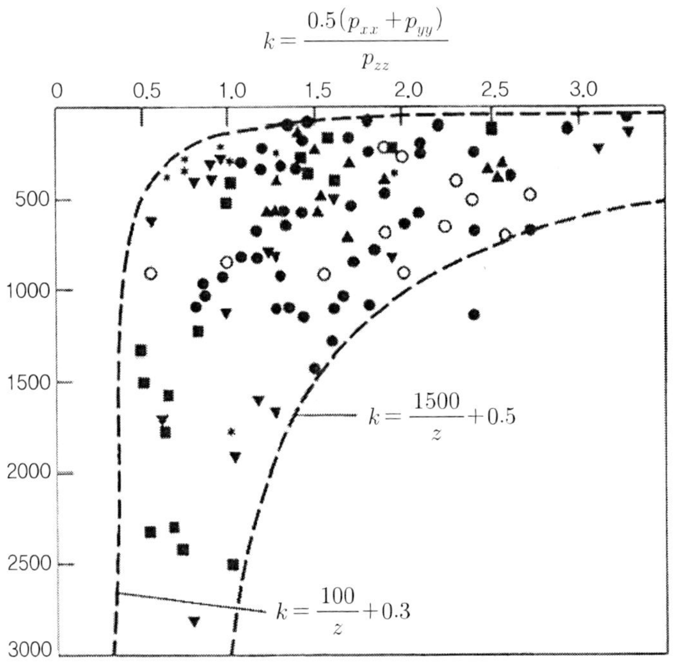

[그림 2-9] 깊이에 따른 측압계수의 변화(Hoek & Brown, 1980)

공학적으로 주요 관심의 대상이 되는 500m 이내 깊이에서는 수평응력의 크기가 수직응력에 비하여 상당히 큼을 보여주고 있다. 그러나 1km 이상의 깊이에서는 Heim의 법칙이 성립하여 평균 수평응력과 수직응력의 크기가 같아지는 경향이 있음을 볼 수 있다. 그림에서 사용된 수평응력은 평균값이라는 것에 주의할 필요가 있다.

수평응력이 방향에 따라 커다란 차이를 보이는 경우도 많으므로 이러한 경우 평균값을 택하는 것보다 각 방향에 따른 수평응력의 크기를 설계에 반영하는 것이 매우 중요하다. 그림에서 보듯이 천부에서 수평응력의 측정값은 그 변화가 매우 크기 때문에 이론적으로 예측한 값은 불확실성이 매우 높다. 그러므로 중요한 구조물의 설계를 위해서는 초기응력의 크기를 직접 측정하는 것이 필수적이다.

한국과 일본에서 측정된 자료에 근거하여 제안된 초기응력 추정 관계식을 [표 2-4] 및 [표 2-5]에 각각 정리하였다. 두 식 모두 심도의 함수로 표현되는데, σ_H와 σ_h는 각각 최대 및 최소 수평응력이다.

[표 2-4] 수직방향 초기응력의 추정을 위한 적합식(Amadei & Stephansson, 1997)

참고문헌	심도 Z(m)에 따른 연직응력의 변화(MPa)	위치 및 심도(m)
Sugawara and Obara(1995)	$0.0285z$	Japanese Islands(0~1200)
Lim and Lee(1995)	$0.233+0.024z$	South Korea(0~850)

[표 2-5] 수평방향 초기응력의 추정을 위한 적합식(Amadei & Stephansson, 1997)

참고문헌	Z(m)에 따른 수평방향 주응력 σ_H와 σ_h의 변화(MPa)	위치 및 심도(m)
Bae S.H et al.(2001)	$\sigma_H=1.401+0.036z\ (r=0.840)$ $\sigma_h=1.346+0.025z\ (r=0.839)$	South Korea Hydraulic fracturing(20~100m)
Haimson, Lee M.Y and Song I(2003)	$\sigma_H=6.16+0.016z$ $\sigma_h=3.65+0.009z$	South Korea Hydraulic fracturing(0~250m)

Chapter 03

지질조사

Chapter 03 지질조사

공학적인 지질조사의 목적은 예정된 공사구역에 분포하고 있는 암석의 범위와 상태, 물리적·역학적 성질 등을 파악하는 데 있다. 따라서 지질학적인 규명만으로는 불충분하며 여기에 더하여 암석이나 암반의 역학적 특성을 규명해야 한다.

3.1 지질조사

지질조사는 일반적으로 사업의 현 상태, 즉 타당성 검토, 상세 설계, 시공 등의 단계에 따라 적절한 정보를 제공할 수 있도록 여러 단계로 이루어진다. 각 단계마다 요구되는 정밀도는 사업에 따라 다를 수 있다.

지질조사의 순서는 일반적으로 조사 전 기존자료의 검토와 조사계획의 수립, 그리고 계획에 따른 조사의 실시, 조사결과에 대한 보고서 작성 등의 순으로 이루어진다. 지형 및 지질조사의 종류, 목적, 방법 및 조사내용이 [표 3-1]에 요약되어 있다.

[표 3-1] 지형 및 지질조사

<table>
<tr><th rowspan="2">조사의 종류</th><th colspan="2">예비조사</th><th colspan="2">본조사</th></tr>
<tr><th>자료조사</th><th>현지조사</th><th>기본조사</th><th>정밀조사</th></tr>
<tr><td>조사의 목적</td><td colspan="2">• 지형, 지질, 지층구성의 개요
• 문제가 되는 지질의 예측</td><td>• 기본조사
• 지질단면도작성
• 정밀조사 자료</td><td>• 상세설계
• 시공법의 결정</td></tr>
<tr><td>주요한 조사방법</td><td>• 기존자료의 수집 및 정리</td><td>• 현지조사에 의한 관찰</td><td>• 시추 조사</td><td>• 지질 및 토질시험
• 각종 시추
• 특수측정시험</td></tr>
<tr><td>조사항목</td><td>• 지도류 조사(지질도, 지형도)
• 조사관측의 기록
• 지질조사 기록
• 기설구조물의 공사기록
• 지하수
• 지반침하</td><td>• 지형, 토질, 지질의 관찰
• 지하수 조사
• 지형의 변화</td><td>• 표준관입시험
• 자료의 채취
• 지하수위 조사</td><td>• 토질시험
• 간극수압의 측정
• 수질조사
• 지반의 변형 측정
• 양수시험
• 지하수의 유속 및 수로 조사</td></tr>
</table>

3.1.1 기존자료의 검토

조사의 첫 단계는 지질도나 보고서류 등에 대한 문헌조사이다. 문헌조사에 의해 계획지역 일대의 개략적인 지질상황을 파악하고, 이를 기초로 하여 후보지의 지질상황을 파악하기 위한 예비적인 현지답사를 실시한다. 조사 전에 수집해야 할 기존의 문헌자료에는 지형도, 지형에 관련된 문헌, 지질도 및 지질문헌, 위성사진 등이 있다.

3.1.2 조사계획

조사계획 단계에서 검토해야 할 사항은 조사에 사용할 지형도, 관찰사항, 조사범위와 소요일수 및 조사 루트의 설정 등이다.

조사시행에 앞서서 조사계획을 세우는 것은 조사능률을 향상시키고, 양호한 결과를 얻기 위한 것이다. 이 단계에서는 조사지역에 속하는 지역의 지형이나 지질에 관한 기존자료를 수집하고 검토하여, 그 지역의 지질 등을 충분히 파악할 필요가 있다. 특히 터널을 대상으로 하는 조사에서는 일반적으로 조사범위가 좁기 때문에 작업범위의 조사만으로는 지질의 특성을 이해할 수 없고, 중대한 것을 누락하거나(예 조사지역 내에서는 노두가 없거나 두께가 좁은 층이나 근접지를 통과하는 대규모 단층 등), 착오(예 층서구조의 해석 등)가 일어날 우려가 있다.

예비조사의 단계에서는 암석의 종류나 성질, 전체적인 분포현황과 중요한 지질현상, 개설되어 있는 수로 등의 상황을 밝혀야 한다.

3.1.3 조사의 수행

이 단계에서는 야외관찰 및 조사, 관찰결과의 정리, 답사 루트와 관찰항목의 검토 등이 이루어진다. 특히 야외관찰에서는 지형도상에서 자기의 위치를 항상 확인하고 노두의 발견에 노력하며, 암상, 절리, 변질 및 광화대, 풍화정도 및 기타 등의 관찰사항을 기재한다.

상세조사에서는 현지에서의 시료채취, 현장 야외시험 및 실내시험을 실시한다. 상세조사 단계에서 시추조사를 실시할 경우에는 지질구조의 해석이 가능하다고 생각되는 간격으로 시추를 실시하고, 의심스러운 곳은 추가로 실시한다.

3.1.4 조사결과에 대한 보고서 작성

보고서 작성에서의 기술사항은 다음과 같다.

(1) 조사 목적

(2) 위치 및 지형

(3) **지질** : 지질개요, 지질구성, 층서 및 암상, 지질구조 등

(4) **지질공학적 해석** : 암반의 물리적 성질 및 지표부근의 상황, 지질 및 지질구조와 구조물과의 관계, 특수한 지질, 암상 및 광물 등

(5) 결론

(6) 이후의 조사계획

(7) 기타 참고사항

3.2 지질도와 지질기호

지질도를 통해 지층의 상하관계, 암석의 종류와 분포상태, 단층이나 습곡구조 등을 파악할 수 있으며 공사의 예측, 시공계획, 안전대책 등에 활용할 수 있다. [그림 3-1]은 지질도의 한 예이다.

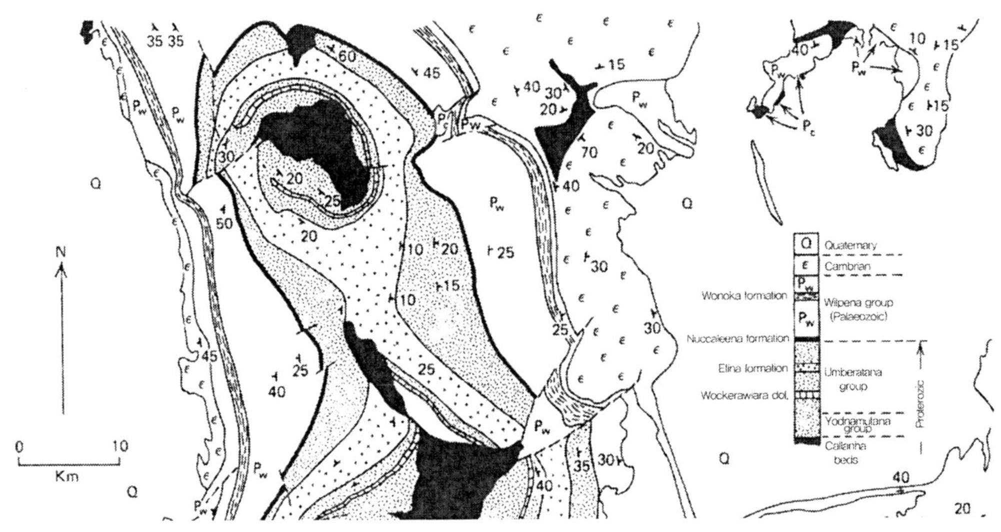

[그림 3-1] 지질도의 예(Hobbs et al, 1976)

3.2.1 지질기호

지질도에서 사용되는 각종 기호는 [그림 3-2]와 같다. 그 외에 풍화의 정도, 변질의 종류나 정도 등 지질조사의 목적에 따라 적당한 기호를 사용해서 지질도를 작도하는 것이 필요하다.

기호	명칭	기호	명칭
	역암		주향과 경사 N70°E, 20°S
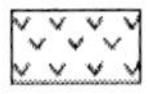	응회암		수평층
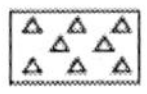	응회각력암 용암		직립층 주향동서
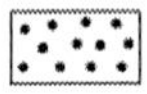	관입암(석영반암)		역전층
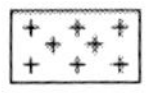	관입암(화강암)		정단층 및 낙차
	변성암(결정편암)		
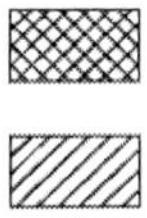	기반암		역단층 및 낙차
	점토, 셰일 등		추정단층
	셰일, 실트암 등		배사축
	사암·셰일 호층		향사축
	석회암		Basin
	사암		Dome

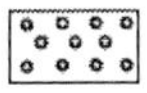

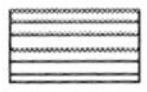

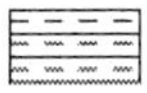

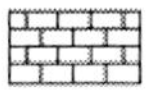

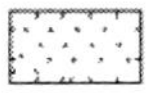

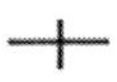

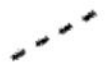

[그림 3-2] 지질도에 사용되는 기호들

3.2.2 지질도를 읽는 방법

(1) **지층의 주향**: 지층의 분포나 지층경계선의 연장방향을 보면 그 지층의 개략적인 주향을 알 수 있다. 주향은 수평면과의 교선의 방향이므로 [그림 3-3]의 A점과 B점에서와 같이 지층경계선이 동일한 등고선과 2회 이상 교차되는 경우에는 그 교점들을 직선으로 연결한 선의 방향이 지층면의 주향이 된다.

(2) **지층의 경사**: 일반적으로 새로운 지층이 분포되어 있는 방향으로 지층이 경사져 있다고 봐도 좋다. 그러나 지층의 역전이나 지층이 직립해 있는 경우는 주의가 필요하다. 경사방향을 정확히 알기 위해서는 지층의 주향과 직각인 방향으로 지층 경계선이 차례로 낮은 표고의 등고선과 만나는 방향을 구한다. 경사각의 측정방법으로는 지층의 주향을 구할 때와 마찬가지로 한 개의 지층경계선에 대해 각 등고선이 나타나는 높이에서 주향을 구한다. 이 주향간의 수평거리를 축척에 의해 측정하고, 등고선의 높이 차로 나누면 진경사가 구해진다. [그림 3-3]은 주향과 경사를 구하는 방법을 보여주고 있다.

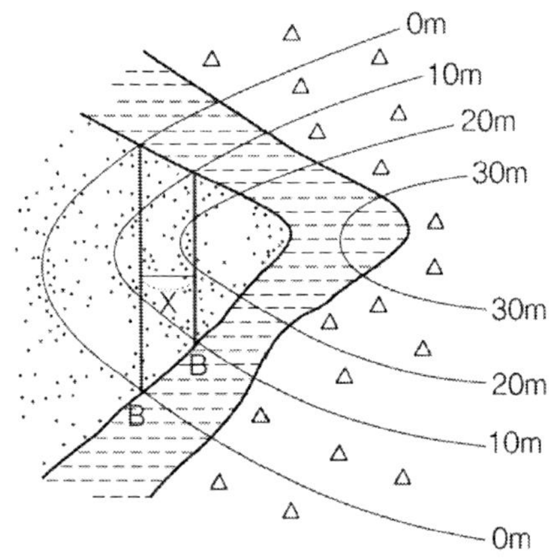

$\tan\theta = H/X$

X: 주향의 간격

H: 등고선의 높이차

[그림 3-3] 주향과 경사를 구하는 방법

(3) **정합의 경우** : 2개 지층군의 지층면의 주향, 경사방향, 경사각이 일치하고 있으면 2개 지층군은 정합의 관계에 있다.

(4) **부정합의 경우** : 위에 있는 지층의 바닥면을 나타내는 경계선이 아래 지층의 경계선을 자르고 있다(단, 평행부정합일 때는 독도만으로 판단하는 것은 곤란하다).

(5) **단층** : 지질도에서 단층의 경우는 특별한 기호로 표현하기 때문에 간단히 알 수 있다. 만약에 특별한 표현이 없어도 부자연스러운 지층경계선을 지질도 상에서 인식할 수 있다면 그 양측을 주의 깊게 살핌으로써 단층선을 확인할 수 있다.

3.3 시추조사

지하의 상태를 조사할 때 가장 많이 이용되고, 또한 가장 중요한 것이 시추조사이다. 시추공의 깊이와 수는 조사 목적에 따라 결정되지만 대규모의 댐이나 지하발전소 등의 건설과 관련해서는 300m의 심도를 초과하는 경우도 있다. 일반적으로 시추는 연직방향으로 이루어지지만 경사 또는 수평으로 계획되는 경우도 있다. 특히 층의 경사가 수직인 경우에는 경사나 수평방향의 시추가 아니면 지질 상황을 확인할 수 없다.

채취된 코어(core)의 관찰에 의해 지질구성을 확인할 수 있으며, 보통 시추공을 이용하여 각종 공내시험이 이루어진다. 이 때문에 시추의 경과는 코어의 관찰 및 시험결과(암석 및 토질명, 굳기, 함수 상황, 풍화변질 상황, 불연속면의 상황 등) 외에 회수율(TCR), 암질지수(RQD), 투수계수 등의 공학적인 모든 값이 기재되는 주상도를 작성하는 것이 좋다. 이 주상도는 토질지반과 암반에서 정리하는 항목이 각기 다르지만 지반상황의 판정에 필요한 것들이 포함되어야 한다.

시추조사 및 결과의 판정에서 유의해야 할 항목은 다음과 같다.

(1) 채취된 코어에 의해 지질정보를 얻기 때문에 어떻게 코어회수율을 높여야 하는가가 시추조사의 생명이다. 코어 회수율은 시추기사의 기량에 따라 크게 달라진다.

(2) 단층파쇄대나 연질암반부에서는 코어 채취가 곤란하고 정확한 정보를 얻기가 어렵다.

(3) 시추의 보조 조사로서 각종 공내검층 및 공내시험이나 BIPS(Borehole Image Processing System)의 병용이 바람직하다.

(4) 시추공벽은 공내시험 및 계측을 적절히 시행할 수 있도록 잘 마무리되어야 한다.

(5) 시추코어로부터 지반의 상황을 판단할 때 코어의 굳기뿐만 아니라 코어편 균열의 색 및 접촉상황 등에도 유념하여 관찰한다. 코어 관찰은 반드시 시추기사와 지질기술자가 실시하고 협동하여 주상도를 작성한다.

(6) 코어는 지반에서의 균열간격을 거의 정확하게 나타낸다. 그러나 풍화대나 연약암반에서는 굴착 시, 또는 관을 뽑아낼 때의 회전이나 충격에 의해 코어가 파손되므로 균열이 많아지기 쉽다.

(7) 코어는 시간이 경과하면 풍화되어 변색되거나 변질되므로 코어의 사진촬영은 될 수 있는 한 조기에 실시하는 것이 좋다.

(8) 코어는 여러 번 감정해야 할 가능성이 있기 때문에 소중히 보관해야 한다.

(9) 시추위치와 시추공구의 표고는 정확히 측정하여 기록해 둔다. 나중에 지질의 재검토를 실시할 경우에 이들이 불명료하면 측정된 자료가 사용될 수 없는 경우가 생긴다.

3.4 시험조사갱 조사

시험조사갱 조사는 조사대상 위치까지 소형터널을 굴착하여 지하의 지질조사나 암반의 형태를 직접 육안으로 관찰하고 조사하는 방법이다. 시추조사에 비해 조사비가 많이 들고 조사기간이 긴 단점이 있으나 층리, 편리, 단층, 절리 등과 같은 불연속면들의 방향성, 충전물의 성질 등 암반의 상태를 정확하게 조사할 수 있는 장점이 있다. 시험조사갱에 의한 조사는 보통 시공 전에 실시하고 시공이 시작되면 조사갱을 확장 시공하여 완공하는 것이 보통이다. 본 시공 중에도 작업면이나 굴착 벽면에서의 갱 내 지질조사를 실시하는 것이 바람직하다.

3.4.1 조사갱의 굴착

갱 내 조사를 위한 조사갱의 굴착에는 다음과 같은 주의가 필요하다.

(1) 화약량을 극히 제한하여 규정단면의 주위에 무장약공을 많이 배치하는 등 가능한 한 주변암반이 깨끗하게 굴착되도록 한다.

(2) 철강재 지보 시공을 피하고 가능한 목재지보를 시공한다. 이것은 관찰 시 클리노미터를 사용할 때 자침에 영향을 주는 것을 피하기 위해서이다.

(3) 굴착공사의 실적 및 시공 상황, 굴착 중의 암반이나 지하수의 상황 등을 작업일보에 상세하게 기재한다.

(4) 물로 조사갱 벽면의 분진을 제거하고 부석도 제거하여 조사가 용이하도록 한다.

(5) 조사갱의 공사 종료 후에는 갱구에 기점을 설치하여 좌표 및 표고, 그리고 갱의 굴착방향, 연장 등을 측량하고 갱 내의 거리를 표시한다.

3.4.2 갱 내 조사의 관찰과 기록

구조물에 직접 관계되는 위치에서 암반 내부의 상태를 상세히 관찰하고, 구조물과 관련하여 공학적인 검토를 위한 관찰을 실시할 필요가 있다.

갱 내 관찰사항은 다음과 같은 것들을 고려해야 한다.

(1) 표층퇴적물의 종류, 성상, 분포상태

(2) 암석의 종류, 암질, 분포상태

(3) 단층, 습곡 등의 지질구조

(4) 층리, 편리, 절리, 파쇄대 등의 상태

(5) 풍화, 변질의 상태

(6) 암반의 등급

(7) 지하수 및 용수의 상태 등

3.4.3 갱 내 지질도의 작성

조사결과와 더불어 지질답사나 시추조사 등의 결과를 부가하여 정리 및 검토하고 도면에 표시한다. 작성할 도면은 지질평면도, 지질종횡단면도, 지질수평 단면도([그림 3-4] 및 [그림 3-5] 참조) 등이 있다. 단면도에는 지층이나 지질경계 또는 단층 등의 주향 및 경사의 표시가 필요하다. 특히 단층의 경우에는 폭과 연장 등의 규모, 단층 점토나 단층각력의 색이나 입도 등의 단서를 표시하며, 이것들의 방향성이 확실히 정해지지 못할 경우 시추조사 결과와 연결시켜서 단면도를 작성한다. 지질단면도의 작성목적은 조사의 초기에는 지질 및 지질구조를 파악하는 것이고, 조사가 진행됨에 따라 암반등급의 분포, 단층이나 지표부근 등의 불량한 암반구간의 파악을 목적으로 하여 지질단면도와 암반등급 구분단면도를 작성한다.

3.4.4 불연속면 조사

갱 내 조사에서는 단층이나 절리와 같은 불연속면들의 방향성을 측정한다. 구조적으로 취약한 단층에 대해서는 특별히 방향성이나 위치에 대한 주의와 검토가 필요하다. 그 외의 불연속면에 대해서는 스테레오네트 분석을 통해 암반의 이방성, 불연속면군의 구분, 지압과 터널 방향과의 관계 등을 검토하기 위한 자료로 사용한다.

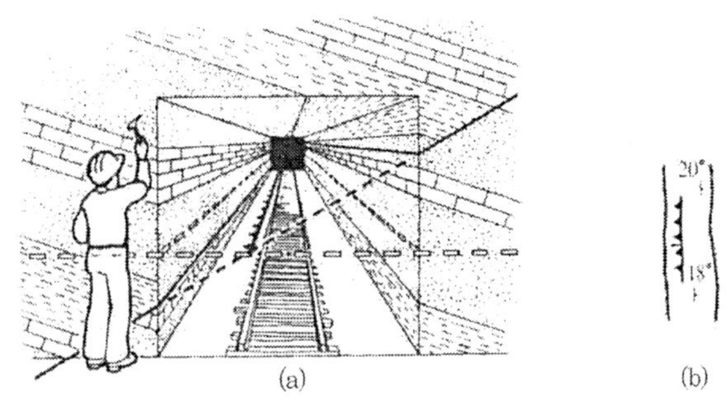

[그림 3-4] (a) 갱 내 지질, (b) 터널벽과 관련된 단층의 방향과 위치 표시

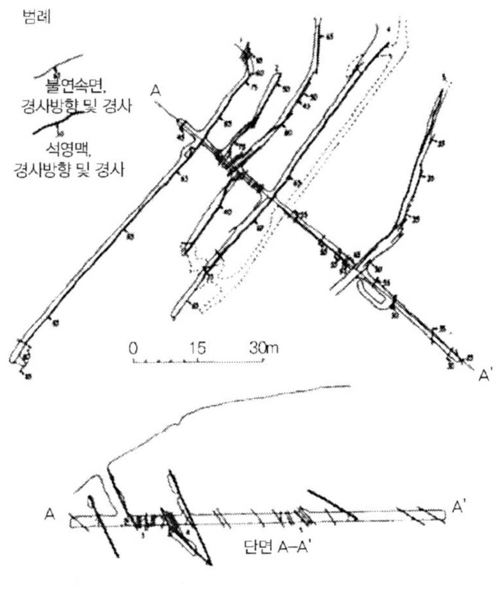

[그림 3-5] 광산 갱 내 지질도 예

3.5 물리탐사

물리탐사는 지반을 구성하는 물질의 물리적 성질을 측정하여, 물체의 형상이나 특성을 예측하는 것이다. 이용되는 지구물리적인 방법은 간접적인 것이고, 그 해석에는 어느 정도의 불확실성이 따르기 때문에 예측의 결과가 반드시 정확한 것은 아니다. 그러나 지구물리학적인 수단은 시추조사나 수평갱 조사에 의한 직접적인 조사지점과의 사이를 보간할 수 있는 수단으로도 이용되고 있다.

물리탐사에 의해 얻어진 결과는 복잡하고 해석이 곤란한 것이 많기 때문에 결과를 적절하게 사용하기 위해서는 토목기술자, 지질기술자 및 탐사기술자들에 의한 충분한 분석이 필요하다.

물리탐사에 의해 얻어지는 정보는 기본적으로 다음과 같다.

- 암반 또는 지반설계에 직접적으로 필요한 공학적 요소와 대비할 수 있는 현지지반의 물리적 특성(탄성파속도, 전기비저항 등)
- 지하구조의 불연속부분(단층 또는 기반암까지의 깊이 등), 서로 다른 암종 간의 경계위치

현재 터널공학에서 가장 많이 이용되고 있는 물리탐사법은 다음과 같다.

- 굴절법 탄성파 탐사(seismic refraction survey)
- 전기 비저항 탐사(electrical resistivity survey)
- 공내 검층(borehole logging)
- 시추공간 탐사 및 토모그래피(cross-hole survey or tomography)
- 레이더 탐사(radar survey)
- 자력 탐사(electromagnetic survey)
- 중력 탐사(gravitational survey)
- 수중음파 탐사(marine continuous profiling reflection method)

물리탐사가 적용되고 있는 대표적인 경우는 다음과 같다.

- 도로의 노선 또는 댐 부지의 기초에서 탄성파 탐사나 전기 탐사에 의해 지표층 및 미고결층의 두께를 파악하는 경우
- 터널 예정선상의 단층 및 풍화대, 파쇄대의 분포를 전기 비저항 탐사나 탄성파 탐사로 예측하는 경우
- 지하의 공동이나 매설물 등을 전기 탐사, 레이더 탐사, 토모그래피 등으로 조사하는 경우
- 지하수의 염화 범위 등을 전기 탐사로 파악하는 경우
- 지역적인 수리지질조사에서 대규모의 수로나 퇴적분지 등의 개요를 탄성파 반사법이나 중력 탐사 등을 이용하여 파악하는 경우
- 해저의 지질구조를 결정하기 위해 음파 탐사를 이용하여 지표층의 두께, 단층의 위치, 규모 등을 조사하는 경우 등

물리 탐사는 각 방법별로 원래 가지고 있는 오차가 있지만, 탐사 결과에 대한 신뢰성 및 정밀도는 암반의 균질성 등에 따라 달라질 수 있다. 지표면에서 실시되는 탐사는 해석상의 오류가 있을 수 있기 때문에 시추조사와의 대비가 필요하다. 물리탐사는 방법에 따라 장단점이 있으므로 암반의 특성을 정확히 평가하고자 할 때는 두, 세 가지 이상의 탐사법을 조합하여 실시하는 것도 필요하다.

3.6 터널 건설을 위한 지질조사

터널 건설을 위한 지질조사는 주로 설계 자료의 획득을 위해 실시되나 노선의 결정, 설계, 시공계획, 그리고 시공의 각 단계에서 단계별로 실시된다. 통상 실시하는 조사항목과 조사방법들을 [표 3-2]에 정리하였다.

[표 3-2] 터널 건설을 위해 실시하는 지질조사 항목

구분	조사항목	조사시험 결과	조사 / 시험의 방법 / 장비	설계입력변수 변환값	사용목적
사전 조사	기존 지반조사, 시공 사례 자료의 수집, 분석	과거 유사사업의 설계자료 및 결과	문헌, 보고서	예비해석, 입력자료	참고자료 / 사례분석
	지형 및 지질 특성 파악	선구조, 지형, 단층대 등의 지질 이상대 파악	항공 / 위성사진, 지질도, 지형도, 수치지형도 등 분석		중점 지질조사 지역 파악, 시추공 위치 파악
	조사, 시험계획의 수립	현장답사결과(전경사진, 장비 예상 진입로, 각종 시설 예상 위치 등), 조사항목 및 수량표	기본계획, 원안설계도서, 입찰안내서 분석 및 각종 조사기준 분석		최적 조사항목, 수량, 개소 결정, 설계 적합성 검토
현장 조사	지표지질조사	지질구조도(노두, 단층대), 지형도 작성	야외 지질조사	지질경계, 지질구조 및 연약대 구간(개소)	지질 위험구간 파악
	지표물리탐사	지질구조 / 지질 이상대(연약대)	전기 비저항탐사 / 전자탐사	지질구조, 연약대 구간(범위), 암반등급	지질 위험구간 파악, 암반 분류
			탄성파탐사	지질구조, 연약대구간(범위), 층후, 암반등급	지질 위험구간 파악, 암반 분류, 굴착 난이도 평가
			다중 / 단일 채널 표면파 탐사		
	지중(시추공) 물리탐사	전단파속도 주상도	하향식 / 상향식 탄성파 탐사	지질구조, 연약대의 상세 파악. 지층별전단파 속도, 전단탄성, 강성, 체적계수	지반동적 해석, 내진 해석
			시추공간 탄성파 탐사	(상동)	(상동)
			S-PS 검층	(상동)	(상동)

구분	조사항목	조사시험 결과	조사 / 시험의 방법 / 장비	설계입력변수 변환값	사용목적
		밀도주상도	밀도 검층	지층별 밀도	내진 해석, 연속체 해석
	시추공 조사	불연속면군 분석(경사, 경사방향/간격/틈새)	시추공벽 스캐너	불연속면군에 대한 통계자료	암반 분류/수치 모델링
		지하수위	피에조미터(piezometer)	지하수위	배수용량/수리 모델링
	시추코어 조사	RQD(암질지수)	코어 실측	지층(연, 경암)	암반 분류/주상도 작성
		지질단면도	코어 실측	지질단면도	지질도 및 지질 단면도 작성에 반영
		암석 코어	회전식 시추기	지층, 암상(종)	조사, 시험용 샘플 시료 획득
		JCS(불연속면 벽면강도)	슈미트 해머	JCS	불연속면 파괴 기준 설정, 불연속체 해석
		JRC(불연속면 거칠기)	profilometer	Kn, Ks(불연속면의 수직, 전단강성)	수치 모델링, 불연속체 해석
		불연속면의 상태	관찰	불연속면 상태(RMR) 또는 J_a(Q-system)	암반 분류
	시험조사갱 조사	지질구조 매핑, 시료 샘플링, 출수상황	소형 시험터널의 굴진	암질, 파쇄대 및 연약대구간	암반 분류, 지질 위험구간 파악, 강제 출수
현장시험	점하중 강도시험	점하중 강도지수	점하중시험기	Is_{50}	암반분류(RMR)
	현지반 전단시험	점착력, 마찰각	시추공전단시험기	풍화암 점착력, 내부마찰각	연속체 해석

구분	조사항목	조사시험 결과	조사 / 시험의 방법 / 장비	설계입력변수 변환값	사용목적
현장 시험	변형성 시험	변형계수	Pressuremeter test, Borehole Jack test	변형계수	수치 모델링
	투수 및 수압 시험	투수계수	Packer test Lugeon test	투수계수	수리 모델링
	지압 측정	초기응력, 측압계수	응력보상법, 수압파쇄법(시추공)	초기응력	수치 모델링, 연속체 해석
	시험발파	진동속도, 폭풍압, 소음	폭약, 발파진동계, 소음측정기	발파진동식, 소음 및 폭풍압	발파 패턴 설계
실내 시험	암석의 화학적 조성	암석의 구성성분	X선 형광 분석(XRF), X선 회절분석(XRD)		특이한 암석 성분 파악
	광물, 암석학적 특성	암종, 광종	현미경 모드 분석(modal analysis)	암종, 광종	암석기재
	점토광물 특성	점토광물의 광종	파우더 X선 회절분석(XRD)	점토광물의 광종	단층암, 이암 등의 암석 내 팽창성 점토광물의 존재 여부 판단
	무결암 강도	압축, 인장, 전단강도	표준시험법	압축, 인장, 전단강도	암반 분류, 수치 모델링
	변형성	탄성계수, 포아송비	표준시험법	탄성계수, 포아송비	암반 분류, 수치 모델링
	탄성파 속도	종파 및 횡파 속도	표준시험법	종파 및 횡파 속도	암반 분류
	불연속면 전단 특성	불연속면의 전단강도, 마찰각, 강성	표준시험법	불연속면의 전단강도, 마찰각, 강성	수치 모델링
	기타	이방성, 슬레이킹, 스웰링 지수, 크립 지수, 측압계수	국제암반역학회 제안시험법	이방성, 슬레이킹, 스웰링 지수, 크립 지수, 측압계수	수치 모델링

Chapter 04

터널 설계

Chapter 04 터널 설계

4.1 기본 사항

4.1.1 설계의 기초

다른 복잡한 구조물의 설계와 마찬가지로 암반을 관통하는 터널의 설계 역시 일련의 수많은 요소들이 결과에 영향을 미친다. 따라서 그 과정은 순차적이고 또 어떤 경우에는 반복적으로 체계적인 과정을 거쳐 진행된다. 터널 설계에 관련된 많은 요소들 또는 영향을 미치는 제약조건들은 지질조건이나 건설환경 등에 따라 변화하는데, 일반적으로 암반 터널의 설계에서 전제되는 주된 조건들은 다음과 같다.

(1) 암반은 그 자체로서 건설을 위한 구조재로 사용된다. 보통 경암이나 극경암으로 분류되는 암석의 강도는 약 100~200MPa 정도로, 20~30MPa 정도인 콘크리트의 강도보다 월등하게 높다.

(2) 지반을 대상으로 하는 공학적 설계문제는 기본적으로 경험적 지식이나 기술에 의존한다. 최근 터널공학에서도 이론적인 체계화가 눈부시게 진행되어 발전하고 있으나 이들은 기본적으로 대표적이고도 전형적인 경우를 대비한 결과인 경우가 많다. 그러나 지반은 각 지역에 따라 차별적 특징을 가지는 국지성이 기본적인 특성이므로, 이를 설계에 반영하여 최적화하기 위해서는 체계적인 이론과 기술을 기초로 국지성을 반영하는 경험적 지식을 필요로 한다.

(3) 설계는 건설과정을 반영해야 한다. 설계는 건설을 위한 상세한 계획이라고도 할 수 있다. 따라서 설계자는 건설과정을 충분히 인지하고 이를 현실적으로 설계에 반영하여야 한다.

(4) 설계는 지반의 특징, 터널의 용도, 적용 가능한 건설방법들 그리고 기타 영향 조건들을 사전에 충분히 파악한 후 이들을 자료로 하여 최적화된 결과를 도출한다. 최근에는 수치해석적 방법을 활용하여 설계안에 따른 시공 후의 상태를 예측한 후 설계안을 수정하는 등의 최적화 방법을 사용하기도 한다. 또한 설계 및 시공 후 안정성의 확인을 위해 계측을 실시하는 것이 일반적이다.

4.1.2 설계 과정

터널 설계는 결과에 영향을 미치는 여러 요소들을 복합적으로 고려하여, 주어진 조건하에서 가장 경제적이고도 최적화된 시공과정을 구체화하여 제시하는 것이라고 할 수 있다. 사회적·경제적인 면에서 터널의 필요성이 대두하게 되면, 이를 충족시키기 위해 해당 예정 노선 부지에 대한 엔지니어의 기술적인 검토가 시작된다. 기술적인 검토의 첫 단계는 기존자료의 수집과 지반에 대한 조사 및 시험이다. 지반조사 자료에 의하여 경험적 설계를 위한 암반 분류와 해석적 설계방법인 터널 모델의 수치해석에 필요한 입력자료를 추출 또는 추정할 수 있다. 이와 같은 최적화 과정에는 대체로 다음과 같은 단계가 포함되며, 각 단계는 수많은 반복적인 계산과 수정 과정을 거치게 된다.

(1) 목적으로 하는 터널 구조물의 크기와 형상 그리고 요구되는 특성에 대한 설정

(2) 터널 건설에 영향을 받는 주변 지반의 범위 설정

(3) 지반의 영향 범위 내 지형, 지질 및 수리학적 특성에 대한 조사 및 평가

(4) 터널 시공을 위한 최적화된 설계

(5) 터널 시공

(6) 계측 등을 통한 터널 안정성 평가

설계과정을 도식적으로 설명하고 체계화하기 위해 많은 연구(Bieniawski, 1992)가 있었으나 그 성격상 다분히 개념적인 면에 치우쳐 있다. 여기서 중요한 것은 전체적

인 흐름을 파악하는 것이며, 각 설계 단계에서 현장 여건에 따라 나타나는 문제들에 적절히 대응하고 해결하는 것은 엔지니어의 능력과 판단에 좌우된다.

[그림 4-1]은 일반적인 설계과정을 도식적으로 설명한 것이다. [그림 4-1]의 시공 및 계측 단계에서 암반 분류를 통해 예상한 조건과 실제 현장 조건을 비교한 결과가 현저히 차이가 나는 경우나, 시공 중 터널 거동을 계측한 결과가 안정성 해석에서 예측된 결과와 차이가 나는 경우에는 그 원인을 추정하여 상세지반조사 또는 안정성 해석의 단계로 피드백(feed back)함으로써 설계를 수정 보완하여 계속적으로 시공하게 된다.

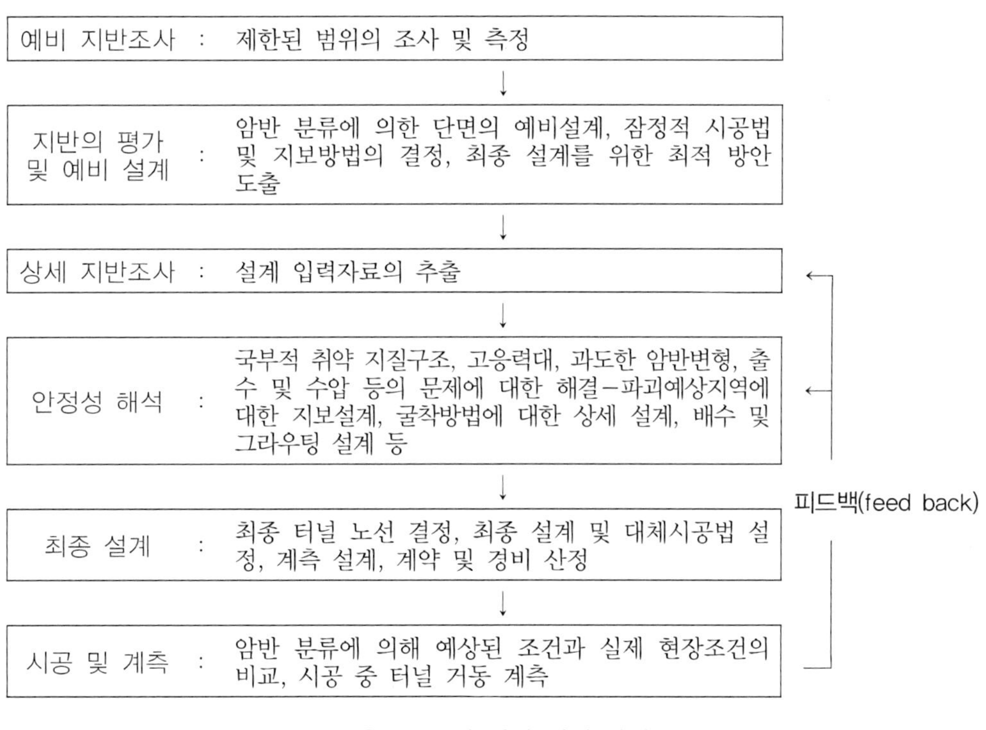

[그림 4-1] **터널 설계 과정**

[그림 4-1]에 포함되어 있는 피드백 과정은 터널의 시공과정에서 문제가 발생했을 때 그 원인을 분석하여 설계를 변경하는 것을 말한다. 일반적으로 설계의 변경이 필요한 유형을 설계 측면과 시공 측면에서 살펴보면 [표 4-1]과 같다.

[표 4-1] 터널 설계안의 변경이 필요한 원인 및 특징

구분	터널 설계 변경의 원인	원인별 특징
설계 측면	예상하지 못한 지질학적 원인	• 불량한 지반조건의 출현 • 지반특성 파악을 위한 충분한 조사 미비 • 부적절하게 평가된 지반조사 자료를 통한 설계입력 정수 결정
	계획과 시방조건 미비	• 저토피부 형성 • 지질학적 조건을 고려하지 못한 굴착계획 • 지반특성의 평가 및 판단의 오류에 의한 부적합한 지보 패턴 적용 • 부적합한 지보재 및 허용오차 선정
	수치해석 및 구조계산의 오류	• 설계자료 입력의 오류, 지하수 영향 미고려 • 부적절한 해석 모델이나 계산 프로그램의 적용
시공 측면	시공 실수	• 도면 및 설계시방에 부합되지 못한 굴착계획 및 지보재 시공
	경영과 관리 실수	• 경험이 미숙한 시공관리인의 상주 • 터널 시공실적 및 능력이 저급한 시공사 선정 • 불합리한 감리제도 도입 • 터널 시공 시 계측결과의 미숙한 반영

4.1.3 구조재로써의 암반

여타 구조물의 설계와는 달리 암반 터널 설계에서 볼 수 있는 특징 중의 하나는 굴착 대상인 암반이 터널을 형성하는 구조재로 사용된다는 점이다. 이를 구체적으로 말하면 터널의 지보 개념은 일차적으로 터널 주변 암반의 안정성을 높이는 데 있다는 것을 의미한다.

이러한 관점에서 터널의 지보설계는 암반의 지질적 취약부를 파악하고 취약부의 안정성을 향상시키는 데 집중되어야 한다. 과거 수십 년간의 터널 건설을 통해 축적된 경험과 발전된 기술로 볼 때, 터널공학의 핵심이라고 할 수 있는 부분은 일반적으로 출현할 수 있는 지질학적 조건에서의 터널 건설이 아니다. 부분적으로 나타나는 열악한 지질조건하에서 터널의 안전시공과 장기적인 유지를 위한 안정성을 향상

시킴으로써 목적으로 하는 터널을 건설하는 것이라고 할 수 있다.

엔지니어로서의 역량을 발휘하는 것은 이러한 문제들을 극복하는 것이며, 이를 위해서는 오랜 경험과 높은 기술 수준이 요구된다. 다만 이 책은 터널 공학의 입문서로서 초급 엔지니어가 지녀야 할 수준을 지향하고 있어 기초적인 터널 설계에 대한 전반적인 사항들을 포함하고 있다.

4.1.4 터널 굴착 시 주의가 필요한 지질 조건

암반 내에 굴착되는 터널의 설계와 시공은 기술의 발달로 인해 대부분의 경우 큰 문제를 유발하지는 않으나 연약대의 존재, 과도하게 발달된 절리, 높은 지압과 지하수위 등과 같은 특이한 지질조건이 나타날 경우에는 많은 어려움을 겪는다.

가. 연약대

지질적 연약대는 주위에 평균적으로 분포하는 암반보다 연약한 특성을 나타내는 일정 범위의 부분을 의미한다. 연약대의 크기 또는 두께는 수 센치미터부터 수백 미터에 이를 때도 있다. 터널 설계 기술의 핵심은 이러한 연약대에 대한 공학적 처리 방안의 수립이라고 할 수 있다. 평균적인 모암에 대한 지질학적 특성 조사와 마찬가지로, 연약대를 구성하고 있는 암석이나 암반의 특성에 대한 조사시험도 심층적으로 이루어져야 한다. 연약대의 성인은 여러 가지가 있으나 일반적으로 저강도의 암반, 단층대, 파쇄대, 열수변성대, 고풍화대 등의 형태로 나타난다.

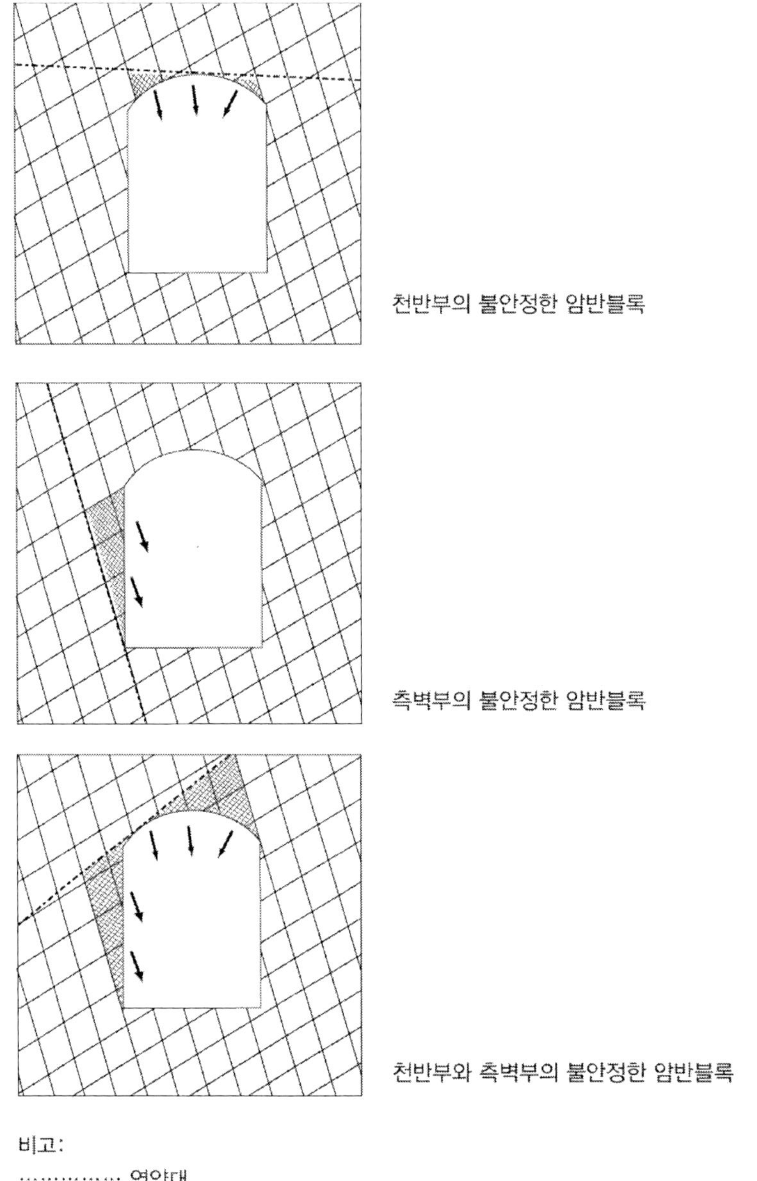

[그림 4-2] 연약대의 방향에 따라 나타나는 불안정한 암반 블록[Berthelsen O.J. et al (a), 1992]

이러한 연약대가 존재하는 경우 결과는 건설비용의 상승으로 나타난다. 건설비용은 연약대의 존재 여부와 규모에 따라 크게 영향을 받는다. 연약대에 의해 발생하는 문제는 주로 구조적으로 보강이나 지보를 강화해야 하는 점과 연약대를 따라 침투하는 지하수의 방지라고 할 수 있다.

형성되어 있는 연약대의 방향에 따라 터널의 안정성에 대한 영향은 다르게 나타난다. [그림 4-2]는 이를 설명하는 예로서, 2개의 절리군이 존재하는 암반 내에 터널이 굴착되는 경우이다. 연약대가 완경사로 교차할 경우에는 천반에 불안정한 부분이 발생하고, 급경사로 교차하는 경우에는 측벽부에 불안정성이 나타날 가능성이 높다.

연약대에 대한 대책은 가능하다면 정밀한 사전 지반조사를 통해 위치와 규모를 파악하여 회피할 수 있는 방안을 모색해야 하며, 이러한 방법에 의한 해결이 어려울 경우에는 추가비용의 지출을 감수해야 한다.

나. 절리

절리의 방향과 터널의 굴진 방향과의 관계는 터널의 안정성에 지대한 영향을 미친다. 앞에서 언급한 것과 같이 재료로서의 암석은 콘크리트보다 월등한 강도와 높은 변형계수를 지니고 있으나 암반의 생성 과정에서 불가피하게 생겨나는 불연속면의 존재로 인해 암반은 암석에 비해 1/10 이하의 낮은 강도와 1/2~1/5 이하의 낮은 변형성을 갖는 것이 일반적이다. 이러한 사실은 절리의 존재가 암반에 미치는 영향을 단적으로 보여주는 것이다.

암반에서 절리의 존재는 발파에 의한 굴착에서 과파쇄를 발생시켜 터널의 불안정성을 유발하기도 한다. 터널의 굴진방향과 절리의 주향방향이 30° 이하의 예각을 이룰 경우에는 과파쇄 현상이 증가한다는 보고(Thidemann, 1976)가 있다. 특히 급경사의 매끄러운 면을 지닌 절리군이나 절리면 사이에 점토광물이 충전된 경우는 시공과정에서 안전사고 방지를 위해 많은 주의를 기울일 필요가 있다.

터널에서 굴진방향은 사전계획 단계에서 결정되므로, 터널의 진행방향과 교차되는 불리한 방향의 절리군이 존재할 때에는 비용의 상승을 감수하고 기술적으로 문제를 해결하는 것이 보통이다. 그러나 지하 비축기지 등과 같이 구조물의 방향이 정해지지 않은 구조물은 이의 방향을 설계단계에서 결정할 수 있으므로, 주절리군의 방향을 고려하여 공동의 방향을 결정함으로써 불안정한 개소의 발생을 최소화할 수 있다. 이는 결과적으로 보강비용의 절감으로 이어진다.

이러한 이유로 인해 이후에 설명할 암반의 공학적 분류법(RMR 분류법과 Q-시스템 분류법)에서도 절리군의 방향이 터널의 안정성에 미치는 영향에 대해 상당한 비중을 두고 있다.

다. 지하수

암석은 흙에 비하면 불투수성으로 간주해도 무방할 정도로 투수성이 낮다. 다만 앞에서 언급한 것과 같이 연약대나 절리의 존재로 인해 암반의 투수도는 암석에 비해 매우 크게 나타난다. 터널에서 출수현상이 나타나는 것은 전혀 이로울 것이 없으므로, 연약대를 통해 많은 출수가 있는 경우에는 그라우팅에 의한 지수나 차수시공을 실시하고 절리암반에서는 방수 시트와 배수 유도공을 시공하여 배수를 유도하는 것이 일반적이다.

터널 시공 중에 작업장에 과도한 출수가 발생하면 시공에 지장을 주게 되므로 보통의 경우 굴착은 작업장에 유입된 지하수가 자연배수가 될 수 있도록 상향으로 진행하는 것이 유리하다. 하향굴진이 불가피한 경우에는 굴진 작업면에 집수되는 지하수의 배수를 위해 양수작업을 병행해야 한다.

터널과는 달리 지하유류비축공동과 같이 지하수압을 저장물의 기밀압으로 이용하는 경우에는 지하수위가 공동의 심도를 결정하는 매우 중요한 설계요소가 된다.

라. 지압

지중에는 지압이 작용한다. 지압은 크게 중력(gravitational stress)에 의한 것과 지체력(tectonic stress)에 의한 것이 복합적으로 작용하여 형성되며, 이 외에도 응력 이력에 의해 과거에 작용했으나 현재는 완화된 후 잔류되어 있는 잔류응력(residual stress)에 의한 영향도 있다. 국부적으로는 연약대 등의 존재로 인해 주위 암반과는 달리 특이한 응력 이상대를 보이는 경우도 있다.

지압이 작용하고 있는 암반 내에 터널과 같은 암반구조물을 굴착하게 되면 터널 주위의 일정 범위까지는 터널 굴착으로 인해 응력 집중현상이 발생한다. 증가된 응력의 수준이 암반이 견딜 수 있는 정도 이내라면 높아진 응력은 절리를 압착하여 절리면들 사이의 마찰력을 증가시켜 암반의 강도를 높이고 투수도를 낮추는 등 터널의 안정성에 긍정적으로 작용한다. 그러나 과도하게 되면 국부적 또는 전반적인 터널의 붕괴로 이어질 수 있다. 심도가 깊지 않은 경우에서와 같이 지압의 수준이 낮고 암반이 취약한 경우에는 지압이 높은 곳에서 얻을 수 있는 긍정적인 효과는 기대할 수 없으므로 특별한 공학적 해결방안을 강구해야 한다.

보통 암반 내에 작용하는 지압은 이방성을 보인다. 지압의 이방성은 터널의 형상이나 지보 시스템 역시 이에 상응하는 이방성을 지녀야 함을 의미하는데, 특히 심부의 고지압대에 건설되는 터널의 경우에는 설계에 커다란 영향을 미친다. 지체력이나 잔류응력은 특히 저심도에서 나타나는 지압의 이방성과 관련이 있는 경우가 많다.

이상에서 설명한 내용을 세부적으로 구분하면 터널 굴착 시에 주의가 필요한 지질조건은 암석자체가 문제가 되는 경우와 지질경계가 문제가 되는 경우 등 두 가지로 나누어 볼 수 있다. 각각의 경우에 대한 자세한 내용은 [표 4-2]와 [표 4-3]을 참고하기 바란다.

[표 4-2] 터널 굴착 시 암석자체가 문제가 되는 경우

화강암, 반려암, 섬록암 등(화성암 중 심성암)

문제점	지질/지반조사 주안점	우리나라의 예
절리의 간격이 작은 경우 풍화가 진행되며 핵석층(saprolite)이 발달하여, 터널 갱구부를 형성할 때 큰 규모의 낙반과 관련된 문제	• 지표에서 핵석의 크기, 부피비 등을 정밀조사 • 시추조사 시 핵석-기질-핵석이 반복적으로 산출되는 지역에 대해 시추공영상 분석을 통해 핵석층의 심도분포 결정 • 탄성파 탐사결과와 시추결과를 연계 분석하여 미시추 구간에 대한 핵석층 심도분포 특성 파악	• 화강암이 산출하는 지역(안동, 인제 지역 등) • 화강암질 편마암이 산출하는 지역(진주, 벌교, 광양 등)

석회암

문제점	지질/지반조사 주안점	우리나라의 예
카르스트가 발달된 지역의 경우, 터널 굴착 시 많은 양의 물의 유입과 관련된 문제	• 돌리네, 싱크홀 등의 분포에 관한 정밀 지표지질 조사 • 전기비저항 탐사를 통한 지하공동 탐사 • 물리탐사 결과 분석 후 지하공동이 발달된 위치에 시추(터널 계획고를 포함하는 계획고 상부지역의 공동 포함)	• 단양, 제천, 영월 등 석회암이 산출하는 지역

천매암, 편암

문제점	지질/지반조사 주안점	우리나라의 예
여러 방향의 엽리발달로 인한 낙반과 관련된 문제	• 지질조사를 통한 정밀 지질구조도 작성 • 계획고 심도에서의 시추공 영상을 이용한 엽리방향 자료 획득 • 굴착 시 형성되는 면에 대한 키블록 분석	• 옥천대중 변성대 지역(충주 등)

탄층, 탄질사암

문제점	지질/지반조사 주안점	우리나라의 예
탄층의 낮은 마찰특성과 관련된 문제·과거에 채굴된 지하에 차 있는 물과 관련된 문제(금속광산도 포함)	• 탄층의 위치 파악을 위한 정밀 지질구조도 작성 • 전기비저항 탐사를 통한 지하공동 탐사 • 물리탐사 결과 분석 후 지하공동이 발달된 위치에 시추(터널계획고를 포함하는 계획고 상부지역의 공동 포함)	• 옥천대 중 비변성대 지역(태백, 장성 등)

미고결퇴적층

문제점	지질/지반조사 주안점	우리나라의 예
지하수가 포화된 지역의 굴착 시 물의 유입과 관련된 문제	• 시추자료 분석을 통한 미고결층의 수직적 분포 양상 파악 • 탄성파 탐사결과와 시추자료를 연계 분석하여 미고결층의 심도 결정	• 제3기 분지지역(포항, 감포 등) • 제4기 충적층 분포지역(하천 인근 지역)

유문암

문제점	지질/지반조사 주안점	우리나라의 예
터널 굴착 시 많은 양의 물의 유입과 관련된 문제	• 유문암의 수평적, 수직적 분포 파악을 위한 정밀 지질조사 • 시추조사공을 이용한 수리특성 분석	• 해남 등 경상분지 지역

규암

문제점	지질/지반조사 주안점	우리나라의 예
TBM 터널 굴착 시 disk cutter 마모와 관련된 문제	• 정밀 지질구조도 작성 • 종단 도면상 규암 산출위치에 대한 정확한 파악	• 주로 옥천대 지역(충주 등), 경기육괴 일부 지역 포함(청평 등)

[표 4-3] 터널 굴착 시 지질경계가 문제가 되는 경우

단층(취성단층)

문제점	지질/지반조사 주안점	우리나라의 예
터널 굴착 시 많은 양의 지하수 유입과 관련된 문제	• 지표에서 발견된 단층이 터널계획도 상 어느 지점에서 교차하는가에 대한 분석 • 전기 비저항탐사를 통한 비저항 이상대와 지질조사 결과로 얻어진 단층대와의 위치 일치 여부 확인 • 시추조사를 통한 단층암 분석, 단층대의 수리특성 분석(고각의 단층일 경우에는 경사시추가 바람직함)	• 우리나라 전 지역(특히 양산단층, 울산단층 등이 있는 경상남북도 지역)

관입경계

문제점	지질/지반조사 주안점	우리나라의 예
관입암과 모암 간의 물성 차이로 인해 냉각 시 형성된 파쇄대를 통해 유입되는 지하수와 관련된 문제	• 관입암(암맥포함)의 분포에 대한 지표 조사 • 전기 비저항탐사를 통한 비저항이상대와 암맥 위치와의 일치 여부 확인 • 시추조사를 통한 관입경계면의 수리특성 분석(고각의 암맥일 경우에는 경사시추가 바람직함)	• 우리나라 전지역, 특히 화강암이 관입한 지역

퇴적경계 중 기반암과 제4기층 사이의 부정합(도시지역)

문제점	지질/지반조사 주안점	우리나라의 예
도시화가 진행되어 제 4기 퇴적층의 확인이 불가능하여 터널 구간 중 연약지반의 존재여부가 불분명한 지역	• 고지형도, 고항공사진 분석을 통한 원지형의 복원 • 시추조사 결과와 원지형분석 결과에 대한 연계분석을 하여 종단면상 제4기층 분포현황 분석(공법선정, 공사비 산정에 활용)	• 하천 인근의 도시지역

4.1.5 풍화대에서의 터널 설계와 시공

일반적으로 터널이 풍화대를 통과하는 경우는 지표와 가까운 저심도에 터널이 시공되는 경우와 대심도 터널에서의 갱구부가 해당된다.

풍화대의 존재 유무를 사전에 파악하기 위해서는 터널 통과 구간에 대해 가능한 많은 시추조사를 실시하는 것이 바람직하지만 그렇게 하지 못할 경우, 미시추 구간에 대한 탄성파 탐사를 통해 지층의 탄성파 속도를 구하고, 이를 시추조사 결과와 연계분석하여 지층의 상태, 특히 풍화대의 발달 깊이를 예측할 수 있다.

지반조사에서 풍화대의 존재와 발달 범위가 파악되면 풍화대의 물리 역학적 특성을 구하기 위한 조사와 시험을 실시하여 적절한 굴착 공법을 선정하고 필요한 지보량을 계산한다.

터널이 저심도의 풍화대를 통과하는 경우, 예상치 못한 붕괴가 발생하는 것에 대비하여 굴착면 전방의 지질조건을 사전에 파악하기 위한 선진수평 시추조사를 실시하고, 굴착면을 여러 개로 나누어 순차적으로 굴착하는 부분굴착을 시행한다. 암반이 매우 불량하여 발파 후 지보설치 시점까지 작업장이 유지되기 어려운 경우에는 포어폴링(forepoling), 강관다단 그라우팅, 굴착면 선진 그라우팅, 굴착면 숏트리트 타설, 가인버트 설치 등과 같은 부분적인 보강공법들을 특별히 적용할 수 있다. 발파가 이루어지지 못할 정도로 암질이 불량한 경우에는 리핑(ripping)에 의한 굴착이 불가피한 경우도 있다.

지질학적으로 고결상태가 불량하고, 수분 흡수 시 급격히 약화되어 토사화되는 특성을 가진 팽창성 이암층이나 심한 파쇄대, 단층대 등은 각각의 경우에 적용 가능한 공법들을 추가로 설계하여 시공할 필요가 있다.

절리가 발달되지 않은 화강암, 섬록암, 반려암 등의 심성암은 풍화가 진행되면서 핵석층이 형성된다. 대심도에서 터널이 핵석층을 지나갈 때 크기 수 미터 이상의 핵석이 터널 굴착면과 만나는 경우, 터널 굴착 작업장으로 핵석이 붕락되는 사고가 발생할 수 있다. 보통 이러한 경우에는 사고방지를 위해 핵석 전체를 발파하여 제거하는 방법과 터널 내부와 교차하는 일부만을 발파하는 방법이 고려되기도 하는데, 공법은 공사비와 터널 단면상에서의 변위해석 결과 등을 고려해서 선정된다.

풍화대 내에서 터널을 시공할 때에는 특히 터널의 안정성을 확인하기 위해 터널이 수축되는 정도나 주변 암반에 작용하고 있는 지압의 변화, 지보재에 작용하는 하중의 변화 등에 대한 계측에 주의를 기울여야 한다. 계측을 실시할 때에는 변위 및 응력에 대한 관리기준을 설정하여 계측된 결과에 따라 지보량을 적절히 증가시킴으로써 안정성을 확보하도록 한다, 터널 완공 후 운영 중에도 안정적인 유지 관리를 위해 일정 기간 동안은 주기적으로 계측을 수행할 필요가 있다.

4.1.6 지보설계 방법

지보설계 방법은 크게 과거 지반조사와 터널 건설로부터 얻은 경험을 공학적으로 분류하고 체계적으로 정량화하여 그 결과를 설계에 반영하는 방법과 암반조건과 터널의 형상 및 크기, 지보 조건 등을 모델화하여 컴퓨터로 시뮬레이션 함으로써 터널의 안정성을 해석하여 설계하는 방법, 그리고 시공과 계측을 병행하여 지보의 적정성을 검증함으로써 설계 조건을 최적화시키는 방법이 있다. 그러나 실제 터널의 설계는 이러한 세 가지 방법들 중 어느 하나만을 선택하여 수행하는 것이 아니라 복합적으로 적용하여 이루어진다. 예를 들어, 지반조사 결과에 의해 암반에 대한 공학적 분류를 실시하고 그 결과로부터 개략적인 지보 종류나 지보량을 산정한 후 이를 기초로 상세한 수치 모델링을 실시하여 세부 설계를 완성한다. 시공 중에는 계측을 실시하여 적용하고 있는 설계안이 적정한가를 확인한다. 지보체계에 문제가 발생할 경우 설계 변경 등을 통해 수정 보완하고 또 다시 수치 모델링을 통해 검증한 후에 시공을 계속하는 방식이다.

지난 수십 년에 걸쳐 암반의 지질학적 특성과 건설하고자 하는 터널의 조건들을 정량화하여 이를 터널의 지보설계에 활용하고자 하는 노력이 경주되어 왔다. 지금까지 제안된 여러 가지 공학적 암반 분류 방법들 중 현재 세계적으로 가장 널리 활용되고 있는 분류법으로는 Q 시스템 분류법과 RMR 분류법을 들 수 있다. 이 두 방법은 많은 터널 시공 사례들로부터 얻어진 자료들을 공학적으로 분석하여 체계화시킨 경험적 분류방법이라고 할 수 있다. 관련된 자세한 사항은 4.2절에서 설명하기로 한다.

수치 모델링을 이용한 해석을 통해 설계하는 방법은 최근 컴퓨터 성능의 비약적인 발달에 힘입어 크게 발전하였다. 과거에는 고려할 수 없었던 조건들까지 설계에 반영할 수 있게 되었으며, 작금에 이르러서는 상세한 설계 결과를 얻는 데 가장 주된 방법이 되고 있다. 이 방법에 대한 설명은 4.3절에 기술하였다.

암반 내의 지압과 터널 지보와의 상호관계를 설명하는 변형-구속의 관계를 기초로 터널 시공 중에 얻을 수 있는 계측 결과를 분석하여 현재 시공되고 있는 지보설계의 적정성을 판단하는 방법이 계측에 의한 설계방법이다. 이 방법은 지보의 적정성을 확인할 뿐만 아니라 터널에 불안정 요소가 발생할 경우 설계 변경을 통해 보완할 수 있는 근거를 제시한다. 이 방법에 대한 설명은 4.4절에 자세히 기술하였다.

4.1.7 지보재

터널의 설계와 시공은 지반을 여러 가지 방법으로 굴착하여 목적에 맞게 필요한 공간을 확보한 후 이를 반영구적으로 유지하기 위해 공간 주위의 지반을 보강하는 과정이 주를 이룬다고 할 수 있다. 여기에서는 앞으로 설명할 터널의 설계와 시공 과정에 대한 이해를 돕기 위해 주변 지반의 보강에 사용되는 지보재에 대해 간략히 설명하였다. 지보의 시공방법이나 사용 장비에 대한 자세한 설명은 6장에 기술하였다.

4.1.7.1 숏크리트(shotcrete)

숏크리트라는 이름은 콘크리트를 뿜어 붙인다는 의미의 합성어이다. 설계된 배합비에 따라 콘크리트를 배합한 후 고압의 콘크리트 펌프라고 할 수 있는 숏크리트 머신으로 굴착된 암벽에 분사하여 터널을 지지하는 지보재이다.

콘크리트는 압축 강도는 양호하나 인장 강도가 낮은 취약점이 있으므로 콘크리트 건물을 건축할 때에는 철근을 구조적 보강재로 사용하지만, 터널 시공에서는 철망(wire mesh)이나 강섬유(steel fiber)를 대신 사용한다. 세계적인 추세는 최근 30여 년간에 걸쳐 철망을 대체한 강섬유(steel fiber)를 숏크리트에 혼입하여 타설하는 방향으로 기술적 발전이 이루어져 오고 있으며, 우리나라에서도 1990년대 후반부터 적용되고 있다.

숏크리트 지보의 설계에서는 암질과 터널의 크기, 굴착공법 등에 따라 숏크리트의 배합비와 강도, 타설 시기, 두께 등을 결정한다. 일반적으로 요구되는 숏크리트의 설계 강도는 21MPa 이상, 타설 두께는 수십에서 수백 밀리미터이며 타설 시기는 설계에 따라 달라진다. 숏크리트 지보는 타설 두께가 어느 정도에 도달하면 두께가 더 이상 증가하여도 지보효과의 증가가 거의 없는 것으로 알려져 있다. 이러한 현상은 특히 두께가 200mm 이상에서 록볼트 지보와 함께 시공될 경우 현저히 나타나며, 강섬유 보강 숏크리트(SFRS ; Steel Fiber Reinforced Shotcrete)를 사용한 경우는 더욱 그렇다. 그러나 일부 매우 불량한 암반에 소형터널을 굴착할 경우에는 숏크리트의 두께를 300mm 이상으로 타설하는 경우도 있다.

숏크리트 지보는 록볼트 지보와 함께 시공될 경우 더욱 우수한 지보효과를 나타낸다. 이때 시공은 록볼트를 설치한 후 볼트의 머리부가 숏크리트에 묻히도록 타설할 수도 있고, 숏크리트 타설 후 록볼트를 설치할 수도 있다. 예를 들어, 불량한 등급의 암반 내에 굴착되는 터널에 반영구적 지보를 시공하는 경우는 발파 후 즉시 터널 주위 암반의 이완을 막기 위해 일차 숏크리트를 타설하고, 철망을 부착한 후 록볼트를 설치하며 이후 이차 숏크리트와 바닥부의 인버트 타설, 라이닝 콘크리트 지보를 설치하는 과정을 거친다. [그림 4-3]은 터널 건설 현장에서의 숏크리트를 타설하는 장면이다.

[그림 4-3] 터널 건설 현장에서의 숏크리트 타설 장면

4.1.7.2 록볼트(rockbolt)

록볼트는 숏크리트보다 오랜 적용 역사를 가지고 있는 지보재이다. 초기의 볼트는 목재나 단순한 형태의 철근을 사용하였으나 지금은 지보재로서 적합한 형태로 발전하였다. 록볼트는 절리가 발달한 암반에 착암기로 설치공을 천공한 후 볼트를 삽입하고 볼트와 설치공벽 사이를 여러 가지 방법으로 고정하여 암반의 이완이나 붕괴를 억제하도록 하는 지보재이다.

[그림 4-4]는 지름 40mm의 설치공에 인장하중 40t 이상의 고인장강으로 만들어진 지름 25mm의 볼트를 삽입하고, 공벽과 볼트 사이를 레진(resin)으로 충전하여 설치한 레진볼트의 예를 보여주고 있다. 록볼트를 설치할 때에는 볼트가 암반의 이완을 막을 수 있도록 설치공의 입구부인 볼트 머리부분에 베어링플레이트(bearing plate)를 두고 너트를 체결한다. 플레이트와 너트를 체결하지 않는 형태를 다우얼(dowel)이라고 부르기도 한다.

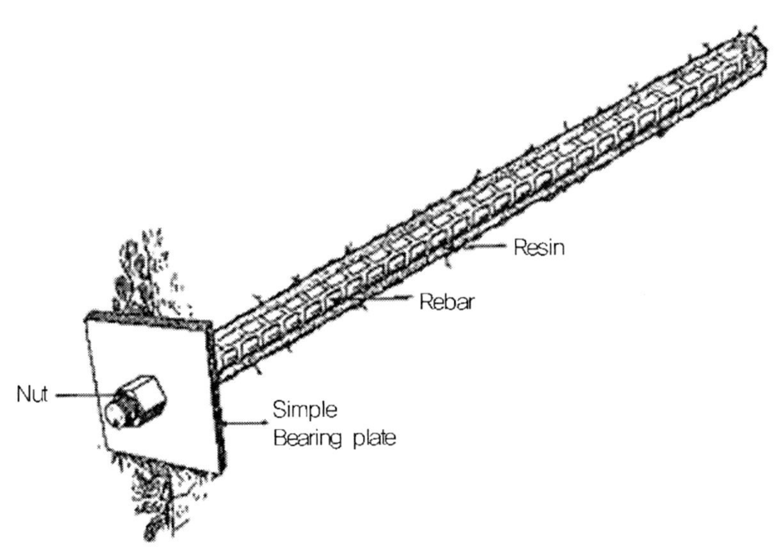

[그림 4-4] 레진볼트

록볼트를 효율적으로 설치하기 위해서 최근에는 설치공의 천공과 볼트의 삽입 및 정착, 너트의 체결까지를 자동화한 록볼팅 머신(rockbolting machine, 또는 rockbolter)도 개발되어 사용되고 있다.

록볼트의 설계에서는 볼트의 개별 지지하중, 설치 길이 및 간격, 설치 시기 등이 결정된다. 보통의 경우 개별 볼트의 지지하중은 10t 이상이 사용되며, 길이와 간격은 암질과 터널의 크기, 타 지보재와의 복합성 등에 따라 달라진다.

가. 국부적 록볼트

규칙성을 띠지 않고 굴착 과정에서 취약부의 출현 정도에 따라 현장 엔지니어의 판단에 의해 설치되며, 개별적으로 이완될 수 있는 암반 블록을 지지하는 것을 목적으로 한다. 블록의 크기는 절리의 발달 간격에 따라 달라지므로 크기에 따라 한 개 또는 여러 개의 볼트를 설치할 수 있으며, 볼트의 길이는 불안정한 블록을 배면의 안정한 암반에 고정시킬 수 있을 정도로 충분해야 한다. 일반적으로 적용하는 경험적 기준은 다음과 같다.

(1) **볼트의 길이**: 불안정한 암반 블록을 관통한 후 배면의 안정한 블록에 정착되는 길이는 약 1~2m 정도가 되어야 하며 1.5m 이상이 바람직하다. 이때 발휘되는 볼트의 정착력은 암질에 영향을 받는다.

(2) **볼트의 지지력**: 직경 20mm 이상의 고장력강을 사용한다. 불안정한 블록의 크기가 클 경우 지지하중을 계산하여 여러 개의 볼트를 설치한다. 실제의 경우 설치된 볼트의 절반 정도가 지지력을 발휘한다고 가정한 안전율을 적용하며, 따라서 개별 볼트의 최대 지지력의 1/2을 볼트의 지지력으로 설계한다. 한편 측벽의 경우에서는 블록을 구성하는 절리면의 전단저항력을 고려함으로써 볼트의 지지하중이 과다하게 산정되지 않도록 하는 것도 경제성을 높일 수 있는 방법이다.

(3) **선인장 볼트(pre-tensioned bolt)의 설치**: 볼트의 지지력을 조기에 활성화시키고 지지효과를 확인하기 위해 선인장력을 가하여 설치하는 경우도 있다. 선인장 볼트를 설치하면 볼트의 설치효과를 확인할 수 있으므로 안전율을 낮출 수 있어 볼트의 설치 개수를 줄일 수 있는 효과도 얻을 수 있다.

나. 체계적 록볼트

록볼트 설치에 의해 터널의 안정성을 전반적으로 향상시키고자 할 경우 적용한다. 볼트는 일정한 규칙성을 가지고 설치되며 설치 패턴을 정하는 데에는 다음의 사항들을 고려할 필요가 있다.

(1) **설치 간격**: 터널의 굴착면에 출현하는 블록의 크기에 가장 영향을 받는다. 설치 간격은 Q-시스템 분류치나 RMR 분류치를 이용하여 결정할 수 있으며, 대부분의 암질에서는 약 1~3m 정도이다. 설치 간격이 1m 이하가 되면 시공 효율로 볼 때 비현실적이므로 스트랩(strap)이나 숏크리트 지보와 병행하는 것을 고려해야 한다. [표 4-4]는 RMR 분류치를 이용한 볼트 설치 간격의 예이다.

[표 4-4] RMR 분류치를 이용한 볼트 설치 간격(Bieniawski, 1989)

RMR 분류치	볼트의 설치 간격(m)
80 이상	설치 불필요
80~61	2.5
41~60	1.5~2
41 이하	1~1.5

(2) **볼트의 길이**: 터널의 폭에 영향을 받는다. 보통 볼트 길이의 계산은 식(4.1)을 사용한다. 여기서 L은 볼트의 길이(m), B는 터널의 폭(m), ESR는 굴착지보계수이다.

$$L = \frac{2 + 0.15B}{ESR} \qquad \text{식(4.1)}$$

체계적 록볼트의 길이는 국부적 록볼트의 길이보다 길어야 한다. 천반부에서 보다 측벽부에서의 볼트 길이가 짧을 수도 있으나 최소 2m 이상을 사용한다. [그림 4-5]는 천반부에 적용한 체계적 록볼트 패턴의 예로서 경제성을 높이기 위해 두 가지 길이의 볼트를 교대로 설치하기도 한다.

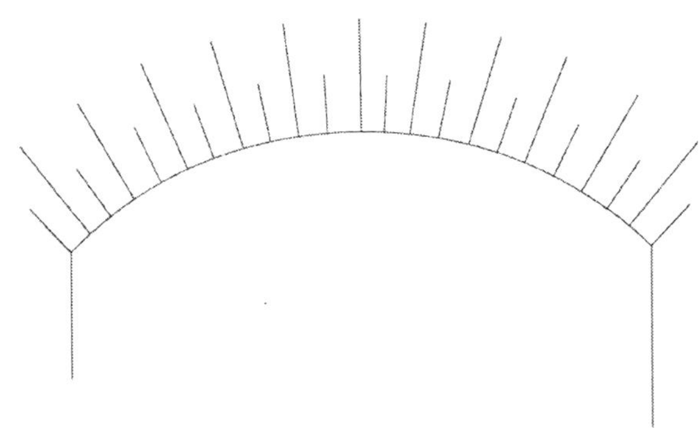

[그림 4-5] 경제성을 높이기 위해 두 가지 길이의 볼트 패턴을 천반부에 설치한 예

(3) **볼트의 지지력** : 각 볼트의 직경은 여러 가지가 사용되나 보통 사용되는 볼트의 설계 하중은 10~12톤 정도이다.

(4) **설치 방향** : 굴착 예정면에 수직한 방향으로 설치하는 것이 원칙이나 때때로 지지효율을 높이기 위해 절리의 방향을 고려하여 조절하는 경우도 있다. 연약대와 같은 특이한 지질상태가 출현한 개소에 대해서는 별도로 록볼트 지보를 고려한 안정성 해석을 실시하여 최적화된 지보 패턴을 설계할 필요가 있다.

4.1.7.3 강지보

강지보는 오랜 역사를 지니고 있으며 높은 지압이 작용하거나 지반이 매우 연약한 경우, 터널 입구와 같이 높은 안전율이 요구되는 개소에 많이 사용되고 있는 지보재이다.

강지보는 원형이나 반타원형에 가까운 모양을 하는데, 이는 터널 단면의 형상에 따라 결정된다. 강지보는 2매나 3매, 대단면일 경우는 5매의 원호형 부재를 결합하여 터널 단면 형상을 구성하며, 부재 전체를 철재로 하는 것이 일반적이나 연결부에 목재를 삽입하여 가축성을 주는 경우도 있다. 종류는 부재의 단면형상에 따라 H형과 U형, 래더(ladder)형 등이 있다.

강지보의 설계는 지지하중에 따라 부재 단면의 형상과 크기, 설치 간격, 타 지보와의 설치 순서 등을 포함한다. [그림 4-6]은 터널 작업장에서의 강지보 설치모습이다.

[그림 4-6] 강지보의 설치

4.1.7.4 라이닝(lining)

라이닝은 복공이라고도 하며 거푸집을 사용하여 터널의 벽면을 콘크리트로 마감하는 것을 말한다. 여러 지보재 중에서 가장 나중에 설치되는 지보이다. 보통 터널의 지보설계에서 안정성을 확보하기 위한 지지 용량은 숏크리트나 록볼트 그리고 강지보 등에 의해 대부분 충족된다. 그러나 완공된 터널의 미관, 통기 저항의 감소, 터널 벽면의 풍화 방지 등의 목적으로 라이닝을 설치한다. 또한 숏크리트나 록볼트 및 강지보재의 열화 및 부식 등에 따른 지보 성능의 감소를 고려하여 장기적인 터널의 안정성을 확보할 목적으로 라이닝을 시공한다.

외국의 경우에는 고품질 숏크리트와 다중으로 부식방지 처리된 록볼트를 사용함으로써 라이닝의 시공을 생략하는 경우도 있다. 젯트팬 등의 특수 시설물이 설치되는 구간이나 확폭 구간, 갱구부 등에서는 안전율을 높이기 위한 목적으로 철근 콘크리트 라이닝을 시공하며, 그 외의 경우에는 일반적으로 무근 콘크리트 라이닝을 시공한다.

[그림 4-7] 라이닝 작업

4.2 암반의 공학적 분류와 지보의 설계

터널의 지보설계는 일차적으로 암반의 공학적 분류 결과에 의해 이루어진다. 분류대상 암반의 범위는 암종이나 지질구조 등이 유사한 상태를 유지하고 있다고 판단되는 구간을 단위로 하여 구분된다. 즉, 하나의 터널을 건설하고자 하는 경우에도 지질조건은 여러 번 변화할 수 있으므로 지반조사 단계에서 물리탐사나 시추조사 등에 의해 유사한 지질상태를 보이고 있는 구간별로 나누어 분류하고 각각의 구간에 대해 지보를 설계한다.

현재 주로 적용되고 있는 암반의 공학적 분류 방법은 Q 시스템 분류법과 RMR 분류법이다. 이 분류방법들은 지질상태를 포함한 여러 조건들을 공학적으로 체계화한 여러 분류 요소들을 사용하여 정량화함으로써 지반 조건에 따라 대상 터널에 가장 적합한 지보 수준을 용이하게 결정할 수 있도록 하였다. 실제로 이 분류방법들은 복잡하고 어려운 지질조건에 대해서는 두 방법이 중복적으로 적용되어 각각으로부터 얻어진 결과를 서로 비교함으로써 지보설계의 신뢰도를 높이는 방향으로 적용되고 있다. 예를 들어, 록볼트의 길이는 국부 볼팅의 경우에는 절리 간격으로 추정할 수 있는 암반 블록의 크기에 근거하여 설계하나, 대규모 터널이나 공동에서의 체계적 볼팅의 경우에는 터널의 폭에 따라 설계하는 등이다.

4.2.1 Q 시스템 분류법에 의한 지보설계

Q 시스템 분류법은 1974년 NGI(Norwegian Geotechnical Institute)의 Barton 등이 개발한 방법으로 이후 1986년에 이르기까지 수정 발전되었다. 이 분류법은 212개의 터널 지보설계 및 시공 사례에 대한 분석과 조사대상 터널의 용도에 따른 지보의 안전율에 대해 가중치를 부여하여 체계적으로 정량화하였다. 분류에 사용된 요소는 1964년 Deere가 발표한 RQD(Rock Quality Designation)를 기초로 하여 다섯 가지의 요소를 추가로 도입하였다.

(1) RQD : 암질지수

(2) J_n : 절리군의 수와 관련된 계수

(3) J_r : 절리면 거칠기와 관련된 계수

(4) J_a : 절리면의 변성정도와 충전물에 관련된 계수

(5) J_w : 지하수 및 지하수 압력과 관련된 계수

(6) SRF(Stress Reduction Factor) : 고지압, 스퀴징, 스웰링 등 국부적으로 작용하는 지압에 영향을 미치는 요인과 관련된 응력저감계수

Q 분류치는 건설 대상 지반에 대해 위의 여섯 가지 분류 요소의 값을 각각 조사하고 산정하여 식(4.2)에 의해 구할 수 있다.

$$Q = \frac{RQD}{J_n} \times \frac{J_r}{J_a} \times \frac{J_w}{SRF} \qquad \text{식(4.2)}$$

Q 분류치는 압착성(squeezing) 암반과 같이 매우 불량한 등급의 0.001에서부터 절리가 없는 매우 양호한 암반의 1,000까지 범위를 가지며, [표 4-5]와 같이 암반을 9개의 등급으로 분류한다.

[표 4-5] Q 분류치에 의한 암반등급 산정기준

Q 값의 범위	1,000~400	400~100	100~40	40~10	10~4	4~1	1~0.1	0.1~0.01	0.01~0.001
암반등급	Ⅰ	Ⅱ	Ⅲ	Ⅳ	Ⅴ	Ⅵ	Ⅶ	Ⅷ	Ⅸ
암질	지극히 양호	극히 양호	매우 양호	양호	보통	불량	매우 불량	극히 불량	지극히 불량

[표 4-6]은 Q 분류에 사용되는 여섯 가지 분류요소 각각의 정량적 산정기준을 제시하고 있다. [표 4-6]에 따라 Q 분류치를 산정할 때 특히 각 분류 요소에 적용되는 특이사항(표 내의 주석에 기재된 내용)을 숙지하여 값을 산정해야 하는 점에 유의해야 한다. 예를 들어, 터널 교차부에서의 J_n 값은 세 배의 값을 적용해야 하는데, 이는 Q 값을 1/3로 인위적으로 감소시켜 실제 암반상태에 비해 암반등급이 낮게 평가되도록 하기 위함이다. 이렇게 함으로써 응력집중이 예상되는 취약부인 터널 교차부에 지보재 설치량을 증가시킬 수 있도록 한다.

암반 분류는 지반조사 결과를 자료로 하여 실시하며, 시공 중에도 설계에 사용된 지반조사 자료의 확인을 위해 중복하여 실시된다. 지반조사는 보통 일정한 간격을 두고 샘플링 기법을 사용하여 실시되므로, 설계 단계에서 얻어진 지질 자료와 시공 중에 실제로 얻어진 자료가 일치하지 않는 경우가 종종 발생한다. 이때는 부분적인 설계 변경에 의해 지보의 수준이나 방법을 변경하는 등의 피드백(feed back) 과정을 거친다.

[표 4-6] Q 시스템 분류요소의 정량적 산정기준

A. *RQD*(암질지수)	
매우 불량	0~25%
불량	25~50%
보통	50~75%
양호	75~90%
매우 양호	90~100%

$$RQD(\%) = \frac{10\text{cm 이상 NX 코어 길이 합}}{\text{총시추장}(1.5\text{m 이상})} \times 100$$

Notes : ① *RQD*의 값이 10 이하일 때에는 10으로 하여 계산
② *RQD*의 값은 100, 95, 90 등과 같이 5의 간격 값을 사용

B. J_n(절리군의 수)	
괴상으로 절리가 없거나 약간의 절리	0.5~1
1방향의 절리군	2
1방향의 절리군과 산발적인 절리	3
2방향의 절리군	4
2방향의 절리군과 산발적인 절리	6
3방향의 절리군	9
3방향의 절리군과 산발적인 절리	12
4개 또는 그 이상의 절리군, 심하게 절리가 발달된 상태	15
토사 상태로 분해된 암반	20

Notes : ① 갱도 교차부 → $3.0 \times J_n$
② 갱구 → $2.0 \times J_n$

C. J_r(절리 거칠기)

(a) 절리면이 접촉하고 있는 상태 (b) 전단변위가 10cm 이하에서 절리면 접촉	
불연속성 절리	4
거칠거나 불규칙하고 파동형	3
완만하고 파동형	2
매끄럽고 파동형	1.5
거칠고 불규칙적이며 평탄함	1.5
완만하고 평탄함	1.0
매끄럽고 평탄함	0.5
Notes : 작은 규모와 중간규모의 순으로 기술	

(c) 전단 시 절리면의 접촉이 없는 경우	
절리면 접촉을 막을 정도의 두께로 절리에 점토광물이 포함되어 있을 경우	1.0
절리면의 접촉을 막을 정도로 모래, 자갈 또는 파쇄대가 존재할 경우	1.0

Notes : ① 절리군의 평균간격이 3m 이상이면 1.0 가산
② 선상구조(lineation)가 최소강도 방향으로 배열하고 있거나 선상구조를 갖는 평탄하고 미끄러운 절리에 대해서는 $J_r = 0.5$

D. J_a(절리 변성)

	절리면의 특성		조건	접촉 절리
절리면이 접촉된 경우	깨끗한 절리	밀착 또는 접합 절리	석영, 녹렴석 등의 충전	0.75
		신선한 절리면	피복이나 충전이 없으며 얼룩이나 녹이 존재	1
		약간 변질된 절리면	비연화 광물이나 점토가 포함 안 된 입자 피복	2
	피복 또는 얇은 두께로 충전된 절리	마찰력이 있는 충전물	모래, 실트질 방해석(비연화)	3
		점착력이 있는 충전물	점토, 녹니석, 활석 등	4
절리면 접촉이 약간, 또는 거의 안 된 경우	충전물의 종류	충전물	약간의 접촉 5mm 이하 충전	접촉 없음 5mm 이상 충전
	마찰력이 있는 충전물	모래, 실트질 방해석 등(비연화)	4	8
	강한 점착력의 충전물	점토, 녹니석, 활석 등이 치밀한 충전	6	5~10
	약한 점착력의 충전물	점토/녹니석/활석 등이 중~낮은 정도의 치밀성을 보임	8	12
	팽창성 점토 물질	팽창 물성을 나타내는 광물의 충전	8~12	13~20

E. J_w(절리 사이의 물에 의한 감소계수)

	수압(MPa)	
건조 상태로 굴착, 또는 소량의 용수, 국부적으로 5L/min 미만	<0.1	1.0
적당한 양의 용수와 수압, 가끔 절리 충전물이 유출	0.1~0.25	0.66
충전물 없는 절리를 갖는 암반 내에서 다량의 용수와 높은 수압을 가짐	0.25~1.0	0.5
다량의 용수와 높은 수압, 충전물의 상당량이 유출	0.25~1.0	0.3
발파 시 다량의 용수, 또는 높은 수압, 시간에 따라 감소	>1.0	0.2~0.1
다량의 용수, 또는 높은 수압, 시간에 따라 용수량과 수압이 감소지 않음	>1.0	0.1~0.05

Notes : ① 마지막 4개는 개략치임. 배수시설을 설치한 경우 J_w 값을 증가시킴
② 동결로 인한 특수 문제는 고려되지 않음

<table>
<tr><th colspan="3">F. SRF(응력저감계수)</th></tr>
<tr><td rowspan="7">연약대가 터널을 교차할 경우</td><td>점토나 화학적으로 분해된 암석을 포함하는 연약층 다수 존재, 주변암반이 매우 이완됨(굴착심도와 무관)</td><td>10</td></tr>
<tr><td>점토나 화학적으로 풍화된 암석을 포함하는 연약층, 단 1개일 때(굴착심도 50m 미만)</td><td>5</td></tr>
<tr><td>점토나 화학적으로 풍화된 암석을 포함하는 연약층, 단 1개일 때(굴착심도 50m 이상)</td><td>2.5</td></tr>
<tr><td>견고한 암반에 다수의 전단대(점토 없음), 주변 암반 이완됨(굴착심도와 관계없음)</td><td>7.5</td></tr>
<tr><td>견고한 암반 내에 전단대가 1개일 때(점토 없음, 굴착심도 50m 미만)</td><td>5</td></tr>
<tr><td>견고한 암반 내에 전단대가 1개일 때(점토 없음, 굴착심도 50m 이상)</td><td>2.5</td></tr>
<tr><td>이완되고 열린 절리, 절리가 심하게 발달됨(심도와 관계없음)</td><td>5</td></tr>
</table>

Notes : 문제되는 전단대가 터널과 교차하지 않고 영향만을 미치는 경우 SRF를 25~50% 감소

<table>
<tr><th></th><th></th><th>σ_c / σ_1</th><th>σ_θ / σ_c</th><th>SRF</th></tr>
<tr><td rowspan="6">견고한 암반의 응력이 문제가 되는 경우</td><td>지표부근, 낮은 응력, 절리가 열려 있음</td><td>>200</td><td><0.01</td><td>2.5</td></tr>
<tr><td>중간응력, 적당한 응력 조건</td><td>200~10</td><td>0.01~0.3</td><td>1.0</td></tr>
<tr><td>높은 응력에서 대단히 견고한 구조(벽면 제외하고 안정에 유리)</td><td>10~5</td><td>0.3~0.5</td><td>0.5~2.0</td></tr>
<tr><td>괴상암반에서 1시간 후에 약간의 slabbing 발생</td><td>5~3</td><td>0.5~0.65</td><td>5~50</td></tr>
<tr><td>괴상암반에서 몇 분후에 slabbing과 암반돌출(rock burst) 발생</td><td>3~2</td><td>0.65~1</td><td>50~200</td></tr>
<tr><td>괴상암반에서 격렬한 암반돌출(rock burst)과 급격한 변위 발생</td><td><2</td><td>>1</td><td>200~400</td></tr>
</table>

Notes : ① 이방성이 심한 초기응력 조건 : $5 \le \sigma_1 / \sigma_3 \le 10$일 때는 σ_c를 $0.75\sigma_c$로, $\sigma_1 / \sigma_3 > 10$일 때는 σ_c를 $0.5\sigma_c$로 감소

② 지표에서 터널 천단부까지의 심도가 터널 폭보다 적을 때는 SRF를 2.5에서 5까지 증가

<table>
<tr><th></th><th></th><th></th><th>σ_θ / σ_1</th><th>SRF</th></tr>
<tr><td rowspan="2">압착성 암반 (squeezing)</td><td rowspan="2">높은 응력의 영향으로 견고하지 않은 암반에서의 압착</td><td>심하지 않은 압착 반압</td><td>1~5</td><td>5~10</td></tr>
<tr><td>심한 압착 반압</td><td>>5</td><td>10~20</td></tr>
<tr><td rowspan="2">팽창성 암반 (swelling)</td><td rowspan="2">물에 의한 화학적 팽창</td><td colspan="2">심하지 않은 팽창 반압</td><td>5~10</td></tr>
<tr><td colspan="2">심한 팽창 반압</td><td>10~15</td></tr>
</table>

Q 분류법에서 사용하고 있는 여섯 가지의 분류 요소들을 부분적으로 조합하면 다음과 같은 의미를 가진다.

- $\frac{RQD}{J_n}$: 절리군의 간격으로 추정할 수 있는 암반 블록의 크기
- $\frac{J_r}{J_a}$: 불연속면의 전단강도
- $\frac{J_w}{SRF}$: 작용하는 유효응력

Q 분류법에서는 암반에 대한 평가치인 Q 분류치와 건설하고자 하는 터널의 크기를 대응시켜 지보수준을 제시하고 있다. 이때 터널의 크기로 터널의 등가폭(또는 높이)을 사용한다. 이는 실제 건설되는 터널의 폭(또는 높이)을 굴착지보계수(ESR ; Excavation Support Ratio)로 나눈 값이다. 앞에서 말했듯이 굴착지보계수는 터널의 용도에 따라 지보의 안전율에 대해 가중치를 부여한 것으로 [표 4-7]과 같다. 굴착지보계수의 값이 작을수록 높은 안전율을 적용하게 된다. 터널의 등가폭(equivalent Dimension ; De, in meter)은 식(4.3)으로 결정된다.

$$D_e = \frac{\text{굴착폭 또는 높이(m)}}{ESR} \qquad \text{식(4.3)}$$

[표 4-7] 굴착지보계수(ESR)

굴착 대상물의 유형	굴착지보계수(ESR)
• 임시 광산 갱도	3~5 이상
• 수갱 : 원형	2.5
정방형 및 사각형	2.0

굴착 대상물의 유형	굴착지보계수(*ESR*)
• 영구 광산 갱도 • 수력발전소의 수로터널(고수압 수로터널 제외) • 시험터널 • 대형터널의 상부 수평터널 등	1.6
• 저장 공동 • 하수처리시설 • 소형도로 및 철도터널 • 진입터널, 서지 체임버(surge chamber) 등	1.3
• 지하발전소 공동 • 대형도로 및 철도터널 • 지하 민방위 시설 • 터널의 입구부나 교차부 등	1.0
• 지하 핵발전소 공동 • 지하 철도역 • 지하 민간이용 시설이나 공장 등	0.8 또는 그 이하

1985년부터 1992년까지 NGI의 Grimstad는 Norwegian Road Authority에 재직 중 1,050개의 시공사례를 추가로 수집하였다. Grimstad는 주로 영구 지보로 B+S(fr)만을 사용[때때로 bolt 없이 S(fr)만 사용]하되 Q 시스템에 의하여 설계되지 않은 주요 도로터널에서 Q 값과 지보 간의 관계를 알아보기 위해 암반이 노출된 부분을 중심으로 매핑(mapping)을 실시하였다. 1,050개의 간선 도로터널 시공 사례로부터 얻은 Q 분류치는 0.02(극히 불량)부터 200(극히 양호)까지 분포되어 있다. [그림 4-8]은 연구 결과로부터 S(fr)를 영구지보로 적용할 경우 Q 분류치에 따라 추천되는 지보량을 다이아그램으로 도시한 것이다.

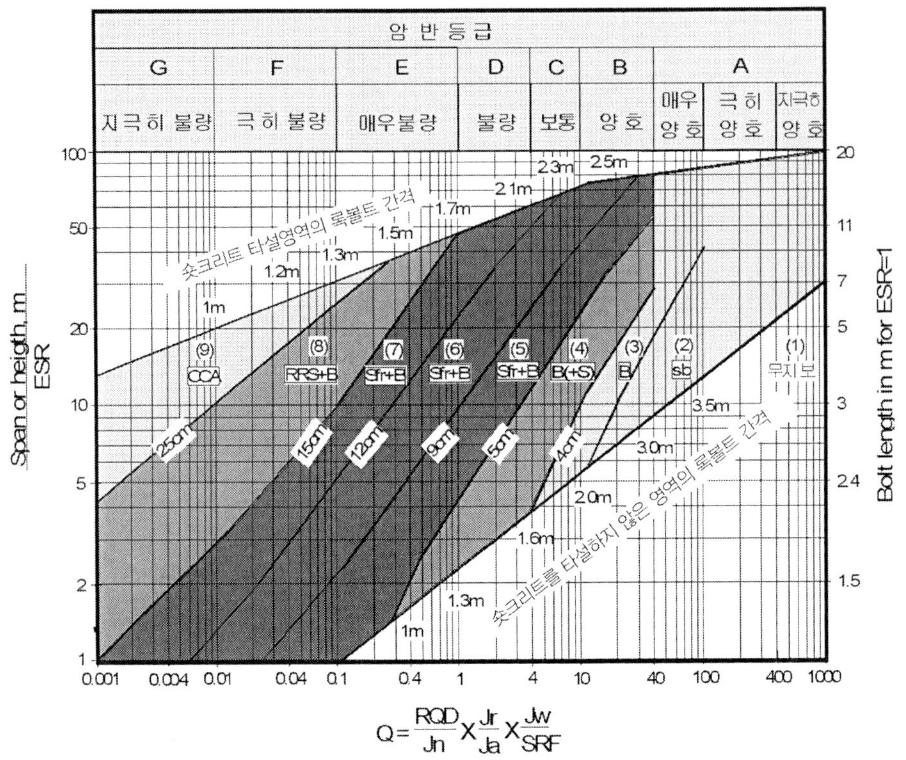

REINFORCEMENT CATEGORIES

1) Unsupported
2) Spot Bolting, sb
3) Systematic Bolting, B
4) Systematic Bolting,(Unreinforced shotcrete, 4-10cm), B(+S)
5) Fiber reinforced Shotcrete and bolting,5-9cm, Sfr+B
6) Fiber reinforced shotcrete and bolting, 9-12cm, Sfr+B
7) Fiber reinforced shotcrete and bolting, 12-15cm, Sfr+B
8) Fiber reinforced shotcrete > 15cm, reinforced ribs of shotcrete and bolting, Sfr,RRS+B
9) Cast concrete lining, CCA

[그림 4-8] Q 분류치와 터널의 등가 폭(또는 높이)에 따른 천반부의 영구 지보 수준(Grimstad & Barton, 1993)

[그림 4-8]은 산정된 Q 분류치와 터널의 등가 폭 또는 높이(equivalent span or height)에 따라 적용할 수 있는 천반부의 영구 지보 수준을 나타낸다. 지반조사 결과로부터 산정된 Q 분류치는 천반부에 대한 수치, 즉 Q_{roof}이다. 상대적으로 위험도가 덜한 터널 측벽부의 지보 수준을 결정하려면 [표 4-8]과 같이 Q 분류치를 보정하여 측벽부에서의 Q 분류치, 즉 Q_{wall}을 사용해야 하며, 이때에는 터널의 등가폭이 아닌 등가높이를 사용해야 한다.

[표 4-8] 측벽부 지보 수준의 결정을 위한 Q 분류치의 보정

천반부 지보 결정을 위한 Q 분류치, Q_{roof}	측벽부 지보 결정을 위한 보정 Q 분류치, Q_{wall}
<0.1	$1.0 \times Q_{roof}$
$0.1 < Q_{roof} < 10$	$2.5 \times Q_{roof}$
>10	$5.0 \times Q_{roof}$

Q 분류치를 이용하여 터널의 유효크기, 무지보 최대 폭의 산정, 천정부 영구지보압력 산정, 록볼트 길이(L) 산정, 터널이나 지하공동의 암반등급별 지보량 산정, 탄성파 속도의 추정 등, 탄성파 속도로부터 Q 값 추정, 암반의 변형계수 추정 등 설계정수의 결정에 관한 많은 연구 결과가 얻어졌다. [표 4-9]는 이를 간략히 정리한 것이다.

[표 4-9] Q 분류치를 이용한 각종 설계정수들의 추정식

구분	추정식
무지보 최대폭, $Span_{max}$(m)	$Span_{max} = 2(ESR)Q^{0.4}$
천정부 영구지보압력(MPa)	$P_{roof} = \left(\frac{2.0}{J_r}\right) Q^{-1/3}$(절리군수 3개 이상) $P_{roof} = \frac{2}{3} J_n^{1/2} J_r^{-1} Q^{-1/3}$(절리군수 3개 미만)
록볼트 길이, L(m)	$L = \frac{2+0.15B}{ESR}$, B : 터널 폭(m)
등급별 지보량	지보량 산정을 위한 [그림 4-8] 참조
탄성파 속도, V_p(km/sec)	$V_p = 3.5 + \log Q$ σ_c 값의 변화 범위가 매우 클 경우, $Q_c = Q \times \frac{\sigma_c}{100}$, $V_P \approx 3.5 + \log_{10} Q_c$
변형계수, E_m(GPa) (Grimstad & Barton, 1993)	$E_m = 25\log_{10} Q$, 또는 $10Q^{1/3}$

이상과 같이 Q 분류법은 암반의 특성이라고 할 수 있는 불연속면에 대한 자료를 분류요소로서 집중적으로 활용하고 있다. 따라서 절리 암반에 대한 정량적 평가치를 구하고자 할 경우 적용성이 높다. 그러나 이후 설명할 RMR 분류법과는 달리 불연속면의 방향과 터널의 방향에 따른 영향 관계를 직접적으로 고려하고 있지 않다는 점이 문제로 지적되고 있다.

지보 수준을 결정할 때 단순히 Q 분류법을 적용하여 구한 분류치만을 근거로 결정하기에는 모호한 경우가 종종 발생한다. 이러한 경우들은 3.6절에서 언급한 경우들을 말하는 것으로, 실제로 지반을 대상으로 하는 공학적 분야에서 엔지니어들이 겪는 어려운 부분이라고 할 수 있다. 따라서 지보설계에서 분류결과의 활용은 최종적인 설계안을 도출하기 위한 단계의 하나로써, 적용 가능한 지보의 형태와 수준의 범위를 추정한다고 보는 것이 타당하다.

실제로 터널 지보의 설계는 지반조사 결과에 따라 암반 분류를 시행하여 지보의 형태와 수준을 예측한 후, 수치해석적 방법을 이용하여 터널의 안정성 해석을 실시하여 결정하는 것이 보통이다. 수치해석적 방법에 의한 안정성 해석은 암반공학의 중요한 연구분야 중의 하나로서 최근 컴퓨터의 발달로 인해 크게 발전한 분야이다. 이 책에서는 이 부분을 깊게 다루지는 않으므로 추가로 관련 자료들을 참조하기를 권한다.

시공이 이루어지는 과정에서도 지반조사는 병행되는데, 설계안은 시공 중에 직접 관찰하여 얻을 수 있는 지질학적 매핑 자료 및 지질구조와 함께 종합적으로 분석되어 오류에 대한 변경이 이루어질 수 있다. 당초의 설계안이나 변경된 설계안이 결과적으로 적절한가 하는 점에 대한 평가는 이후 설명할 계측에 의해 검증될 수 있다.

4.2.2 RMR(Rock Mass Rating) 분류법에 의한 지보설계

RMR 분류법은 1974년 Bieniawski가 제안한 후 1989년에 이르기까지 개정 보완되었다. RMR 분류법 역시 49개의 터널 설계 시공 사례에 대한 분석을 통해 체계화된 경험적 분류방법으로서 다섯 가지의 분류 요소를 사용하고 있다.

(1) σ_c : 무결암의 일축압축강도

(2) RQD : 암질지수

(3) 연속면의 간격

(4) 불연속면의 상태 : 간격, 연속성, 거칠기, 벽면상태, 충전물 등

(5) 지하수 상태

위의 다섯 가지 분류 요소별 정량적 평가 기준은 [표 4-10]과 같다. 분류요소별 배점 기준을 보면 무결암의 강도에 대한 최고 점수가 15점인데 비해 불연속면의 상태에 대한 점수는 30점으로서 암질의 평가에 어떤 부분이 더 영향을 미치는가를 알 수 있다.

[표 4-10] RMR 분류법의 다섯 가지 분류 요소별 정량적 평가 기준

<table>
<tr><th colspan="3">평가 항목</th><th colspan="7">평점</th></tr>
<tr><td rowspan="3">1</td><td rowspan="2">무결암의 강도(MPa)</td><td>점하중강도 지수</td><td>>10</td><td>4~10</td><td>2~4</td><td>1~2</td><td colspan="3">일축압축강도적용</td></tr>
<tr><td>일축압축강도</td><td>>250</td><td>100~250</td><td>50~100</td><td>25~50</td><td>5 ~25</td><td>1~5</td><td><1</td></tr>
<tr><td colspan="2">점수</td><td>15</td><td>12</td><td>7</td><td>4</td><td>2</td><td>1</td><td>0</td></tr>
<tr><td rowspan="2">2</td><td colspan="2">RQD(%)</td><td>90~100</td><td>75~90</td><td>50~75</td><td>25~50</td><td colspan="3"><25</td></tr>
<tr><td colspan="2">점수</td><td>20</td><td>17</td><td>13</td><td>8</td><td colspan="3">3</td></tr>
<tr><td rowspan="2">3</td><td colspan="2">절리 간격(cm)</td><td>>200</td><td>60~200</td><td>20~60</td><td>6~20</td><td colspan="3"><6</td></tr>
<tr><td colspan="2">점수</td><td>20</td><td>15</td><td>10</td><td>8</td><td colspan="3">5</td></tr>
<tr><td rowspan="7">4</td><td rowspan="7">불연속면 상태</td><td rowspan="2">거칠기</td><td>매우 거침</td><td>거침</td><td>약간 거침</td><td>매끄러움</td><td colspan="3">아주 매끄러움</td></tr>
<tr><td>6</td><td>5</td><td>3</td><td>1</td><td colspan="3">0</td></tr>
<tr><td rowspan="2">연속성(m)</td><td><1</td><td>1~3</td><td>3~10</td><td>10~20</td><td colspan="3">20 이상</td></tr>
<tr><td>6</td><td>4</td><td>2</td><td>1</td><td colspan="3">0</td></tr>
<tr><td rowspan="2">틈(mm)</td><td>없음</td><td><0.1</td><td><1</td><td>1~5</td><td colspan="3">>5</td></tr>
<tr><td>6</td><td>5</td><td>4</td><td>1</td><td colspan="3">0</td></tr>
<tr><td></td><td></td><td></td><td></td><td></td><td colspan="3"></td></tr>
</table>

평가 항목			평점				
		충전물 두께	없음	단단한 충전물		연한 충전물	
				<5mm	>5mm	<5mm	>5mm (단층점토 존재)
			6	4	2	2	0
		풍화상태	신선	약간 풍화	보통 풍화	심한 풍화	분해됨
			6	5	3	1	0
	점수		30				
5	지하수	터널길이 10m당 유입량 (L/min)	없음	<10	10~25	25~125	>125
		절리수압/최대주응력 비	0	<0.1	0.1~0.2	0.2~0.5	>0.5
		일반적인 조건	완전 건조	습함	젖음(간헐적 용출)	물방울이 떨어짐	용출이 심함
	점수		15	10	7	4	0

RMR 분류법에서는 앞의 다섯 가지 분류 요소 각각에 대한 평가치의 산술적인 합을 분류치로 하고 있다. 여기에 더하여 또 한 가지 요소로서 RMR 분류에서는 분류 대상 암반에 존재하는 불연속면의 방향과 건설되는 구조물의 상대적인 방향에 따라 감점요소를 적용하고 있다. 따라서 RMR 분류법에서는 실제로 여섯 가지의 분류요소를 적용하고 있는 셈이다. [표 4-11]은 감점 보정표이며 [표 4-12]는 [표 4-11]과 관련하여 절리암반에 터널이 건설되는 경우 절리의 방향과 터널 굴진 방향과의 관계를 나타낸 것이다.

[표 4-11] 불연속면 방향과 건설되는 구조물의 방향에 따른 감점 보정표(평가 항목 6)

불연속면 주향/경사		매우 유리	유리	보통	불리	매우 불리
점수	터널	0	−2	−5	−10	−12
	기초	0	−2	−7	−15	−25
	사면	0	−5	−25	−50	−60

[표 4-12] 불연속면의 주향/경사에 따른 터널평가기준

불연속면 주향	불연속면 경사		평가	비고
터널 축과 직교	경사 반대 방향	20~45°	불리 (unfavourable)	
		45~90°	보통(fair)	
	경사 방향	20~45°	유리 (favourable)	
		45~90°	매우유리 (very favourable)	
터널 축과 평행	20~45°		보통(fair)	
	45~90°		매우 불리 (very unfavourable)	
터널 축과 무관	0~20°		보통(fair)	

[표 4-12]에서 알 수 있듯이 급경사 절리의 주향에 직각으로 교차하며 경사방향으로 터널을 굴진하는 것이 가장 유리하며, 가장 불리한 경우는 급경사 절리의 주향 방향으로 터널을 굴진하는 것임을 알 수 있다. [표 4-13]은 RMR 요소별 평점 합계에 의해 암반등급을 구분한 것이다.

[표 4-13] RMR 요소별 평점 합계에 의한 암반등급의 평가

평점합계	81~100	61~80	41~60	21~40	20 이하
등급	I	II	III	IV	V
평가	매우 양호 (very good)	양호 (good)	보통 (fair)	불량 (poor)	매우 불량 (very poor)
자립시간	폭 15m/10년	폭 10m/1년	폭 5m/1주일	폭 2.5m /10시간	폭 1.0m /30분
점착력(kPa)	400 이상	300~400	200~300	100~200	100 이하
마찰각	45° 이상	35~45°	25~35°	15~25°	15° 이하

[표 4-14]는 RMR에 의한 암반평가 결과를 이용하여 터널의 굴착 및 지보설계에 응용할 수 있도록 제안한 것이다. 이 표를 이용할 때 주의할 점은 터널의 모양과 크기 및 지압의 범위가 정해져 있다는 것이다.

[표 4-14] RMR 분류에 의한 암반 터널의 굴착 및 지보설계에 대한 지침[터널 형상 : 마제형, 터널 폭 : 10m, 수직응력 : 25MPa 이하, 굴착방법 : 천공발파(Bieniawski, 1989)]

암반 등급	굴착형태	지보		
		록볼트(20mm 지름의 전면 접착형)	숏크리트	철재지보
매우 양호한 암반 (RMR : 81~100)	• 전단면 : 3m 굴진	경우에 따라 국부적으로 록볼트 설치 이외의 지보설치는 일반적으로 불필요		
양호한 암반 (RMR : 61~80)	• 전단면 : 1.0~1.5m 굴진, 굴진면 20m • 후방까지 완전한 지보	천장부에 길이 3m, 간격 2.5m 록볼트 설치. 경우에 따라 와이어 메쉬도 함께 설치	천장부의 필요한 곳에 50mm 두께로 타설	불필요
보통의 암반 (RMR : 41~60)	• 계단식(top heading & bench) • 상단면이 1.5~3m씩 굴진 • 발파 직후 지보설치 시작 • 굴진면에서 10m 후방까지 완전한 지보	길이 4m, 간격 1.5~2m의 록볼트를 천장부 및 측벽에 체계적으로 설치, 천장부는 와이어 메쉬 설치	천장부에 50~100 mm 두께, 측벽부에 30mm 두께로 타설	
불량한 암반 (RMR : 21~40)	• 계단식 • 상단면이 1.0~1.5m 씩 굴진 • 굴착면에서 10m 후방까지 완전한 지보	길이 4~5m, 간격 1~1.5m의 록볼트를 와이어 메쉬와 함께 천장부 및 측벽부에 체계적으로 설치	천장부에 100~150 mm 두께, 측벽부에 100mm 두께로 타설	필요한 곳에 1.5m 간격의 소형 철재 지보 설치
매우 불량한 암반 (RMR : <20)	• 복수터널을 이용한 굴착 • 상단면이 0.5~1.0m 씩 굴진 • 굴착과 동시에 지보 설치 • 발파 후 가능한 빨리 숏크리트 타설	길이 5~6m, 간격 1~1.5m의 록볼트를 와이어 메쉬와 함께 천장부 및 측벽부에 체계적으로 설치. 인버트에도 볼트 설치	천장부에 100~200 mm 두께, 측벽부에 150mm 두께, 굴진면면에 50mm 두께로 타설	0.76m 간격의 중형 또는 대형 철재지보를 철재살창(lagging)과 함께 설치. 필요하다면 포어폴(forepole) 설치. 인버트 폐합

Q 분류법에서와 마찬가지로 RMR 역시 분류치를 이용하여 설계정수를 추정하기 위해 많은 연구가 이루어졌는데 그 중 일부를 [표 4-15]에 정리하였다.

[표 4-15] RMR 분류치를 이용한 설계정수의 추정식

구분	추정식
지보하중, P(kN) (Unal, 1983)	$P=\frac{100-RMR}{100}\gamma B$ γ: 밀도(kg/m^3), B: 터널폭(m)
현지암반 변형계수, E_m(GPa) (Bieniawski, 1978)	$E_m = 2RMR - 100$, $(RMR > 50)$
현지암반 변형계수, E_m(GPa) (Serafim & Pereira, 1983)	$E_m = 10^{(RMR-10)/40}$, $(RMR < 50)$
현지암반 점착력, c_m(kPa)	$c_m = 5RMR_{basic}$, RMR_{basic} = (평가요소)1+2+3+4+5
현지암반 내부마찰각, ϕ_m(°)	$\Phi_m = 0.5RMR + 5$
Q 분류치와의 관계 (Barton, 1995)	$RMR = 15\log Q + 50$

RMR 분류법에서 Bieniawski는 분류치와 터널의 무지보 자립시간과의 관계를 [그림 4-9]와 같이 제시하였다. [그림 4-9]의 결과는 경암보다 풍화암이나 절리암반과 같은 취약한 암반에 잘 부합하는 것으로 알려져 있으며 필요한 지보의 형태와 수준을 결정하는 데 유용하게 활용되고 있다. RMR 분류치를 이용한 지보설계 방법의 자세한 사항은 Hoek과 Brown의 연구결과를 참조하기 바란다.

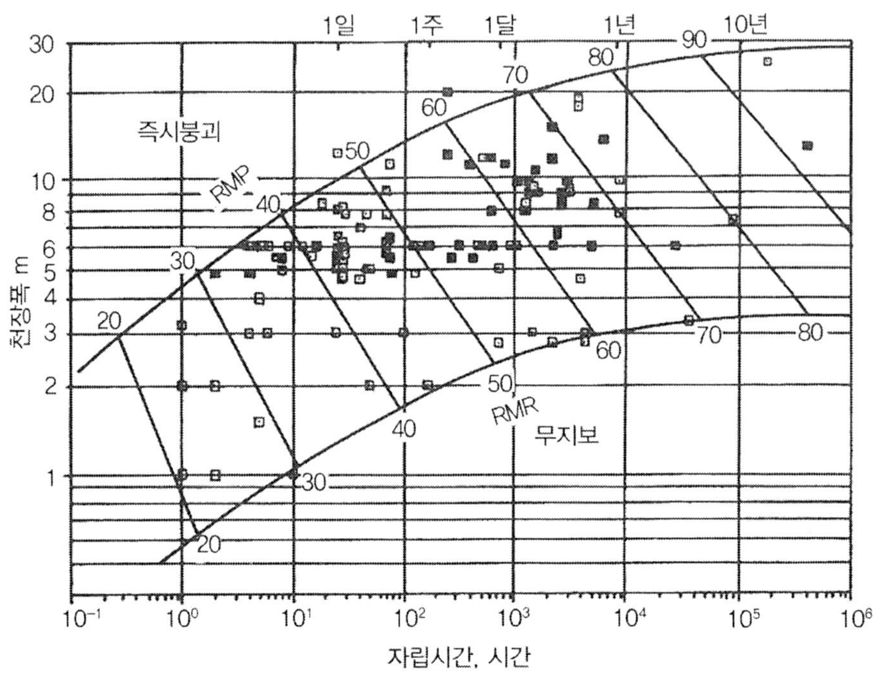

[그림 4-9] RMR 분류치와 터널의 무지보 자립시간과의 관계(Bieniawski, 1976)

지금까지 RMR 분류법은 전 세계적으로 많은 터널 엔지니어들에 의해 사용되어 왔다. 그 과정에서 나타난 분류법의 장단점은 [표 4-16]과 같다.

[표 4-16] RMR 분류법의 장단점

장점	단점
• 여러 분야에서 적용되어 옴 • 각 요소별 평가가 용이 • 터널 무지보 자립 시간/폭, 최대 굴착 가능 폭 등의 예측이 가능 • 암반 물성치의 추정 가능 • 터널과 불연속면 방향과의 상관관계를 고려	• 지보량 산정에 대한 각 요소의 영향이 세분화되어 있지 않음 • 불연속면군이 3개 이하인 경우 간격의 평가가 보수적인 값을 나타냄 • 5개 암반등급 영역 사이에 실제적인 차이가 뚜렷하지 않음 • 지보량 결정에 적용할 수 있는 경우가 [지압 25MPa, 폭 10m, 천공발파공법의 마제형 단면 터널]에 국한되어 제시되어 있는 점

동일한 암반에 대해 RMR 분류와 Q 시스템 분류를 시행하면 보통의 경우 유사한 수준의 암반 분류 평가를 얻을 수 있으나, 경우에 따라 상이한 값을 얻을 수도 있다. 이러한 경우에는 암반을 더 불량한 정도로 판단한 분류치를 채택하여 설계에 반영하는 것이 안정적이다. 그러나 RMR의 경우, 터널의 용도에 따른 중요도를 고려하지 않으므로 도수터널 등과 같이 사람이 이용하지 않는 터널의 경우에는 Q 시스템의 지보추천을 참조할 필요가 있다.

4.3 해석에 의한 설계 방법

과거의 해석이란 개념은 탄성학이나 탄소성학 등의 이론에 근거하여 터널 주위 암반에 형성되는 이차응력과 변위를 계산하는 것을 의미하였다. 이론해를 바탕으로 응력과 변위를 계산하기 위해서는 먼저 터널과 같은 구조물의 형상을 수학적으로 표현할 필요가 있다. 그러나 수학적으로 표현 가능한 형상은 원이나 타원 등으로 한계가 있으며 더욱이 암반 내에 존재하는 불규칙한 지질구조를 고려한 계산은 실질적으로 불가능하다. 때문에 불합리한 가정과 지나친 단순화가 불가피하여 추정치를 계산하는 데 그치는 경우가 많았다.

이후 불연속면이 지배하는 암반의 변형거동에 대한 이해가 깊어지고 컴퓨터 성능의 눈부신 발달에 힘입어 이러한 종래의 개념은 퇴보하고 근래에는 불연속면으로 구획되는 암석 블록의 이완이나 미끄러짐 등과 관련된 안정성 해석이 가능하게 되었다. 암반과 건설하고자 하는 구조물을 구체적으로 모델링한 수치해석 방법이 터널 공학에서의 주된 해석의 개념으로 자리 잡게 되었다. 현재 일반적으로 해석적 방법에 의해 수행되는 설계방법은 크게 다음과 같이 구분된다.

- 불연속 블록형 또는 웨지형 암반에 대한 한계평형 해석
- 키블록 해석과 같은 통계학적 해석방법
- 유한요소법이나 경계요소법과 같은 연속체 수치해석방법

• 개별요소법과 같은 불연속체 수치해석방법

특이한 형태의 지질조건이 출현하지 않는 경우 한계평형해석에 의한 방법은 암반분류를 통해 추정할 수 있는 지보 시스템과 병행하여 실시하는 경우가 많다. 그러나 연약대나 절리가 발달된 암반에서는 이들이 터널의 안정성에 지배적인 영향을 미치므로 수치해석적 방법이 많이 사용되며, 이때에는 지질구조에 대한 정확한 시뮬레이션이 설계결과에 큰 영향을 미친다.

터널의 일반적인 설계 과정으로, 먼저 지반조사 자료를 이용하여 암반 분류를 실시하고 개략적인 지보 시스템을 설계한 후, 특이한 지질구조를 보이는 부분에 대한 상세설계나 개략적 지보설계안에 대한 보완을 위해 수치해석적 방법을 적용한다. 수치해석적 방법은 터널의 형상이 복잡하여도 계산이 가능하다. 최근 컴퓨터 성능과 해석용 프로그램의 발전에 힘입어 대부분의 경우 개인용 컴퓨터를 사용하여도 해석이 가능하다. 따라서 암반 분류에 의한 지보설계 방법과 해석에 의한 지보설계 방법을 연계하면 방법의 차이에 따른 단점을 상호 보완하여 결과에 대한 신뢰도를 향상시킨다.

4.3.1 안정성 해석

터널 주위 암반에 발달된 절리로 인해 암반은 개개의 블록이나 웨지들이 엉켜 있는 상태에 있다. 이러한 암반 내에 터널을 굴착할 경우 천반이나 벽면부에 불안정한 부분들이 나타날 수 있다. 이들에 대한 불안정 여부는 다음의 방법을 적용하여 판단할 수 있다.

(1) 한계평형 해석 : 굴착면에 노출된 암반 블록이나 웨지에서 미끄러짐이 발생할 것인가의 여부를 판단하기 위해 보통 한계평형법(Hoek & Brown, 1980)을 적용한다. 한계평형법은 이 외에도 대규모 암반 공동에서 암주(pillar)의 설계에도 활용된다.

(2) **키블록 해석**: 키블록이란 터널 주변을 구성하고 있는 많은 암반 블록들 중 전체의 안정성에 중심적인 역할을 하고 있는 블록을 말한다. 즉, 키블록이 암반에서 이탈하게 되면 연쇄적으로 주변 블록들이 이탈하여 터널 전체의 안정성에 문제가 발생한다. 따라서 터널의 안정성을 확보하기 위해 키블록이 이완되거나 이탈하지 않도록 지지하는 것이 필요하다. 키블록은 절리의 방향, 간격 등과 같은 절리구조에 대한 통계학적 자료로부터 출현 가능한 위치나 빈도를 추정할 수 있으며(Goodman & Shi, 1985), 주로 경험이 있는 터널 엔지니어가 현장에서 불안정한 키블록을 찾아 국부적 록볼트를 설치하고자 할 때 키블록 해석 결과를 유용하게 활용할 수 있다.

4.3.2 수치해석

수치해석에 의한 터널의 지보설계 문제는 그 범위가 매우 넓고 해석 방법에도 여러 가지 이론적 배경이 있어, 이 분야의 전문가가 되기 위해서는 수년의 학습과정이 필요하다. 그러나 최근에 들어 많은 응용 프로그램이 개발되어 간단한 문제들은 초급 엔지니어들도 용이하게 다룰 수 있게 되었다.

터널은 일반적인 여타의 구조물들과는 달리 구조를 형성하는 물질이 굴착 대상인 암반이다. 따라서 해석 대상은 지질구조를 포함한 암반과 그 암반 내에 특정한 형상과 크기를 가진 공간을 시뮬레이션한 모델이라고 할 수 있다. 이러한 수치 모델링 과정에서 해석 결과에 영향을 미치는 중요한 두 가지 요인은 복잡한 지질구조와 공간의 형태를 적절히 모델링하는 것과 모델을 구성하고 있는 많은 요소들-암석, 절리, 연약대, 지보재, 지하수압, 온도 등-의 물리 역학적 특성을 표현할 수 있는 입력 변수들을 결정하는 것이다.

지반공학적인 제 문제를 수치해석적인 방법으로 해결하기 위해서는 해당 문제에 올바른 답을 줄 수 있는 적합한 수치해석 방법의 적용과 대상지반 및 구조물의 정확하지만 가능한 단순화된 모델의 정립이 필수적이다. 이를 위해 지반 및 기타 구조물을 이루는 재료의 변형 파괴를 나타내는 물성자료가 정확하게 산정되어야 하며, 현장 지질조건을 가장 적합하게 나타낼 수 있는 모델을 선택하여야 한다.

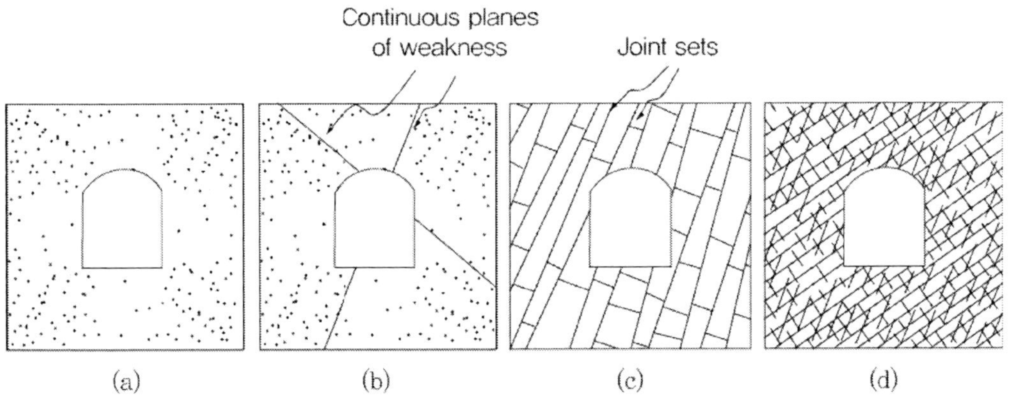

[그림 4-10] 지반 내 구조물 및 지반조건에 따른 개념적 모델(Brown E.T, 1987)

지반을 모델링하는 데 첫 번째 단계는 암반을 연속체로 보느냐 아니면 수많은 절리의 교차에 의해 분리된 블록의 집합체로 보느냐 하는 것이다. 지반 내 구조물과 불연속면의 발달 상태에 따라 [그림 4-10]과 같은 4개의 개념적인 모델을 고려해 볼 수 있다.

[그림 4-10] (a)의 경우 구조물 주위의 암반은 완전한 연속체이므로 공동 주변에서의 응력장(stress field)과 변위장(displacement field)도 연속일 것이다. 따라서 지반은 연속체로 모델링 될 수 있다. [그림 4-10] (b)의 경우 암반은 매우 우세한 2개의 불연속면으로 분할되어 있다. 분할된 각 블록 내부에서의 응력장 및 변위장은 연속일 것이므로 각 블록은 연속체로 모델링될 수 있으며, 불연속면에 대해서는 미끄러짐과 벌어짐이 허용되어야 한다. [그림 4-10] (c)의 경우 암반은 2조 이상의 절리군에 의하여 규칙적으로 나누어진 블록들의 집합체로 구성되어 있다. 이 경우 암반거동의 주된 모드는 각 블록을 구성하는 물질의 변형보다는 불연속면에서의 미끄러짐과 벌어짐, 그리고 블록들의 이동과 회전이 될 것이다. 이러한 지반조건에 대해서는 개별요소 모델을 적용하는 것이 바람직하다. 마지막으로 [그림 4-10] (d)의 경우 암반은 3조 이상의 절리군에 의하여 매우 잘게 분할되어 있다. 상기한 (c)의 경우와 구별되는 점은 불연속면의 평균간격과 공동의 크기와의 상대적인 비인데, 이 경우 공동의 한 변을 교차하는 불연속면의 개수가 과도하여 불연속면들을 개별적으로 일일이 모델링하기에는 암반블록의 수가 지나치게 많다. 이러한 암반은 위연속체(pseudo-continuum)

로 가정할 수 있으며, 이에 적합한 모델링 기법은 불연속면의 성질을 암반에 포함시킨 연속체 모델을 이용하는 것이다.

해석방법은 현재까지 여러 가지가 개발되어 있는데 [그림 4-11]에 나타낸 것과 같이 크게 연속체 접근방법(continuum approach)과 불연속체 접근방법(discontinuum approach)의 두 가지로 구분할 수 있다. 연속체 접근방법은 다시 경계법(boundary method)과 영역법(domain method)으로 나뉘며, 이 둘을 복합한 하이브리드 법(hybrid method)도 개발되어 사용되고 있다. 불연속체 접근방법은 불연속면에 의해 분할된 암반 블록들의 개별적인 거동을 일일이 해석하는 방법이다.

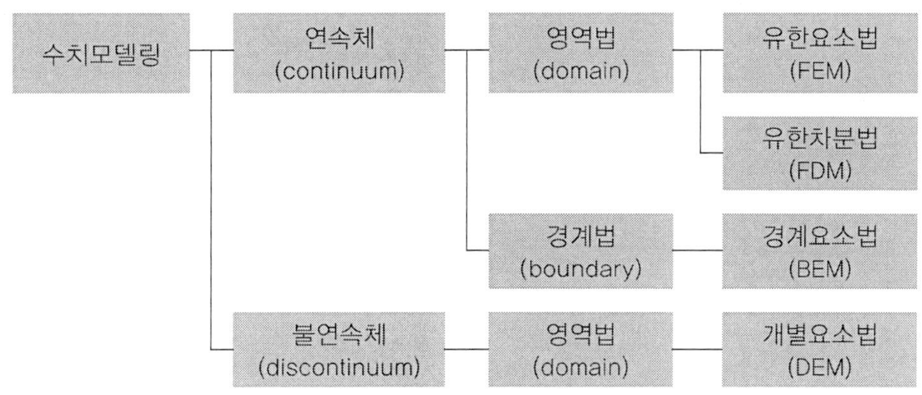

[그림 4-11] 수치 모델링 방법의 구분

연속체 해석방법 중 영역법은 암반을 유한개의 분할된 요소들로 이루어진 연속체라고 간주하는 방법으로, 해석 대상 암반의 영역을 분할하는 망(mesh)을 구성한다. 해석의 결과는 구성된 망의 형태에 따라 영향을 받을 수 있으므로 복잡한 모델의 경우 망의 구성은 상당히 어려울 수 있다. 최근에는 가장 최적화된 망을 구성할 수 있는 망 생성 프로그램(mesh-generator)도 개발되어 이용되고 있다.

영역법의 경우, 굴착 공동의 크기에 비해 암반을 포함한 전체 모델이 충분히 커야 외부 경계의 영향으로 발생할 수 있는 오차를 허용 수준 이하로 줄일 수 있다는 단점이 있으나, 지반 구성물질의 특성에 따라 탄성 및 탄소성은 물론이고 크리프 거동의 해석도 가능하다. 또한 터널 내에 시공되는 지보재나 구조물의 고려도 가능하여 지반과 지보재 또는 구조물과의 상호 작용도 해석이 가능하다. [그림 4-12]와 [그림 4-13]은 각각 영역법 중에서 가장 널리 이용되고 있는 유한요소법을 이용하여 터널의 거동을 해석한 예이다.

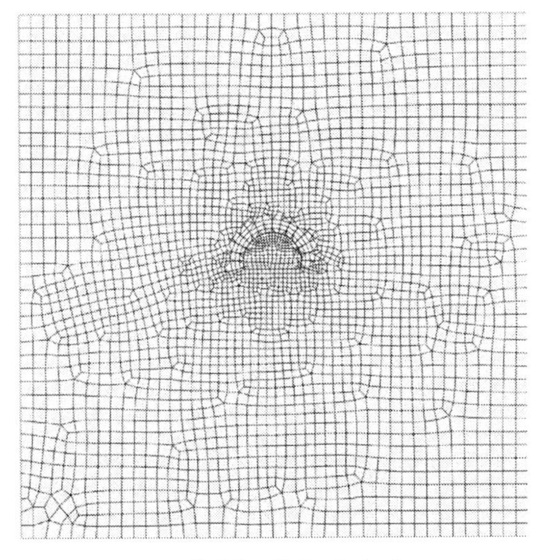

(a) 해석을 위한 요소망

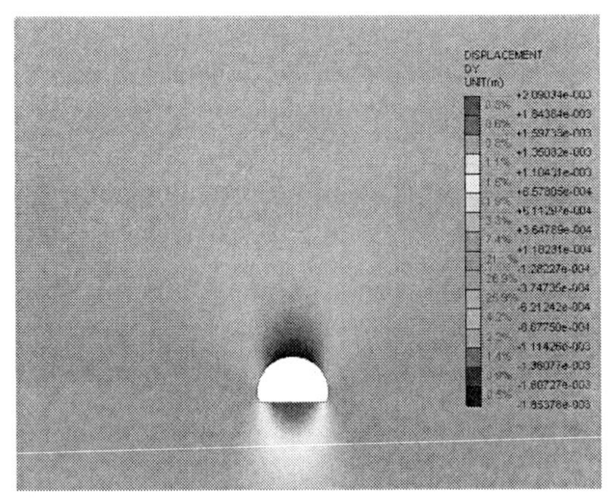

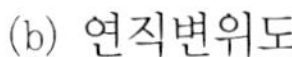

(b) 연직변위도

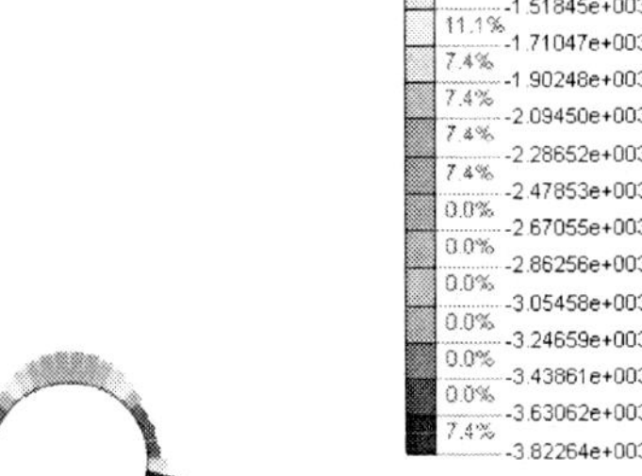

(c) 숏크리트 휨응력도

[그림 4-12] 유한요소법을 이용한 터널의 2차원 해석 예

대조적으로 연속체 해석방법의 하나인 경계요소법은 굴착면과 해석 대상 암반 경계면만 선형의 요소로 분할되고 암반은 무한 연속체로 다루어진다. 따라서 계산에 필요한 컴퓨터 메모리가 줄어들고, 요소를 분할하는 기술이나 사용자의 경험에 의한 영향은 낮아지는 장점이 있다. 그러나 복잡한 지질조건이나 탄소성 해석을 수행하려면 오히려 유한요소법보다 계산량이 증가하므로 균질한 암반에 대한 탄성 해석으로 그 사용이 제한되며, 지반과 지보재의 상호작용을 모델링하기도 어렵다.

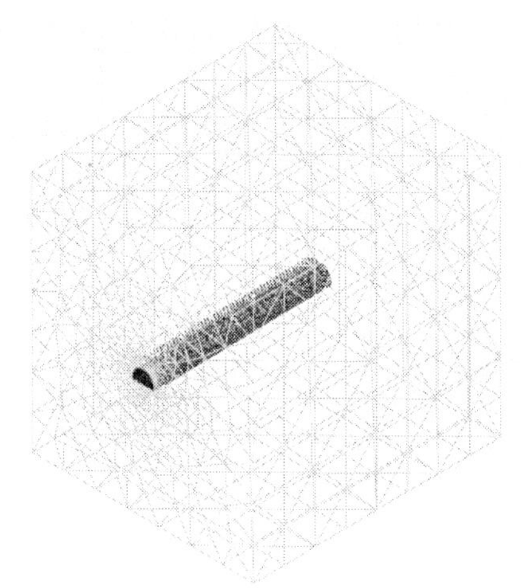

(a) 지반 및 지보재의 모델링

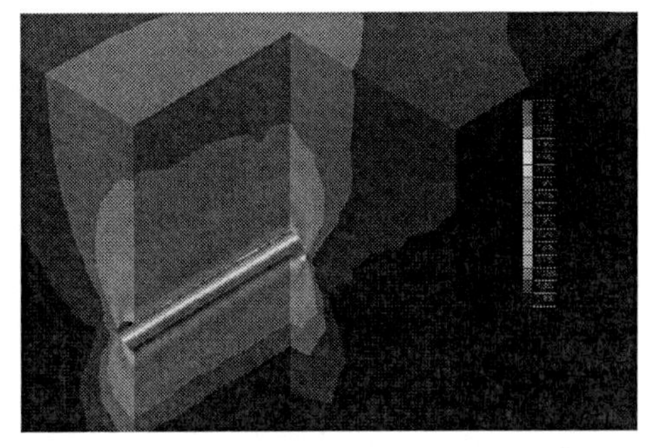

(b) 변위도

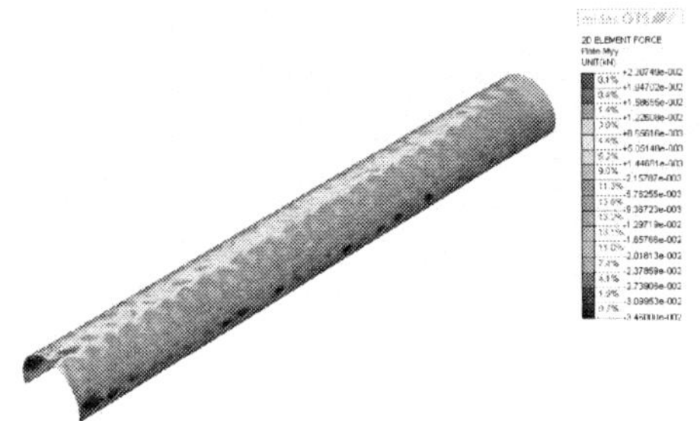

(c) 숏크리트 모멘트도

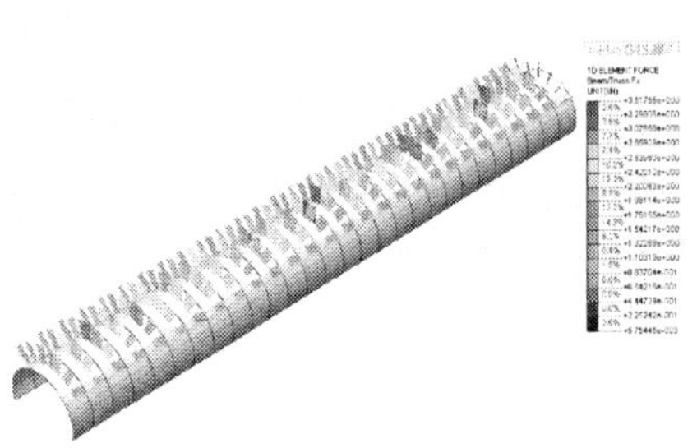

(d) 록볼트 축력도

[그림 4-13] 유한요소법을 이용한 터널의 3차원 해석 예

불연속체에 대한 수치해석방법인 개별요소법(distinct element method)은 보통 절리로 구분되는 각 암석 블록을 하나의 요소로 모델화하는 영역법의 일종이다. 이는 해석 대상 암반을 작은 블록 요소들의 집합체로 보고 이 블록들이 외력에 의해 움직이는 과정을 해석하는 기법이며, 절리가 발달한 암반의 해석에 매우 유용하다. 그러나 계산량이 지나치게 많아 해석에 많은 시간과 노력이 소요되는 단점이 있다. 현재의 지반조사 기술 수준으로는 지하의 절리 발달 상태를 명확히 파악할 수 없어 대표 단면에서의 절리망 구성을 위해서는 통계적인 방법을 사용하고 있는 실정이다. [그림 4-14]는 개별요소법을 적용하여 불연속면이 발달한 암반에 굴착된 원형터널의 안정성을 해석한 예이다.

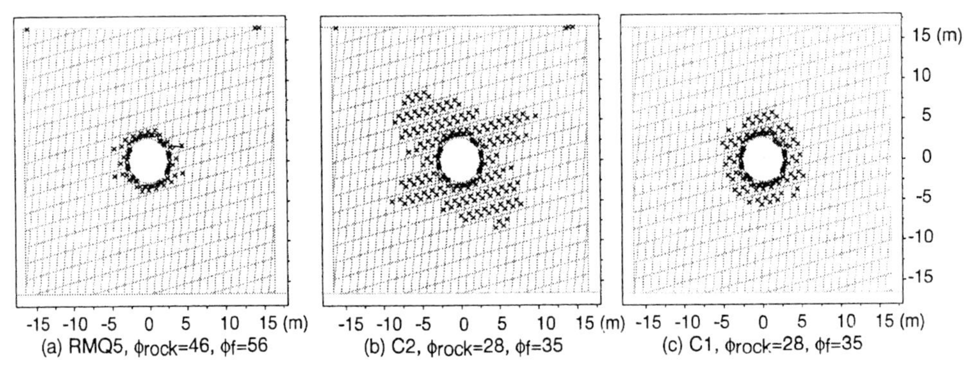

[그림 4-14] 개별요소법에서의 해석 결과 예(Chen 등, 2000)

4.4 변형-구속법에 의한 설계

터널의 설계에서 변형-구속법(convergence-confinement method)에 의한 방법은 엄밀히 말할 때 시공과정에서 획득한 계측자료를 분석하여 암반 분류나 해석에 의한 설계에서 예측된 상황과 비교한다. 시공 전 작성된 설계안의 타당성을 검토하고 양자의 결과가 상이한 경우 피드백(feed back) 과정을 거쳐 설계를 수정 보완함으로써 이미 시공된 구간에 대한 보완은 물론, 계속적으로 진행되는 시공과정에서의 오류를 제거하는 것을 말한다. 이러한 과정은 유사한 암반조건에서 시공이 진행될 때 그 초기 단계에서 이루어지는 것이 보통이다. 따라서 지반조사 과정에서 예측되었거나 또는 예측되지 못한 경우라 할지라도 지질상태가 변화하면 계측에 특히 주의를 기울여야 하며 시공 중 공학적 암반 분류 작업이나 작업면의 공학적 지질도 작성(engineering geological mapping)에 주의를 기울여야 한다. 여기에서 얻어진 경험은 이후 경험적 설계기법을 보완하고 발전시키는 데 중요한 자료가 된다.

이와 같이 변형－구속법에 의한 설계방법은 '굴착하면서 설계하는 방법(design as you go)'이라고 할 수 있으며, 다른 방법과 본질적으로 뚜렷이 구분되는 개념을 지니고 있다. 현재까지는 변형구속법에 의한 설계방법이 방법론적으로 뚜렷한 체계를 갖추고 있지는 않으나 최근 널리 적용되고 있는 NATM(New Austrian Tunneling Method), 지압과 지보와의 역학적 상호관계를 설명하는 암반반응곡선 등에서 변형－구속법이 제시되고 있다.

여기에서는 암반반응곡선을 이용한 변형－구속법과 NATM 및 NMT의 원리에 대해 설명하였다.

4.4.1 변형－구속법

변형－구속법은 1977년 5월 프랑스 지하사업협회가 개최한 국제학술회의에서 제시된 것으로, 지압과 지보와의 역학적 상호관계를 수학적으로 계산될 수 있는 모델을 이용하여 적절한 지보압을 산정하고자하는 방법이다. 이론적으로는 암반반응곡선(ground reaction curve)이 사용되고 있다.

터널 주변을 구성하는 지반은 지압에 의해 변형되려고 하는 반면, 지보는 지보압을 지반에 반력의 형태로 가함으로서써 변형을 억제, 구속하려고 한다. [그림 4-15]의 암반반응곡선으로 가장 간단한 형태의 변형－구속법을 설명할 수 있다.

가. 암반반응곡선

AC : 적절히 설계된 지보. C에서 평형

OD : 안정화된 무지보 터널의 반경방향 변형량

AeE : 공동이 안정화되기 전에 지보의 항복이 일어남

AF : 지보재가 지나치게 가축성인 경우

GH : 지보재의 설치시기가 지나치게 늦은 경우

Po : 굴착 전 터널 반경방향으로 작용하는 초기응력

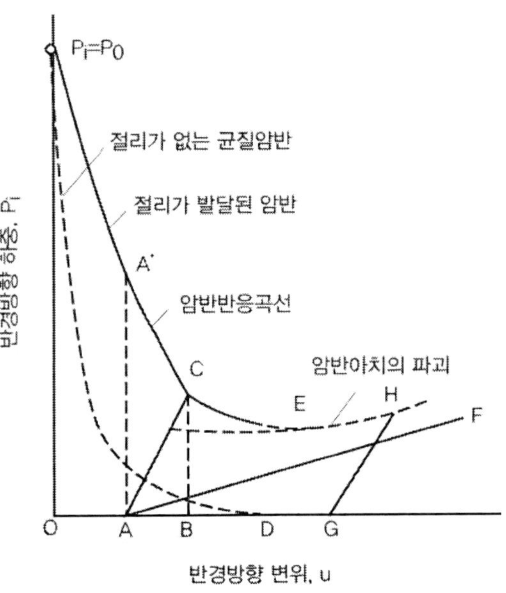

[그림 4-15] 암반터널 벽면에서의 암반반응곡선(Deere 등, 1970)

[그림 4-15]의 암반반응곡선은 터널 벽면을 구성하는 암반의 지압과 변위를 나타내는 곡선(Po-C-H 및 Po-D)과 지보의 거동을 나타내는 곡선(A-C)으로 이루어져 있다.

(1) 무지보의 경우(곡선 Po-D)

터널이 굴착되면 암반은 터널 내부 방향으로 변형을 일으키며, 이와 함께 굴착 전 반경방향으로 작용하던 초기 응력은 감소한다. 절리가 없는 균질암반의 경우 벽면에서의 응력이 자유면 상태인 무응력 상태에 도달할 때까지 AD만큼의 변위가 발생하며 이후 변형은 중지되고 안정된다. 이 경우에 최종 변위 AD가 발생할 때까지 암반이 탄성적인 거동을 하고 있다고 판단할 수 있으며 무지보로 유지 가능하다.

(2) 지보가 필요한 경우(곡선 Po-C-H)

절리가 발달되어 있거나 신선하지 못한 암반은 소성변형이 발생하며 이로 인해 신선암에 비해 변위의 발생이 커진다. 과도한 변위 발생은 암반 내부로 소성변형에 의한 이완대를 확장시키며, 확장된 이완대는 사하중으로 작용하므로 다시 변위를 발생시키는 역할을 하게 된다. 따라서 이러한 가역 작용의 계속으로 터널은 붕괴에 이르게 되며 곡선의 CH 구간이 이에 해당한다고 할 수 있다.

이 경우는 지보를 필요로 하는데 지보의 설치가 굴착 직후 이루어질 수는 없으므로 시간 지연을 고려하여 변위 OA가 발생한 이후 설치되었다고 하면 A점 이후 지보에 작용한 압력과 발생한 변위는 곡선 AC가 된다. 암반 및 지보의 변형곡선은 C점에서 만나며 여기에서 암반의 변형은 억제되고 지보와 암반응력은 평형을 이루게 되어 터널은 안정하게 된다. 그러나 C점에서의 평형상태는 지보가 적절히 설계되고, 적절한 시기에 설치된 경우 이루어질 수 있다.

(3) 지보 강성의 영향

지보의 강성(剛性, stiffness)은 어떤 특정한 형상이나 크기의 지보가 하중을 받았을 때 단위 변위량에 대한 하중량을 나타내는 변형계수이다. [그림 4-16]은 지보의 강성을 나타낸 것으로 여기서는 편의상 응력에 대한 변위의 관계로 도시하였다. [그림 4-16]에서 AA'와 같이 힘의 증가에 대해 변형이 발생하지 않는 지보를 강체(剛體)라고 한다. 이는 이상적인 재질로 이루어진 지보라고 할 수 있으며 실제로 존재하지는 않는다. 지보의 강성은 AC, AE, AF의 순으로 낮다. 지보가 항복강도 이상의 하중을 받았을 때, 지보의 특성에 따라 E1, E2와 같은 연성적인 탄소성 거동을 나타내는 것과 E3과 같이 취성적인 거동을 나타내는 것이 있다. 지보의 적용성으로 볼 때 강섬유 보강 숏크리트와 같이 E1, E2와 같은 거동을 보이는 지보가 보다 우수한 지보재라고 할 수 있다. 강성은 지보의 변형성과 관련된 것이며 지보의 항복 강도와는 무관하다.

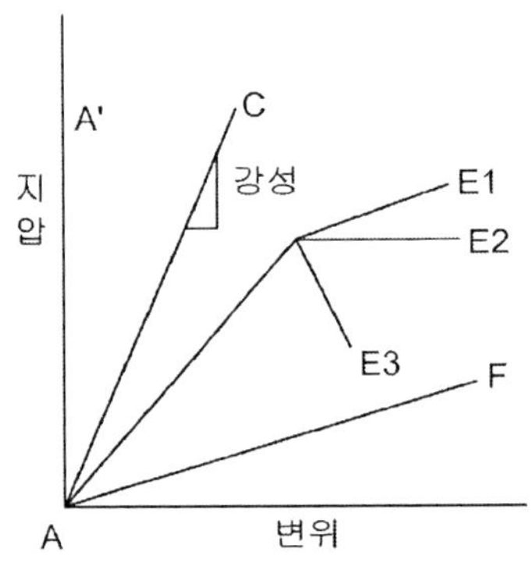

[그림 4-16] 지보의 강성

[그림 4-16]에서 지보의 강성이 AC의 경우가 적절하다고 할 때, 강체 지보 AA'는 변위 발생 초기에 평형상태에 이르게 되므로 필요 이상으로 높은 하중을 견딜 수 있어야 하며, 항복 강도도 매우 높아야 하므로 경제성이 떨어진다. 반면 AF의 경우는 강성이 너무 낮아 지보로서의 역할을 하지 못하고 있음을 알 수 있다. 따라서 지보는 적절한 강성을 지닌 것을 선택해야 하며 강성이 높다고 반드시 유리한 것은 아니다.

(4) 지보의 강도

[그림 4-15]의 AC에서 지보의 강도가 낮아 C점의 평형상태에 이르지 못하고 e점에서 항복되었을 경우 지보가 취성적으로 파괴되면 암반의 변형을 구속하지 못하고 지보의 역할도 할 수 없게 된다. 그러나 AeE와 같이 연성적인 거동을 보이면 항복 후라 할지라도 E점에서 다시 평형상태를 이루거나, 최소한 일정시간 동안 지지능력을 발휘하게 되므로 보안상 매우 유리하다. 따라서 지보의 항복 후 연성거동 특성은 매우 중요하며 최근 이러한 지보의 개발에 연구가 집중되고 있다.

(5) 지보 설치 시기의 영향

굴착 직후에 곧바로 지보를 설치하기는 현실적으로 어려우나 최소한 굴진면이 전진하기 이전에는 시공이 되어야 한다. 지보를 시공하지 않은 채로 수회 굴진면이 전진한 후에 지보를 설치하면, 내공변위의 증가와 더불어 터널 주변에 이완대가 확장

된다. 그러므로 [그림 4-15]의 GH와 같이 동일한 강도와 강성을 지닌 지보라 할지라도 그 효과가 감소하고 터널은 불안정하게 된다. 따라서 적절한 강성의 선택과 함께 지보 설치시기도 지보의 효과를 높이기 위해서 매우 중요하다.

이상에서와 같이 암반반응곡선을 이용한 변형－구속법은 암반과 지보와의 역학적 상호관계를 이해하는 것이 무엇보다 중요하다. 이를 세밀히 검토하면 지보의 강성과 설치시기를 결정하기 위해 굴착 후 암반의 응력-변위 거동을 파악하는 것이 필수적이라는 것을 알 수 있다. 암반반응곡선은 지반과 지보재의 상호거동을 설명하기 위한 개념에 불과하며, 필요한 지보하중과 지반의 거동에 대한 정량적인 자료를 얻을 수 있는 유일한 방법은 내공변위, 지중변위 및 지보압 등에 대한 현장계측뿐이라고 할 수 있다. 독자들은 이에 보조적으로 계측자료를 활용하여 암반반응곡선을 분석하는 방법으로 Hoek과 Brown(1980)의 저서 『Underground Excavations in Rock』의 8장 「Underground excavation support design」을 참고하기를 권한다.

나. 무지보 터널의 변형거동

암반과 지보의 상호관계를 이해하기 위해 무지보 터널의 변형거동을 이해할 필요가 있다.

[그림 4-17]은 굴착이 진행됨에 따라 무지보 터널의 천반 및 측벽에서 발생되는 반경방향 변위를 도시한 것이다. 이 경우 지보는 사용되지 않았으며, 오직 진행되는 작업 굴진면만이 상대적으로 지보의 역할을 한다. 터널 굴진면이 전진함에 따라 굴진면 후방으로 터널 직경의 0.5배 지점부터 암반 내부에 변위가 발생한다. 굴진면 위치에서는 최종 변위 발생량의 1/3, 굴진면 전방으로 터널 직경의 1.5배 지점에서 최대 변위가 발생한다. 이때 발생한 최대 변위량이 암반의 탄성 범위 내에 있다면 이 터널은 무지보로 유지가 가능하다. 그러나 소성변형이 수반되고 이완대가 확장된다면 지보가 필요하게 된다. [그림 4-18]은 이러한 암반의 상태에 따른 변위 발생량 및 발생양상과 지보 필요성과의 관계를 보여주고 있다.

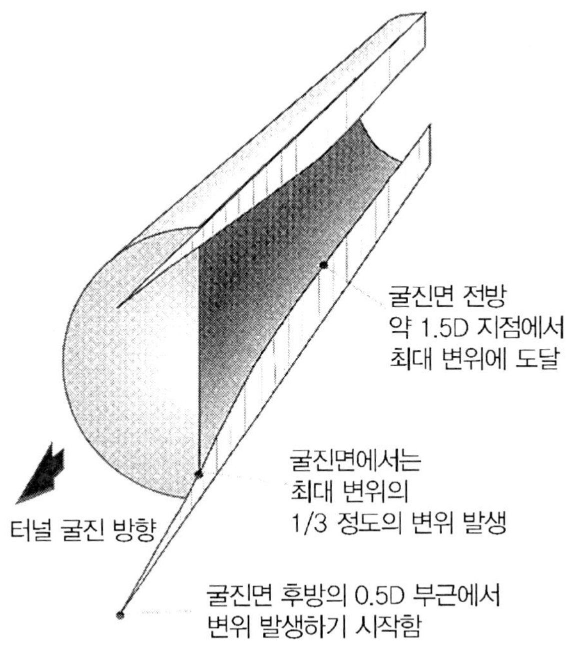

[그림 4-17] 굴착에 따른 무지보 터널에서 발생되는 반경방향 변위(Hoek et al, 1995)

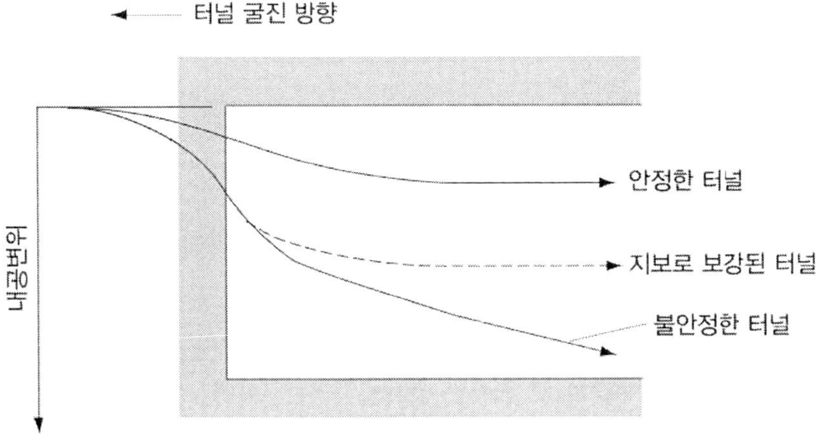

[그림 4-18] 암반의 상태에 따른 변위 발생양상과 지보 필요성과의 관계(Hoek et al, 1995)

다. 지보 터널의 변형거동

암반응력 곡선에서는 터널의 굴착이 진행되는 것과 관련한 사항은 고려하지 않았으나 Hoek과 Brown(1980)은 전단면 발파에 의해 굴착되고 철재 지보를 설치한 경우, 예상되는 암반반응을 [그림 4-19]의 다섯 단계로 설명하였다.

(1) 1단계 : 굴착면이 고려대상 단면 X−X'에 도달하기 이전 단계
Pi(지보압)=Po(초기응력)

(2) 2단계 : 굴착이 고려 대상 단면 X−X'을 통과한 단계
Pi는 점차적으로 0으로 감소, 그러나 근접된 굴진면이 지보의 역할을 함

(3) 3단계 : 버력 처리 후 지보가 설치된 단계([그림 4-15]의 A에 해당)
지보에 하중은 작용하지 않음

(4) 4단계 : 굴진면이 X−X'으로부터 터널 직경의 1.5배 정도 전진한 단계
굴진면의 지보역할이 현저히 감소
A'CE([그림 4-15]) 구간을 따라 변위가 발생
지보압 Pi와 지보변위는 AC 구간을 따라 발생

(5) 5단계 : 굴진면이 X−X'으로부터 멀리 떨어져 굴진면의 지보 역할이 없어진 단계
C에서 지보와 암반은 평형을 이룸
지보가 설치되지 않았을 경우 암반은 [그림 4-15]의 EH 구간을 따라 거동

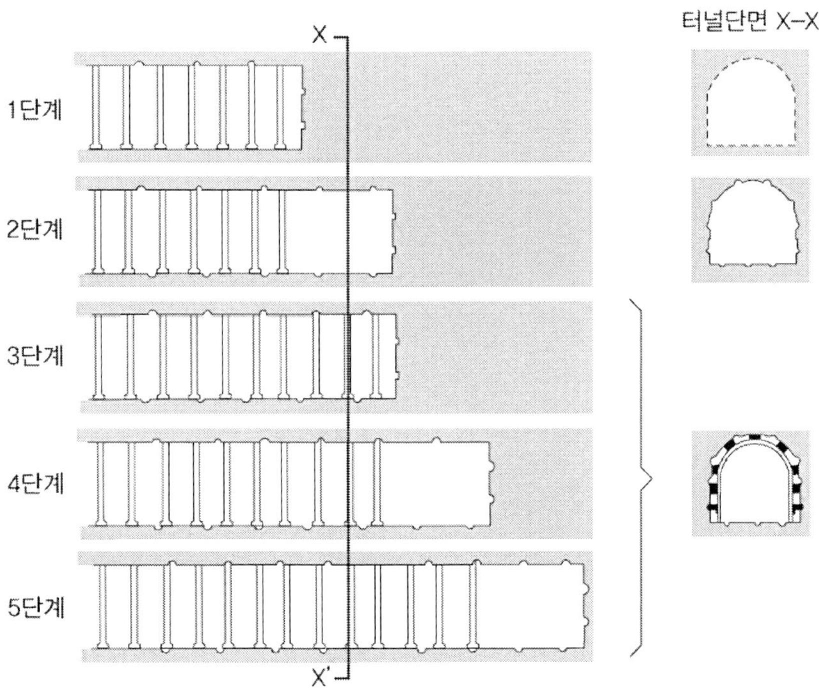

[그림 4-19] 전단면 발파에 의해 굴착되고 철재 지보가 설치된 터널 굴착 단계(Hoek & Brown, 1980)

4.4.2 NATM(New Austrian Tunnelling Method)

NATM은 시공 중의 암반 거동에 관한 원리와 지하공동 거동의 계측을 종합적으로 이용하는 접근방식 또는 시공철학이라고 할 수 있다. 따라서 이는 전술한 변형–구속법의 내용과 별개의 것이라고는 할 수 없으며, 최근 일부에서 오해되고 있듯이 정량화된 하나의 공법이라고는 더욱 말할 수 없다. NATM은 그 영문명에서 사용된 'method'라는 용어로 인해 다소의 오해가 유발되었으나 록볼트와 숏크리트를 사용하는 특정한 굴착, 지보 기술의 집합체가 아니다.

NATM은 암반 거동에 대한 지속적인 계측과 이를 바탕으로 이미 정립된 많은 굴착 기술과 시공방법을 적절히 조합함으로써 가장 안정적이고 경제적인 지보 설치를 구현한다는 시공철학으로 이해되어야 한다. 따라서 록볼트나 숏크리트 외에도 이러한 NATM의 목적을 충족시킬 수 있는 지보재를 개발하여 사용한다면 충분히 NATM을 적용한 공법이라고 할 수 있다.

NATM은 1957년과 1965년 사이에 오스트리아에서 개발되었으며 초기의 이론적인 토대는 Fenner와 Kastner에 의해 마련되었다. 그 후 von Rabcewicz, Müller, Pacher 등이 개념의 정립에 중요한 공헌을 하였다. NATM의 개념이 종종 오해됨에 따라 이를 정립하기 위해 많은 문헌들이 발표되었는데, 이들 중 Müller(1978)의 'MATM의 22개 원리'가 유명하다.

NATM의 개념에서 가장 중요한 부분은 다음의 몇 가지로 정리할 수 있다.

- 암반에 적절한 하중-변형 특성을 지닌 지보재를 적당한 시기에 설치함으로써 암반의 자체 강도를 유지시켜 암반을 터널 지보의 주된 요소로 이용한다.
- 암반의 하중지지력을 유지하기 위해서는 암반의 이완과 과도한 변형을 최소화시켜야 한다. 경우에 따라 굴착 후 즉시 얇은 숏크리트를 적당한 록볼트 체계와 함께 암반에 완전히 밀착하도록 타설함으로써 이룰 수 있다.
- 터널의 변형과 지보하중의 변화를 계측할 수 있도록 NATM에서는 초기 숏크리트 라이닝이 설치되는 시점에 정교한 계측기의 설치가 필요하다. 이것은 터널 안정성에 관한 정보를 제공하고, 지보 시스템의 폐합을 최적화할 수 있게 하며, 2차 지보 정도를 결정할 수 있는 자료가 된다.
- 터널의 지보 시스템은 주위암반과 일체화되어 폐합시켜야 하는 것이 매우 중요하므로 인버트를 시공하는 것이 필수적이다. 이것은 특히 연약지반의 굴착에서 매우 중요하다.
- NATM 개념은 계측자료에 기초하고 있기 때문에 계측결과에 따라 지보와 시공방법의 변경이 가능해야 한다.

4.4.3 NMT(Norwegian Method of Tunnelling)

노르웨이에서는 주요 도로터널, 철도터널, 대규모 공동, 특히 1991~1992년에 건설된 62m 경간의 Gjøvik Olympic 공동에 이르기까지 록볼트와 강섬유 보강 숏크리트를 영구적 지보로서 사용해 온 경험에 따라 1992년 Barton과 Grimstad 등에 의해 NMT 개념을 정립하게 되었다.

NMT는 절리가 발달한 경암지질에서 'B(록볼트)+S(숏크리트)'를 영구 지보재로 사용하며 노르웨이, 스웨덴, 핀란드, 그리고 스페인 및 브라질의 일부 지역에서 처음 적용되었다. 다른 많은 나라에서도 숏크리트와 록볼트를 지보재로 사용하고는 있으나 각국의 규정에 따라서 주지보재인 'B+S' 이외에 추가로 콘크리트 라이닝을 사용하도록 하고 있다.

NMT는 Q 시스템 분류법에 의한 암반 분류, Q 시스템 분류법에 의한 영구 지보설계, 그리고 고품질의 지보재인 B(록볼트)+S(fr)(강섬유 보강 숏크리트)에 의한 지보 시공이라는 단계적 조합으로 이루어진다.

1973~1974년 노르웨이에서 Q 시스템 분류법이 Barton, Lien and Lunde에 의해 개발되었고 당시에는 B+S와 B+S(mr)(와이어 메쉬보강 숏크리트)이 터널과 공동 지보재로 사용되었다. 이후 1970년대 말까지 습식 숏크리트와 강섬유 보강 숏크리트 시공기술이 확립되어 도로터널과 수력발전소 공동 등에 사용되었다. 1983~1984년에는 주된 영구 지보재로서 B+S(mr)을 B+S(fr)로 변경·확립하게 되었고, 이후 1992년 Barton과 Grimstad 등에 의해 NMT의 개념으로 정립되어 경암지질을 가진 다른 여러 나라에까지 도입되었다.

B+S, B+S(mr), B+S(fr)의 사용은 암반 터널에서 임시 또는 영구적인 지보기술이다. [그림 4-20]의 왼쪽 그림은 영국 북부 이암 내의 시험터널에서 5년간 터널 변형을 계측한 결과이다(Ward et al. 1983). 지보방법에 따라 전혀 다른 결과가 나타났는데, 가장 성공적인 결과를 나타낸 B+S는 단 3mm의 안정적 영구변형을 보였다. 숏크리트와 록복트의 단독 사용이나 강지보의 경우, 변형이 증가되었고(13mm, 21mm, 30mm 이상) 안정화 경향을 감소 또는 지연시켰다. 1994년 Barton과 Grimstad는 오른쪽 그림의 결과와 같이 작용과 반작용 현상을 나타내는 'Pacher diagram'에서 사용 지보재의 강성에 따른 변형량을 비교함으로써 B+S(fr), B, steel sets에서의 개념적 차이를 도시하였다. 저자들은 각 지보 패턴별로 관찰을 통해 SRF(응력저감계수)가 증가하는 경향을 가정하였다.

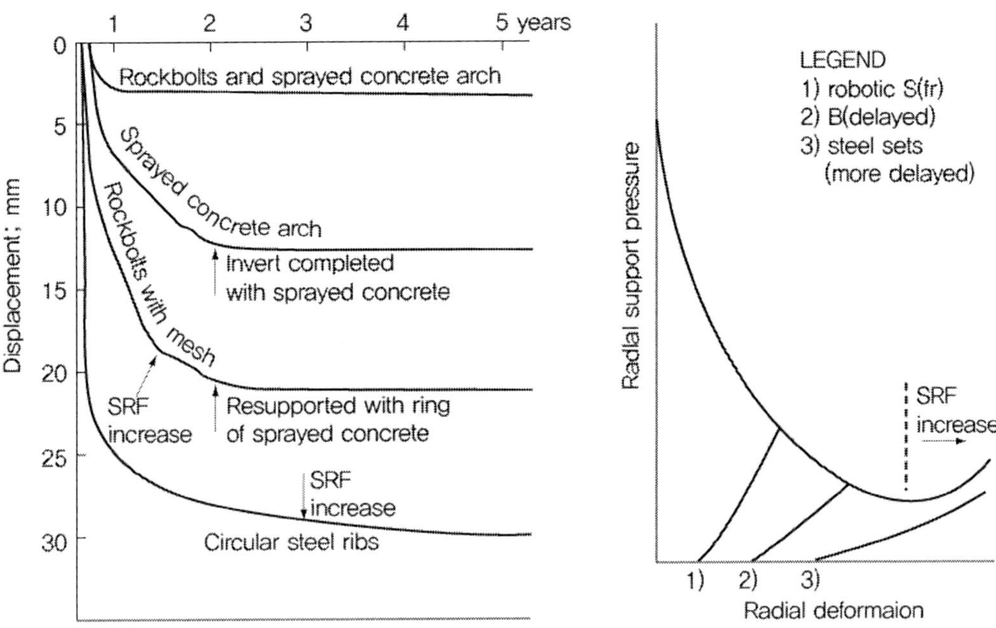

[그림 4-20] 이암층 암반에서의 지보 효과(Ward 등, 1983)(왼쪽)와 S(fr)에서 지보의 설치시기에 대한 개념적 효과(Barton과 Grimstad, 1994)(오른쪽)

NMT의 기본 설계는 현장 매핑, 시료 채취, 탄성파 탐사 결과 해석에 의한다. 암질은 보통 Q 값에 의해서 서술된다. 최종 지보공은 터널 굴착 중의 터널 검층과 Q-시스템의 지보 추천을 사용하여 결정한다. 여러 가지 영구적인 지보 등급에 대한 수치해석적인 검증은 UDEC-BB 또는 3DEC 절리해석으로 수행된다. 기본적인 NMT 설계에 의한 터널은 물과 결빙문제를 해결하기 위해 단열재가 설치된 콘크리트 패널을 사용하여 배수한다.

굴착은 보통 암석의 형태에 따라 천공 및 발파에 의한다. sb(spot bolting), B(pattern bolting) 또는 B+S(fr)은 임시지보 또는 영구지보로 사용될 수 있다. 영구적인 지보 등급은 터널 시공 중에 선택된다. 영구적인 지보공은 고품질 습식 강섬유 보강 숏크리트와 전면 그라우팅형 방부식 록볼트로 구성된다. NMT에서는 계측에 의해 지보량을 결정하는 NATM과는 달리 시공하면서 암반의 상태를 Q 분류값에 의해 평가하여 적합한 B+S(fr) 수량을 결정한다. 이는 NMT의 중요한 특징으로서 터널 시공에서 경제적이고 빠른 방법으로 평가되고 있다. NATM과 NMT의 차이점을 요약하면 다음의 [표 4-17]과 같다.

[표 4-17] NMT와 NATM의 차이점

NMT	NATM
절리가 발달한 경암에 적합	연약한 암반에 적합
Q 분류법에 의해 임시지보 설계	변형량과 암반강도에 따라 5~6등급으로 임시지보설계
변형이 예상되는 경우에만 계측 실시	변형량의 계측이 필수
임시지보재로서 Sfr+B+RRS	임시지보재로서 강지보(또는 격자지보)+숏크리트
영구지보는 임시지보+추가지보+방수	영구지보는 미리 설계됨
	방수막의 설치
	최종지보로서 콘크리트 라이닝과 인버트(Invert)
2008년 노르웨이 기준으로 2차로 터널 1m당 1만~1만 5,000달러 소요	2008년 노르웨이 기준으로 2차로 터널 1m당 3만 5,000~80,000달러 소요

4.5 설계와 시공 계획

이 책의 4장에서는 터널 설계 중 주로 지보설계에 대해 설명하였으나 실제 현업에서의 설계란 보다 광범위한 부분을 포함하고 있다. 터널 설계 후에는 그 결과를 각종 수치와 도면으로 구체적이고도 정확하게 작성하여 제시해야 한다. 이러한 과정에서 작성된 설계 도서에는 시공에 필요한 모든 사항이 제시된다.

4.5.1 공사관리 계획

설계에는 굴착 방법, 지보 방법, 공정 계획, 필요한 재료의 제원 및 양의 산출, 사용 장비의 선정, 인원의 배치, 공정 계획, 소요 비용의 산출 등 시공과 관련된 모든 세부 계획의 수립이 포함된다. 공사관리 계획의 작성 순서는 보통 다음과 같다.

(1) 공사관리 계획 수립

(2) 각종 수량의 산출 : 굴착수량, 버력수량, 지보수량, 라이닝양, 기타 자재

(3) 사용 설비기계의 선정

(4) 인원배치 계획

(5) 가설비 계획 : 갱내설비, 갱외설비, 전기설비 등

(6) 공사공정표 작성

이 외에도 도심지 공사 등의 경우에서는 소음, 진동, 오수·배수, 배기, 지표침하, 기자재운반, 교통문제 등에 대해서도 충분히 검토해야 한다. 이러한 모든 내용은 구체적으로 도면과 문서로 작성되므로 실제 설계 결과는 수천 쪽의 방대한 문서로 완성되며, 터널 설계 분야에 종사하는 엔지니어는 수년간의 실무경험이 필요한 전문가라고 할 수 있다. 공사관리 계획에는 [표 4-18]과 같이 여러 종류의 계획이 수립된다. [표 4-19]는 [표 4-18]의 구분 항목들 중 사업수행계획서에 포함되는 세부 내용의 예이다.

[표 4-18] 공사관리 계획서의 구성

구분	내용
사업수행 계획서	• 사업수행 계획 • 공사관리 계획 • 가설 계획 • 설계관리 계획 • 자원투입 계획 • 시공 계획 • 자금조달 계획 • 유지보수 계획
직원투입 계획서	• 조직 • 분야별 직원투입 및 업무수행 계획 • 직원교육 계획
품질관리 계획서	• 품질관리 개요 • 품질경영 체계 • 품질관리 계획 • 공종별 품질관리 계획 • 품질시험 계획
공정관리 계획서	• 공정관리 개요 • 공정계획 수립 • 공정운영 계획
안전관리 계획서	• 안전관리 개요 • 총괄 안전관리 계획 • 공종별 안전관리 계획 • 안전시공 개선사항 • 유해·위험방지 계획
환경관리 계획서	• 공사 중 환경관리 계획 • 공사 중 환경피해 저감 대책 • 환경 비상사태 대응 계획 • 사후 환경영향 조사 및 평가 계획

[표 4-19] 사업수행 계획서의 세부 내용

구분	세부 구분	내용
사업수행 계획	시공관리 계획	• 공사관리 시스템 운영 계획 • 환경 / 민원관리 계획 • 고품질 확보 계획 • 가시설 설치 계획 • 교통처리 계획 • 공종(토공, 교량공, 터널공)별 시공 계획
	현장관리 계획	• 조직 및 지원 체계 • 현장 인력관리 계획 • 공동수급체 운영 계획 • 협력업체 운영 계획
공사관리 계획	현장운영관리 계획	CCTV를 활용한 실시간 현장관리 시스템
	분야별 관리 계획	• 공정관리 • 품질관리 • 안전관리 • 환경관리
가설 계획	가시설 계획	• 주요시설(현장사무실, 세륜세차시설, 오탁방지막, 터널건설 설비) 배치 계획 • 작업장 및 야적장 운영 계획 • 숏크리트 B/P장 설치 계획
	양중 계획	• 양중장비 선정 • 양중대상물 검토 • 양중장비 투입 계획
	가설도로 및 가·축도 계획	• 진입도로 및 가교설치 계획 • 교통처리 계획 • 관련기관 협의 및 교통안전 시설물 설치 계획
	현장 및 공사장 주변 안전관리 계획	• 농경지 및 주거지 인접구간 • 교량 공사 중 횡단하는 도로 / 하천 • 공사장 및 진출입로 • 암거 시공구간 및 암 발파 인접구간 • 취약공정 안전관리 계획
	민원처리 계획	• 민원담당조직 및 민원처리 계획 • 주민홍보 계획 • 예상민원 저감 대책
	환경보전 계획	• 환경영향 최소화 • 소음·진동 • 비산먼지 및 대기오염 • 수질오염 • 동식물 보호 계획 • 지형, 지질 보호 계획 • 건설폐기물 • 사후 환경영향평가 이행 계획
	지장물 이설 및 보호 계획	• 지상 장애물 이설 및 문화재 보호 계획 • 지중 통신케이블 및 지중 전력선 보호 계획 • 상수도 및 하수관거 보호 계획 • 응급복구체계 구축

구분	세부 구분	내용
설계관리 계획	시방서 작성 계획	주요공종 단계별 시공순서도
	인·허가 계획	
	설계관리 계획	• 현장 설계관리(shop drawing 작성 및 관리) • 공사 중 설계관리 계획
	타 설계 분야와 공동협의체 구성	
구매 계획	자재투입 계획	• 구매 계획 • 투입 계획 • 재료원 및 선정 • 자재관리 계획
	장비투입 계획	• 주요 공종별 장비조합 계획 • 장비구매 계획 • 장비투입 계획
시공 계획	시공관리 계획	• 현장특성 및 원안분석을 통한 중점관리사항 • 공구별 중점관리사항
	사전조사 계획	단계별 조사 계획
	토공 시공 계획	• 흙쌓기 및 땅깎기 • 구조물 접속부 • 터널 갱구부 계획 • 절·성토 경계부 • 비탈면 보호공
	교량공 시공 계획	• 가도(가교) 및 축도 • 가물막이 / 말뚝기초 등
	시공 계획	• 터널 공사 중 설비 계획 • 공사 중 수질오염 방지시설 및 안전시설 • 터널 시공 계획(굴착, 지보, 라이닝) • 세부 시공 계획(발파공법, 보조지보공법)
	포장공 시공 계획	• 포장공 시공 계획 • 포장 취약부 중점관리 계획
	배수 및 부대시설 계획	• 집중호우를 고려한 배수 계획 • 수질오염을 고려한 배수 계획 • 자연생태를 고려한 배수시설 계획
	전기시설 계획	터널 전력공급 방안
	계측 계획	• 계측운영 계획 • 터널계측 계획 • 토공 계측 계획
자금조달 계획	• 자금투입 계획 • 자금조달 계획	
유지관리 계획	유지관리 시스템	Web 기반 유지관리 / 유지관리 조직

[그림 4-21]은 사업수행 계획의 일부인 가설 계획을 보여주는 도면이다.

[그림 4-21] 가설계획도

[그림 4-22]는 터널 설비 계획을 보여주는 것으로 여기서의 설비 계획은 터널 시공 중에 운영되는 설비에 대한 계획이다.

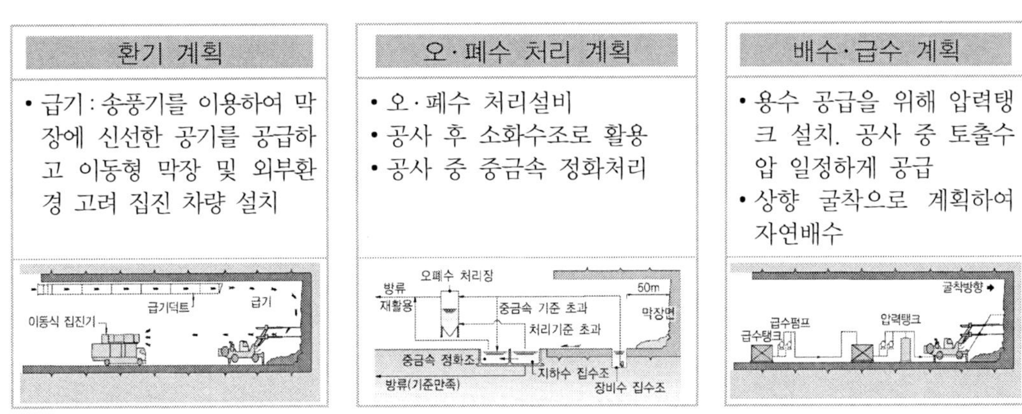

[그림 4-22] 터널설비 계획도

[표 4-20]은 설계관리 계획의 수립에 기초가 되는 시방서의 구성의 예이며, [그림 4-23]은 설계관리의 흐름도이다.

[표 4-20] 시방서의 구성체계(예)

<table>
<tr><th>구성체계</th><th colspan="3">작성 내용</th></tr>
<tr><td rowspan="2">장
(Division, 대공종)</td><td>제1편 도로공사
- 제1장 총칙
- 제2장 토공사
- 제3장 비탈면 안정공사
- 제4장 지반개량공사
- 제5장 배수공사</td><td>- 제6장 구조물공
- 제7장 터널공사
- 제8장 동상방지층, 보조기층 및 기층공사
- 제9장 아스팔트 콘크리트 포장공사
- 제10장 시멘트 콘크리트 포장공사</td><td>- 제11장 안전시설공사
- 제12장 환경관리
- 제13장 식재공사
- 제14장 부대공사
- 제15장 공사용 재료</td></tr>
<tr><td colspan="3">제2편 건축공사
제3편 조경공사
제4편 기계, 전기 및 교통관리</td></tr>
<tr><td>절
(Section, 중공종)</td><td colspan="3">• 대공종에 속한 세부공종을 공사순서 또는 공법별로 구성
• 특성상 각 중공종에 대한 세부공종으로 분류하여 작성</td></tr>
<tr><td>부분
(Part, 소공종)</td><td colspan="3">각 절에 명기된 공사를 원활하게 수행할 수 있도록 일반사항, 사용재료, 시공재료의 품질기준, 시공내용 및 품질 확보 내용 기술</td></tr>
</table>

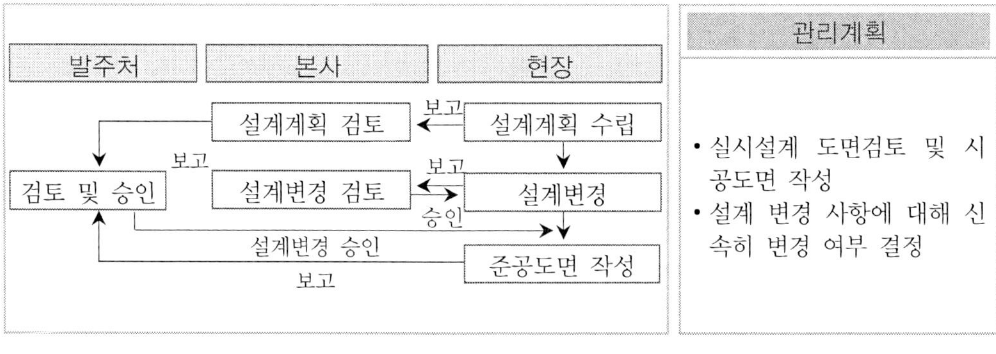

[그림 4-23] 설계관리 흐름도

[그림 4-24]~[그림 4-26] 및 [표 4-21]은 터널 시공 계획의 개요를 나타내는 예이다.

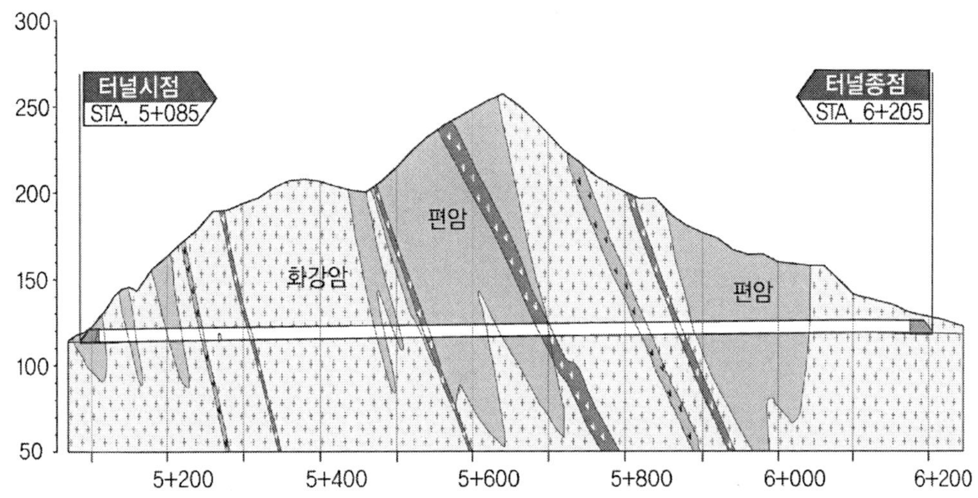

위치	현황분석 및 굴착계획
시점부	• 본선토공 1단계 후 공사용 도로 활용 • 터널 갱구부 풍화암 구간 → 갱구보강 : 강관다단 그라우팅
종점부	• 저토피 계곡부 구간 갱구부 통과 → 터널 내 계곡수 유입 방지 터널 안정성 확보 → 대구경 강관다단 그라우팅 • 교량기초 전 개착 및 갱구보강

[그림 4-24] 현황분석 및 굴착계획

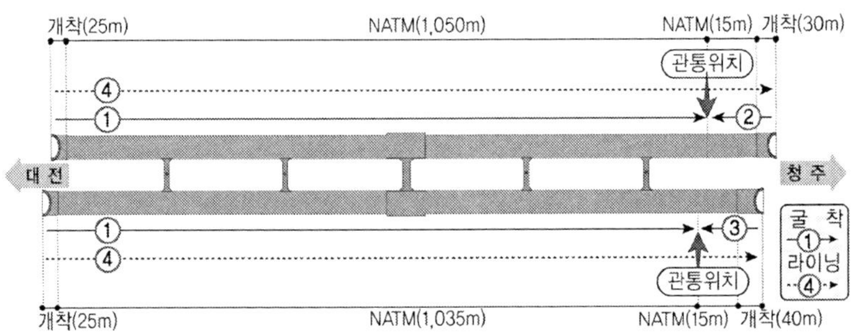

구분	작업조	라이닝
상행방향	일방향 : 1조	라이닝 양방향
하행방향	일방향 : 1조	라이닝 양방향
투입인력 / 조	반장 1, 화약주임 1, 착암공 4, 노즐공 1, 조종원 2, 정비공 1, 기타 2 등 계 12명	

[그림 4-25] 작업조 편성 및 구간별 굴착계획

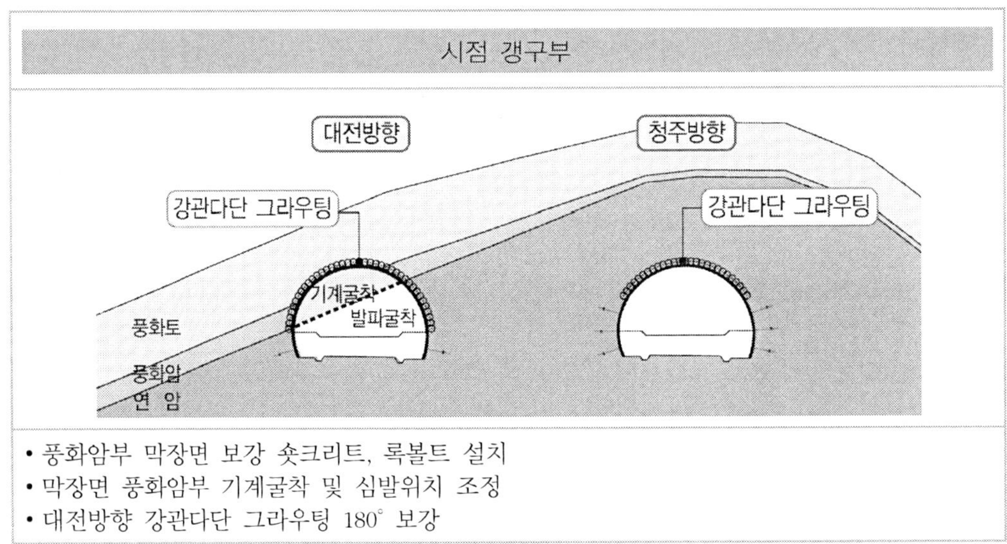

- 풍화암부 막장면 보강 숏크리트, 록볼트 설치
- 막장면 풍화암부 기계굴착 및 심발위치 조정
- 대전방향 강관다단 그라우팅 180° 보강

종점 갱구부

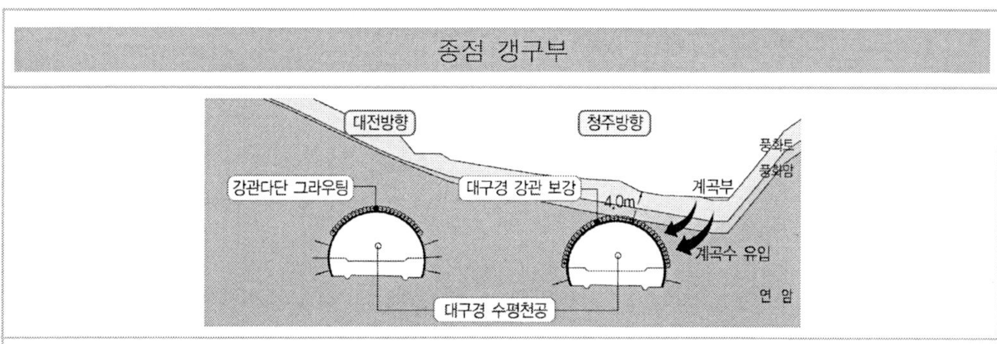

- 청주방향 저토피 계곡부, 침투수 및 안정성 확보대책
- 대구경 강관 그라우팅(ø 114mm) 및 프리그라우팅 적용
- 시공 중 계곡수 처리 → 집수정 설치 후 유도배수

접속부 굴착 및 보강계획

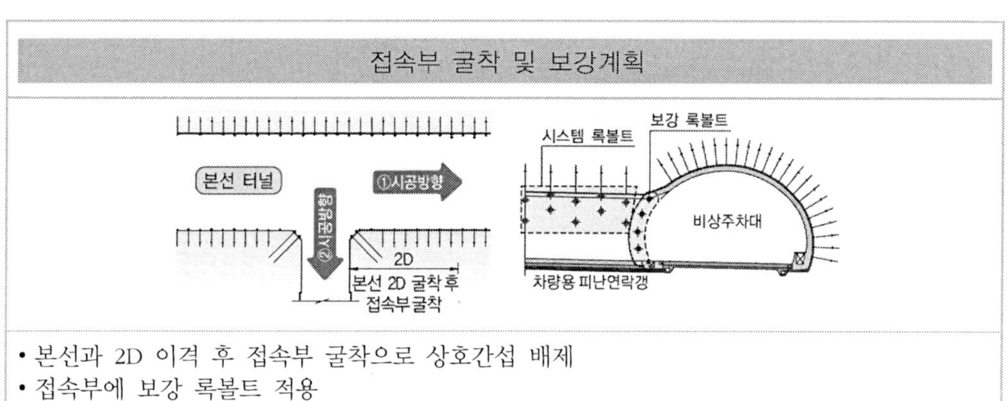

- 본선과 2D 이격 후 접속부 굴착으로 상호간섭 배제
- 접속부에 보강 록볼트 적용

관통부 굴착 및 보강계획

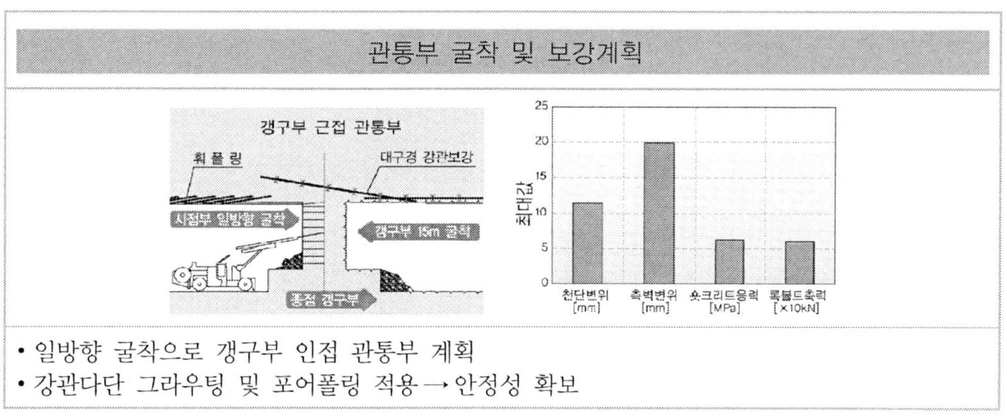

- 일방향 굴착으로 갱구부 인접 관통부 계획
- 강관다단 그라우팅 및 포어폴링 적용 → 안정성 확보

[그림 4-26] 시공관리 주안점

[표 4-21] 주요장비 투입계획

공종	발파공 천공 및 록볼트공 천공	발파 환기 및 부석정리	버력 처리	숏크리트 타설
장비 조합	점보 드릴 3Boom : 천공위치 자동설정	• 굴삭기 : 0.7m³ • 환기시설, 유압대차	• 페이로다 : 3.5m³ • 덤프트럭 : 15t급	• 믹서트럭 : 6.0m³ • 습식 숏크리트 머신

공사관리 계획 중 중요한 또 하나는 공정관리 계획이라고 할 수 있다.

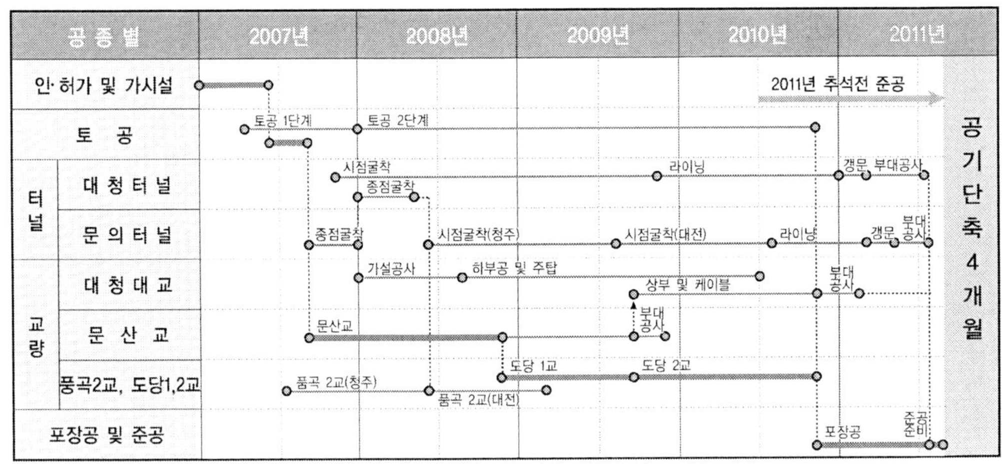

공정 반영	• 교량 우선시공으로 공사용 도로로 활용 → 공사용 차량 국지도 32호선 통행기간 최소화 • 터널 시점부 문화재 시굴조사 기간을 고려한 공정계획 • 하천부 공사는 홍수기(6.20~8.20)를 고려 휴지일수 적용 → 멀티 캘린더 적용(CAL.5)

[그림 4-27] 주공정 마일스톤 계획 수립

[그림 4-27]은 터널과 교량에 대한 연도별 주공정 마일스톤 계획 수립의 예로 터널의 시공 및 공정 계획의 예는 다음과 같다.

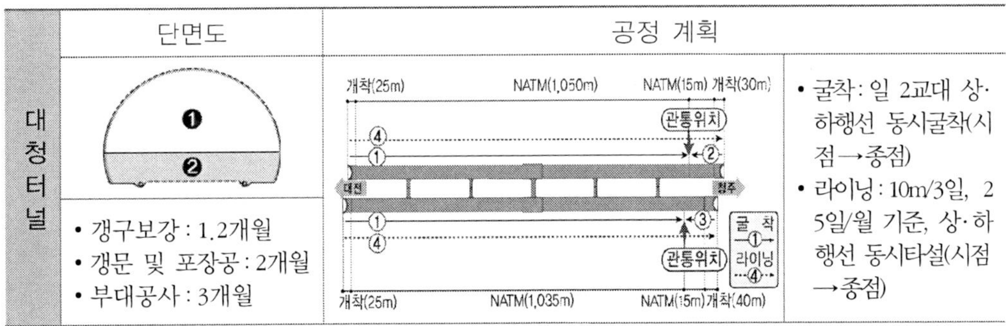

[그림 4-28] **터널 시공계획**

[표 4-22] **패턴별 굴착 cycle time**

구분		type1	type2	type3	type4	type5	type6	typeE2	포어폴링	강관다단
굴진장 (m)	상단	4.0	3.5	2.0	1.5	1.2	1.0	1.5	4.0	12.0
	하단	-	-	-	3.0	1.2	1.0	1.5	-	-
cycle time (분)	상단	1,403	1,278	835	618	559	485	673	168분 / 1.2m	6일/8m
	하단	-	-	-	411	249	232	302	-	-

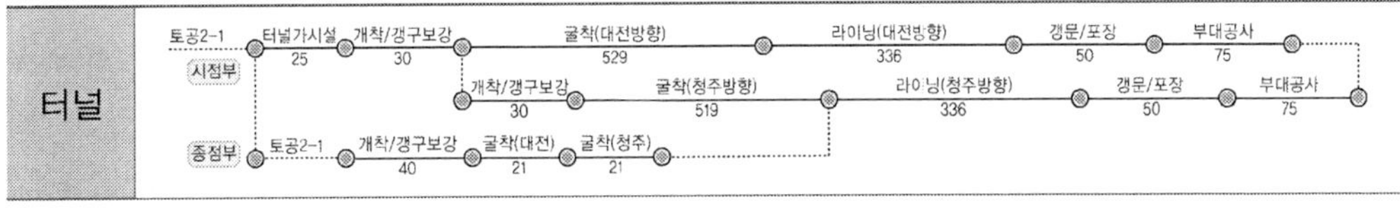

라이닝		
	대전방향	• 2방향 시공 • 소요공기 : 1120m/10m×3일/Span=336일(순공기 : 터널 멀티캘린더 적용)
	문의방향	• 2방향 시공 • 소요공기 : 1115m/10m×3일/Span=336일(순공기 : 터널 멀티캘린더 적용)

[그림 4-29] **터널 공정 계획**

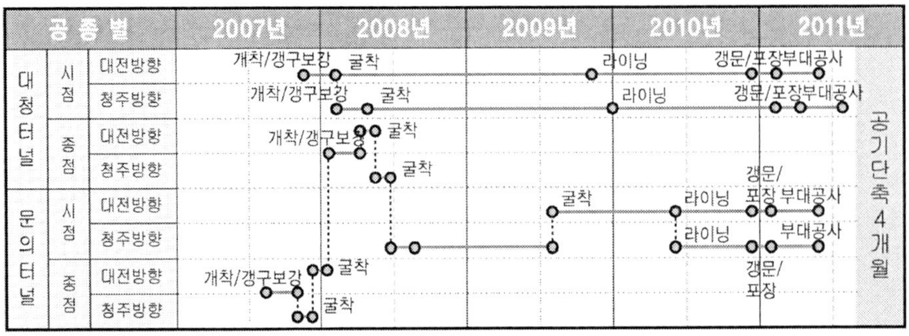

공종별			2007년	2008년	2009년	2010년	2011년	
대청터널	시점	대전방향	개착/갱구보강	굴착	라이닝	갱문/포장부대공사		공기단축 4개월
		청주방향	개착/갱구보강	굴착		라이닝	갱문/포장부대공사	
	종점	대전방향	개착/갱구보강	굴착				
		청주방향		굴착				
문의터널	시점	대전방향			굴착	라이닝	갱문/포장 부대공사	
		청주방향				라이닝	부대공사	
	종점	대전방향	개착/갱구보강	굴착			갱문/포장	
		청주방향		굴착				

	공정관리 주안점
❶	• 시점부 개착을 고려한 진입로 개설 • 문화재 시굴조사기간 반영
❷	터널 시점부 진입도로 개설 : 품곡2교 우선 시행 본선 활용
❸	종점부 진입도로 및 문산교 교량공정 반영

[그림 4-30] 터널 종합공정 계획

[그림 4-31]은 터널공 외에도 토공이나 포장, 시설 등 전체 공정을 종합하여 작성된 예정공정표의 예이다.

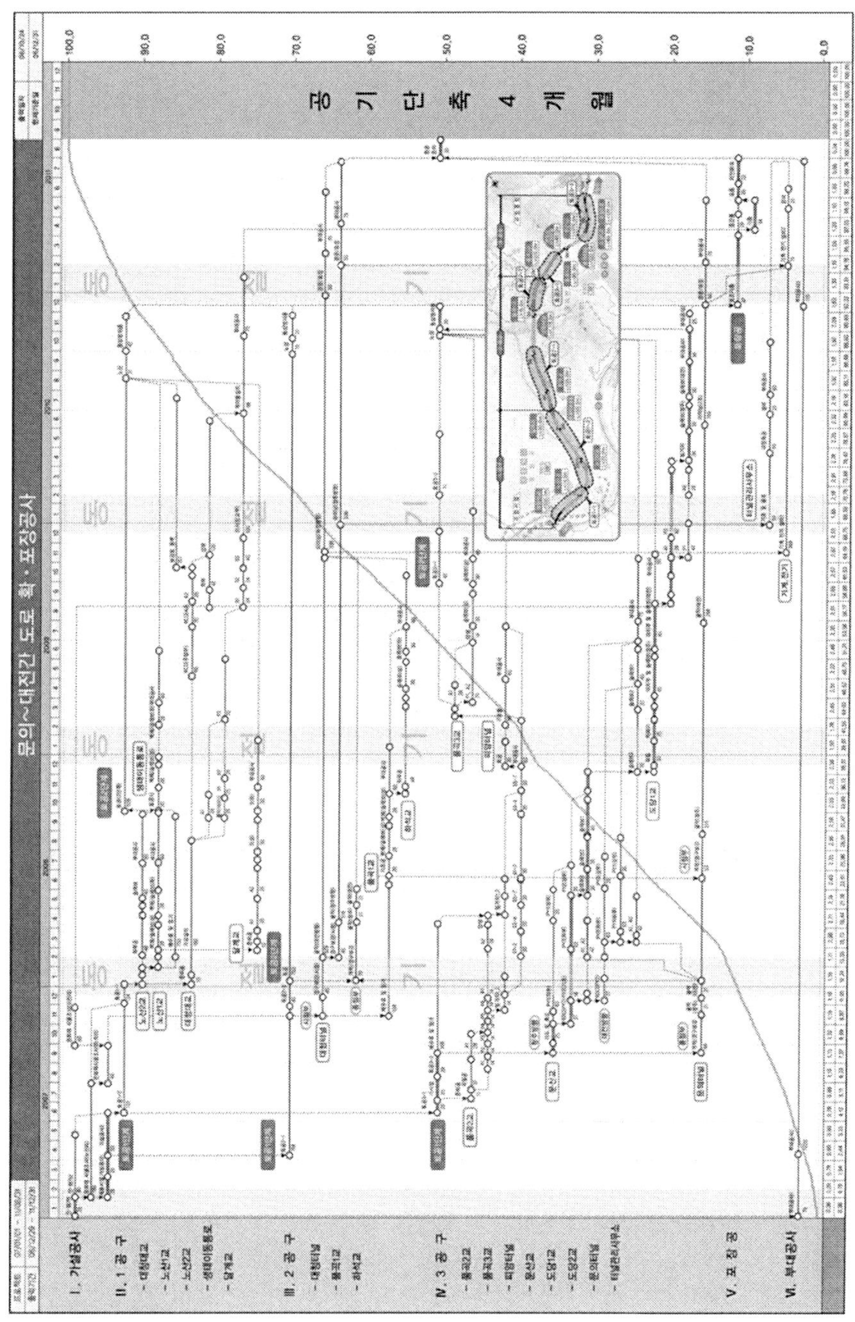

[그림 4-31] 전체 예정 공정표

4.5.2 표준 설계 단면도

터널의 지보설계 결과는 설계도면으로 표시된다. 여기에는 터널 계획노선을 따라 지형 및 지질조건들이 포함된 평면 및 종단면 노선도, 암반 분류에 의해 구분된 구간별 터널 표준단면도 등이 포함된다. 여기서 표준이라 함은 기본적인 시공지침이라는 의미이고, 현장에서는 이를 기준으로 현장 여건에 맞게 적용해야 한다는 의미이다.

[그림 4-32]는 터널 표준단면도의 예이다. 앞의 [표 4-22]와 같이 암반 분류에 따라 작성되는 표준단면도에는 터널의 규격과 형상, 보강 지보재의 종류 및 규격 등이 구체적으로 제시된다.

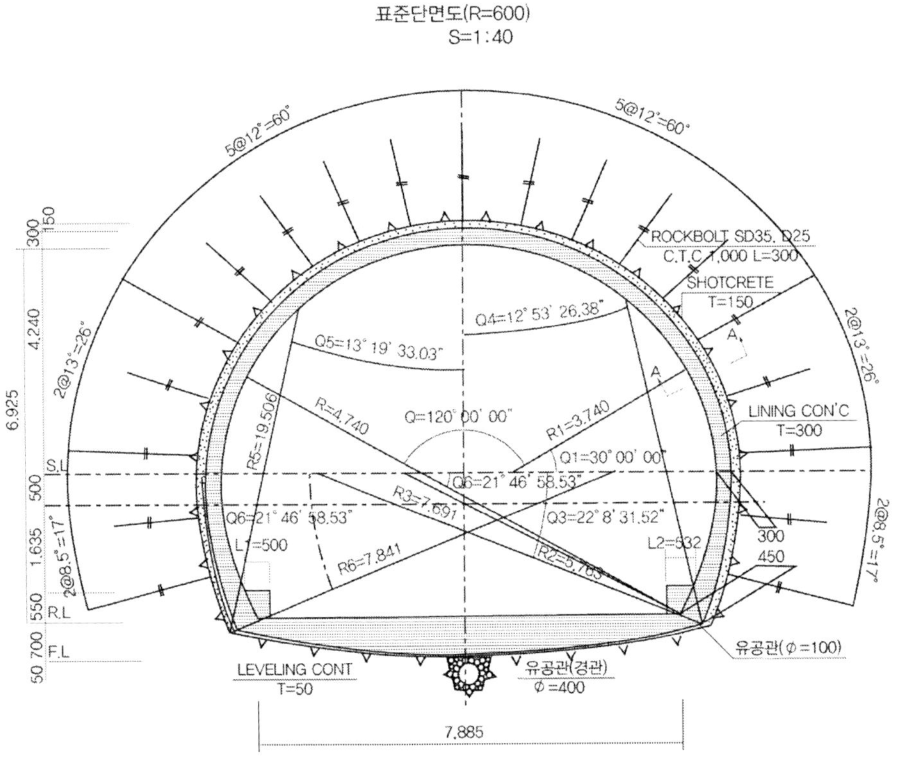

[그림 4-32] 터널 표준단면도의 예(대구지하철, 1997)

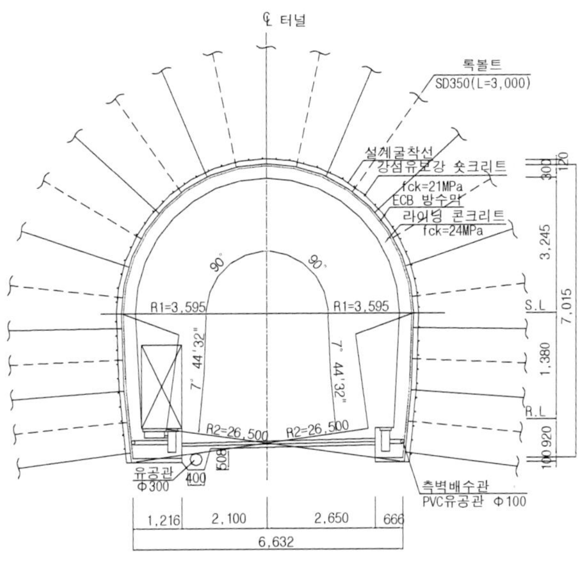

[그림 4-33] **록볼트 및 숏크리트 지보설계 표준단면도의 예**

4.5.3 비용 산출

건설 방법과 이에 관련된 여러 공정에 소요되는 비용은 설계에서 고려해야 할 중요한 요소이다. 공학을 일컬어, 기술과 경제성이 함께 고려됨으로써 비로소 현실적으로 구체화되는 학문이라는 말이 있듯이 터널에서도 역시 지반의 조건과 용도를 고려하여 적절히 최적화된 건설공법을 선정해야 한다. 이를 위해 설계에서는 다음과 같은 문제들을 복합적으로 검토해야 한다.

- 시공 순서
- 상부 굴착부 또는 하부 벤치 굴착부에서의 천공발파 사이클
- 폐석의 처리 및 운반
- 통기
- 다수 작업장의 관리
- 여굴 관리

• 안정성 확보 및 지보 시공
• 출수 관리 및 배수

각 사항들은 소요되는 시간과 비용에 영향을 미치며 이들을 종합적으로 고려하여 시공방법을 결정해야 한다.

[표 4-23]은 교량, 노반, 터널이 복합적으로 포함되어 있는 도로 공사에서 일반적으로 볼 수 있는 예산내역서의 예이다. [표 4-23]에서 볼 수 있듯이 전체 공사는 공종에 따라 토공, 배수 및 옹벽공, 교량, 포장, 터널공 등으로 크게 나뉘며 공종별로 재료비, 노무비, 경비 등이 산출된다. 각 항목의 비용 산출을 위해서는 단가산출과 수량계산이 필요하다. [표 4-23]에는 수량을 단순히 공종별로 1식으로 하여 산출하였으나 이는 전체 예산을 총괄하여 보여주는 표이기 때문이며, 공종별 세부 내역서에는 단가와 수량이 구체적으로 제시된다.

[표 4-23] 예산내역서(총괄)

공종명		공사명	A. 공통공사	D. 토공사	H. 배수 및 옹벽공사
규격		ㅇㅇ공구			
수량		1	1	1	1
단위		식	식	식	식
재료비	단가		19,639,977,209	2,320,448,583	1,500,687,906
	금액	136,093,298,272	19,639,977,209	2,320,448,583	1,500,687,906
노무비	단가		12,118,645,194	2,683,054,869	1,416,372,306
	금액	101,367,143,429	12,118,645,194	2,683,054,869	1,416,372,306
경비	단가		17,691,036,225	1,152,303,249	209,292,908
	금액	66,761,093,949	17,691,036,225	1,152,303,249	209,292,908
합계	단가		49,449,658,628	6,155,806,701	3,126,353,120
	금액	304,221,535,650	49,449,658,628	6,155,806,701	3,126,353,120

공종명		공사명	K. 교량공사	L. 포장 및 부대공사	N. 터널공
규격		ㅇㅇ공구			
수량		1	1	1	1
단위		식	식	식	식
재료비	단가		7,009,622,601	6,081,030,966	99,541,531,007
	금액	136,093,298,272	7,009,622,601	6,081,030,966	99,541,531,007
노무비	단가		5,848,508,183	2,921,288,944	76,379,273,933
	금액	101,367,143,429	5,848,508,183	2,921,288,944	76,379,273,933
경비	단가		1,397,523,403	2,760,993,164	43,549,945,000
	금액	66,761,093,949	1,397,523,403	2,760,993,164	43,549,945,000
합계	단가		14,255,654,187	11,763,313,074	219,470,749,940
	금액	304,221,535,650	14,255,654,187	11,763,313,074	219,470,749,940

[표 4-24]는 [표 4-23]의 공종들 중 터널공에 대한 세부 내역을 예시하고 있다. [표 4-24]에는 터널공의 세부 공종별로 규격과 수량, 단위를 수록하였다. 실제 작성에서는 총괄표와 마찬가지로 세부 공종별 재료비, 노무비, 경비 등의 구분된 예산 수치가 추가되나 여기서는 표가 방대해지는 관계로 생략하였다.

[표 4-24] 설계 예산 세부 내역서(터널공)

세부 공종명	규격	수량	단위
N.터널공		1	식
NA 굴착(발파)			
NA1100 인력굴착 NA1110 자연환기 NA1120 기계환기	 추가굴착량 추가굴착량	 4 3,915	 M3 M3
NA1520 굴착, 단면적 30~60M2 NA1521 피난연결통로(TYPE-1) NA1522 피난연결통로(TYPE-2) NA1526 지하환기소	 차량용 차량용 	 7,047 1,794 14,827	 M3 M3 M3

세부 공종명	규격	수량	단위
NA1720 굴착, 단면적 100M2 이상	2차로, 기계환기		
NA1721 표준단면-1		800,000	M3
NA1722 표준단면-2		200,000	M3
NA1723 표준단면-3		500,000	M3
NA1724 표준단면-4		400,000	M3
NA1725 표준단면-5		70,724	M3
NA1726 표준단면-6		7,746	M3
NA1727 표준단면-RP-1		100,000	M3
NA1728 표준단면-RP-2		100,000	M3
NA1730 지하환기소		95,706	M3
NA1900 버력처리	터널 내-가적치장		
NA1910 버력처리	자연환기	37,978	M3
NA1920 버력처리	기계환기	500,000	M3
NX1000 터널노무비			
NX1300 터널노무비	C군, 기계환기		
NX1301 터널노무비	TYPE-1	2,267	회
NX1302 터널노무비	TYPE-2	617	회
NX1303 터널노무비	TYPE-3	2,583	회
NX1304 터널노무비	TYPE-4, 상부	2,435	회
NX1305 터널노무비	TYPE-4, 하부	1,218	회
NX1306 터널노무비	TYPE-5, 상부	571	회
NX1307 터널노무비	TYPE-5, 하부	571	회
NX1308 터널노무비	TYPE-6, 상부	72	회
NX1309 터널노무비	TYPE-6, 하부	72	회
NX1310 터널노무비	RP-1	695	회
NX1311 터널노무비	RP-2, 상부	234	회
NX1312 터널노무비	RP-2, 하부	117	회
NX1313 터널노무비	RP-2-1, 상부	331	회
NX1314 터널노무비	RP-2-1, 하부	166	회
NX1315 터널노무비	지하환기소, RP-1	210	회
NX1316 터널노무비	지하환기소, RP-2-1, 상부	404	회
NX1317 터널노무비	지하환기소, RP-2-1, 하부	404	회
NG 보강 및 안정			
NG1000 록볼트 설치			
NG1100 상부			
NG1101 2차로, 자연환기			

세부 공종명	규격	수량	단위
NG1133 상부, L=3.0M		432	NR
NG1153 상부, L=4.0M		1,709	NR
NG1173 상부, L=5.0M		0	NR
NG1105 2차로, 사갱		0	
NG1137 상부, L=3.0M		3,752	NR
NG1157 상부, L=4.0M		0	NR
NG1177 상부, L=5.0M		0	NR
NG1200 하부			
NG1201 2차로, 자연환기			
NG1233 하부, L=3.0M		0	NR
NG1253 하부, L=4.0M		1,484	NR
NG1273 하부, L=5.0M		0	NR
NG1202 2차로, 기계환기		0	
NG1234 하부, L=3.0M		0	NR
NG1254 하부, L=4.0M		19,865	NR
NG1274 하부, L=5.0M		6,827	NR
NG1205 사갱		0	
NG1237 하부, L=3.0M		355	NR
NG1257 하부, L=4.0M		0	NR
NG1277 하부, L=5.0M		0	NR
NG1206 수직구		0	
NG1238 L=3.0M		0	NR
NG1258 L=4.0M		16,165	NR
NG1278 L=5.0M		1,720	NR
NG1300 보강 록볼트			
NG1301 2차로, 자연환기			
NG1333 L=3.0M		0	NR
NG1353 L=4.0M		12	NR
NG1373 L=5.0M		0	NR
NG1302 2차로, 기계환기		0	
NG1334 L=3.0M		5,157	NR
NG1354 L=4.0M		44	NR
NG1374 L=5.0M		14,819	NR
NG1900 갱구부		0	
NG1940 L=4.0M		0	NR
NG1950 L=5.0M		179	NR
NG1980 L=8.0M		0	NR

세부 공종명	규격	수량	단위
NG1133 상부, L=3.0M NG1153 상부, L=4.0M NG1173 상부, L=5.0M NG1105 2차로, 사갱 NG1137 상부, L=3.0M NG1157 상부, L=4.0M NG1177 상부, L=5.0M		432 1,709 0 0 3,752 0 0	NR NR NR NR NR NR
NG1200 하부			
NG1201 2차로, 자연환기			
NG1233 하부, L=3.0M NG1253 하부, L=4.0M NG1273 하부, L=5.0M NG1202 2차로, 기계환기 NG1234 하부, L=3.0M NG1254 하부, L=4.0M NG1274 하부, L=5.0M NG1205 사갱 NG1237 하부, L=3.0M NG1257 하부, L=4.0M NG1277 하부, L=5.0M NG1206 수직구 NG1238 L=3.0M NG1258 L=4.0M NG1278 L=5.0M		0 1,484 0 0 0 19,865 6,827 0 355 0 0 0 0 16,165 1,720	NR NR NR NR NR NR NR NR NR NR NR NR
NG1300 보강 록볼트			
NG1301 2차로, 자연환기			
NG1333 L=3.0M NG1353 L=4.0M NG1373 L=5.0M NG1302 2차로, 기계환기 NG1334 L=3.0M NG1354 L=4.0M NG1374 L=5.0M NG1900 갱구부 NG1940 L=4.0M NG1950 L=5.0M NG1980 L=8.0M		0 12 0 0 5,157 44 14,819 0 0 179 0	NR NR NR NR NR NR NR NR NR

세부 공종명	규격	수량	단위
NG3310 강관다단 그라우팅	L=12.0M		
NG3311 강관다단 그라우팅	토사	0	NR
NG3312 강관다단 그라우팅	풍화암	0	NR
NG3313 강관다단 그라우팅	연암	164	NR
NG3314 강관다단 그라우팅	경암	1,925	NR
NG3350 대구경지반 보강 그라우팅	L=12.0M		
NG3351 대구경지반 보강 그라우팅	토사	31	NR
NG3352 대구경지반 보강 그라우팅	풍화암	0	NR
NG3420 FRP 보강 그라우팅	L=12.0M		
NG3421 FRP 보강 그라우팅	토사	48	NR
NG3422 FRP 보강 그라우팅	풍화암	625	NR
NG3423 FRP 보강 그라우팅	연암	110	NR
NG3424 FRP 보강 그라우팅	경암	1,423	NR
NG4000 막장 안정			
NG4100 포어폴링			
NG4110 포어폴링	L=3.0M	163	NR
NG4120 포어폴링	L=4.0M	173	NR
NG4130 포어폴링	L=6.0M	186	NR
NG6000 갱구 숏크리트		163	M3
NI 방수 및 배수			
NI1000 방수막 설치		700,000	M2
NI2100 필터 콘크리트		1082	M3
NI2200 배수관		0	
NI2213 고밀도파형 폴리에틸렌 유공관	D=150MM	0	M
NI2220 PVC PIPE 설치		0	
NI2221 P.V.C PIPE 50M/M		1,604	M
NI2300 배수구		0	
NI2310 고밀도파형 폴리에틸렌 유공관		0	
NI2311 유공관(Φ300)			
NI2320 스파이럴씸덕트관			
NI2321 스파일럴씸덕트(Φ300)		4,055	M
NI2330 수직배수관 점검구		0	NR

세부 공종명	규격	수량	단위
NI2400 배수 맨홀			
NI2410 공동구 뚜껑	콘크리트	0	
NI2420 공동구 뚜껑	PLATE	0	
NI2421 600*500*30		522	NR
NI2423 1200*500*30		1,077	NR
NI2500 스틸그레이팅			
NI2520 그레이팅(430*480*75)		124	NR
NI2521 그레이팅(480*480*75)		1,788	NR
NI2600 용수처리		32,337	M
NI2700 터널배수공 비닐 깔기		100,000	M2
NI2800 공동구 콘크리트			
NI2801 공동구 기계타설(철근)	쇄석골재 19MM	43,800	M
NI2802 공동구 기계타설(무근)	쇄석골재 25MM	1,086	M
NI2902 공동구 바닥 콘크리트		10,148	M3
NI3100 맹암거			
NI3119 D150	유공관	1,086	M
NI3120 D150	유공관, 부직포 포함	0	M
NI8000 방수 및 배수(수직구)			
NI8010 방수막 설치		59,640	M2
NI8020 종배수관	D=150MM	1,924	M
NI8030 유공관 PVC PIPE	D=100MM	1,929	M
NI9000 기타시설(방수 및 배수)			
NI9010 철판방수		0	M
NI9020 부착형 단열재		0	M2
ED 거푸집			
ED1000 거친 마감			
ED1200 거친 마감	(경사면)	0	M2
ED1300 거친 마감	(수직면)	15	M2
ED2000 보통 마감		0	
ED2100 보통 마감	(수평면)	0	M2
ED2200 보통 마감	(경사면)	19,666	M2
ED2300 보통 마감	(수직면)	58,222	M2
ED2400 보통 마감	(곡면)	0	M2
ED3000 매끈한 마감		0	
ED3110 매끈한 마감	(수평면)	4,795	M2
EE 철근 및 보강재			

세부 공종명	규격	수량	단위
EE1000 이형철근(연강)		0	
EE1110 직경 10mm 이하	간단	0	톤(t)
EE1210 직경 13mm	간단	919	톤(t)
EE1310 직경 16~25mm	간단	267.9	톤(t)
EE2000 이형철근 (고강)		0	
EE2330 직경 16~25m/m	매우 복잡	69.62	톤(t)
EE2430 직경 29~35m/m	매우 복잡	0	톤(t)
NE 현장타설 콘크리트라이닝			
NE1100 숏크리트			
NE1101 숏크리트	2차로, 자연환기	3,083	M3
NE1102 숏크리트	2차로, 기계환기	1E+05	M3
NE1106 숏크리트	사갱	4,417	M3
NE1107 숏크리트	환기소	8,310	M3
NE1108 숏크리트	수직구	6,259	M3
NE1200 콘크리트 라이닝			
NE1212 콘크리트 라이닝	2차로, 자연환기	4,856	M3
NE1213 콘크리트 라이닝	2차로, 기계환기	200,000	M3
NE1217 콘크리트 라이닝	사갱	9,930	M3
NE1218 콘크리트 라이닝	환기소	12,914	M3
NE1219 콘크리트 라이닝	수직구	16,277	M3
NE1300 거푸집			
NE1312 강재동바리 및 거푸집	2차로, 자연환기	61	회
NE1316 강재동바리 및 거푸집	2차로, 기계환기(대단면)	2,548	회
NE1317 강재동바리 및 거푸집	2차로, 사갱	167	회
NE1318 강재동바리 및 거푸집	2ARCH, 중앙벽체	0	회
NE4000 철근			
NE4114 연강, 직경 10mm 이하	매우 복잡	0	톤(t)
NE4214 연강, 직경 13mm	매우 복잡	1,964	톤(t)
NE4314 연강, 직경 16~25mm	매우 복잡	4,653	톤(t)
NE4414 연강, 직경 29~34mm	매우 복잡	0	톤(t)
NE4900 철근(수직구)			
NE4914 연강, 직경 10mm 이하	매우 복잡	0	톤(t)
NE4924 연강, 직경13mm	매우 복잡	31.32	톤(t)
NE4934 연강, 직경 16~25mm	매우 복잡	2,116	톤(t)
NE4944 연강, 직경 29~34mm	매우 복잡	0	톤(t)
NE5000 신축이음		0	M

세부 공종명	규격	수량	단위
NE5100 신축이음	라이닝콘크리트	20,740	M
NE6100 철근 처짐 방지용 앵커		3,991	NR
NH 터널 부속 시설물		0	
NH1000 터널 명판 및 안내판	형식-1	6	NR
NH2000 갱문 및 기타			
NH2111 옹벽식 갱문, 2차로, 자연환기		4	NR
NH2112 옹벽식 갱문, 2차로, 기계환기		5	NR
NH2231 버드 빅 갱문, 2차로, 자연환기		2	NR
NH3000 영구시설물		0	
NH3500 환기시설		0	
NH3510 수직구		4	NR
NR 부대공			
NR1000 갱문 가시설		11	NR
NR2000 터널 내부 내장			
NR2010 터널 내부 도장	상부	0	M2
NR2020 터널 내부 타일 붙임	하부	100,000	M2
NR2020 터널 내 오염 도장		0	M2
NR3000 검사원통로 난간설치		22,686	M
NR4000 핸드레일		0	M
NE5110 배수 콘크리트	신축 이음	3,323	M
NR9000 기타 부대시설물		0	
NR9040 갱외 공동구		480	M
NR9050 갱외 공동구 환기구		0	NR
NR9070 방화문 설치		0	
NR9071 대인용		29	NR
NR9072 차량용		15	NR
NR9080 라이닝 식별표지판		2,671	NR
NR9090 입출구부 점검용 사다리		0	NR
NR9100 수직구 부대공			
NR9110 환기탑		4	NR
NR9120 수직구 유지관리시설		4	NR
NR9200 터널 안전 유도등		1,462	NR

세부 공종명	규격	수량	단위
BH 계측			
BH1220 지중변위 측정		459	NR
BH3100 내공변위 및 천단 침하		0	
BH3101 내공변위 측정		1,904	NR
BH3102 천단 침하 측정		733	NR
BH3300 록볼트 축력 측정		459	NR
BH3350 록볼트 인발 측정		4,024	NR
BH3360 지표침하 측정		0	NR
BH3400 숏크리트 응력 측정		743	NR
BH3500 영구 계측		0	
BH3510 콘크리트 라이닝 응력계		0	NR
BH3520 간극수압		0	NR
BH3530 록볼트 축력 측정		0	NR
BH3540 숏크리트 응력 측정		0	NR
BH3600 라이닝 응력 측정		0	NR

[표 4-24]의 세부 공종별 항목을 보면 터널 표준단면별 굴착, 폐석(버력)처리, 노무비, 상하부 단면의 지보설치, 그라우팅 및 보조지보공, 방수 및 배수 처리, 라이닝, 통기시설, 도장, 기타 갱 내외 부대시설, 계측 등에 이르기까지 필요한 수량과 단위가 상세히 기술되어 있음을 알 수 있다.

[표 4-25]는 [표 4-24]의 내용 중 숏크리트와 록볼트 등의 지보에 대한 단가 산출서를 예시한 것이다.

[표 4-25] **단가 산출서(숏크리트, 록볼트 등)**

산출 근거	재료비	노무비	경비	합계
록볼트(08품셈) L=7.0M/NR 절토부 L=7.0M ※ 시간당 천공길이(연암 2.85M/HR) : 품셈 제5장 기초공사. 작업능력 적용 시간당 천공길이는 천공구경에 반비례 A=0.105/0.045=2.33 Q1=2.85M/HR*A=6.64M/HR	73,579	106,527	16,174	196,280

산출 근거	재료비	노무비	경비	합계
1. 천공(D=45MM)				
가. 크로울러 드릴(17M3) : [E0071001]				
경비 : 10,113/6.64=1,523.0			1,523.0	1,523.0
노무비 : 21,654/6.64=3,261.1		3,261.1		3,261.1
나. AIR COMPRESSOR(600 C.F.M)+AIR HOSE 2.0INCH				
에어호스 2.0INCH[E0057314]				
경비 : 61/6.64=9.1			9.1	9.1
AIR COMPRESSOR(600 C.F.M) : [E0022041]				
경비 : 4,656/6.64=701.2			701.2	701.2
노무비 : 18,077/6.64=2,722.4	5,755	2,722.4		2,722.4
재료비 : 38,218/6.64=5,755.7				5,755.7
다. BIT(R=45MM)	223.2			
0.0036 M/EA*62,000=223.2				223.2
라. 인건비				
중급 기술자 : 0.36인*150,970/2.33/10M=2,332.5		2,332.5		2,332.5
보링공 : 1.03인*83,739/2.33/10M=3,701.7		3,701.7		3,701.7
특별 인부 : 0.69인*80,531/2.33/10M=2,384.8	42,450	2,384.8		2,384.8
소계 : 단위보정[1*7.1]		102,257	15,856	160,564
2. ROCKBOLT				
SN R=25*7M				
재료비 : 28,500*1SET*1.03=29,355.0	29,355			29,355
소계 :	29,355			29,355
3. GROUTING				
소요량 P=(3.14*0.045^2/4)*7.1*1.1				
(손실할증)=0.0124M3/SET				
가. 재료비				
(1) 시멘트 구입 및 운반				
배수공 BASIC[PB202A0000] 참조				
경비 : 13,178/1,000*1,400KG/M3*0.0124M3/SET=228.7			228.7	228.7
노무비 : 35,138/1,000*1,400KG/M3*0.0124M3/SET=609.9				
재료비 : 84,201/1,000*1,400KG/M3*0.0124 M3/SET=1,461.7		609.9		609.9
(2) 팽창제 : 1,800*14.0KG*0.0124M3/SET=312.4				
나. GROUTING PUMP(30~36L/MIN) : [E0030011]	1,461			1,461.7
SET당 2.5MIN(공내청소, 충전, 정착)으로 봄				
경비 : 1,482*2.5/60=61.7	312.4			312.4
다. GROUTING MIXER(2K.W) : [E0029011]				
경비 : 655*2.5/60=27.2				

산출 근거	재료비	노무비	경비	합계
라. 인건비				
중급 기능사 : 0.98인*107,821*0.0124=1,310.2		1,310.2		1,310.2
특별 인부 : 1.33인*80,531*0.0124=1,328.1		1,328.1		1,328.1
보통 인부 : 1.36인*60,547*0.0124=1,021.0		1,021.0		1,021.0
소계 :	1,774	4,269.2	317.6	6,360.9
전체 합계	73,579	106,527	16,174	196,280
Shotcrete(08품셈)/M2	8,452	2,206	3,499	14,157
1. 숏크리트				
전체 : M3=157.25M3 : M2=1,572.54M2				
CYCLE TIME 산정				
(1) 준비 : A1=10MIN				
(2) 뿜어 붙임 : Q=13*0.55*(1-0.1)=6.44MIN				
: A2=157.25M3/6.44*60=1,465.06MIN				
(3) 잔재제거 : A3=20MIN				
(4) 장비점검 : A4=10MIN				
계 T=1,505.06MIN				
가. 숏크리트 생산, 운반(B/P-현장)				
구조물공 BASIC[XB611F0000] 참조				
경비 : 17,922*1.10M3=19,714.2			19,714	19,714
노무비 : 12,870*1.10M3=14,157.0		14,157		14,157
재료비 : 64,438*1.10M3=70,881.8	70,881			70,881
소계 :단위보정[0.1]	7,088	1,415.7	1,971.4	10,475
나. 급결제				
숏크리트 생산에서 반영				
다. 유동화제				
숏크리트 생산에서 반영				
라. 기계 사용료				
(1) 분사로봇(13M3/HR) : 구조물공 BASIC[RB34300000]				
(콘크리트 펌프카 80M3/HR 손료기준)				
경비 : 39,828*T/60/157.25=6,353.3			6,353.3	6,353.3
재료비 : 31,229*T/60*1,465.06/T/157.25=4,849.2	4,849			4,849.2
(2) AIR COMPRESSOR(600 C.F.M) : [E0022041]				
경비 : 4,656*T/60/157.25=742.7			742.7	742.7
재료비 : 38,218*T/60*1,465.06/T/157.25=5,934.4	5,934			5,934.4

산출 근거	재료비	노무비	경비	합계
(3) AIR COMPRESSOR(125 C.F.M) : [E0022011]				
경비 : 1,746*(0.125+0.155)/2=244.4			244.4	244.4
노무비 : 18,077*(0.125+0.155)/2=2,530.7			2,530.7	2,530.7
재료비 : 10,083*(0.125+0.155)/2=1,411.6	1,411			1,411.6
(4) 크레인 50TON: [E0005071]				
높이 20M 이상의 사면은 크레인을 사용하여 타설해야 하나 20M 이상 타설면적 산출이 곤란하여 40%는 크레인 사용하여 타설로 계산				
경비 : 63,037*T/60/157.25*0.4=4,022.2			4,022.2	4,022.2
노무비 : 21,654*T/60/157.25*0.4=1,381.6			1,381.6	1,381.6
재료비 : 20,188*T/60*1,465.06/T/157.25*0.4=1,253.9	1,253			1,253.9
소 계 :단위보정[0.1]	1,344		,527.4	2,872.3
마. SHOTCRETING 노무비				
기계운전사 A1=2인*65,671=131,342.00				
특별 인부 A2=1인*80,531=80,531.00				
보통 인부 A3=3인*60,547=181,641.00				
소계 AS=A1+A2+A3=393,514.00				
노무비 LAL=AS*(T/480)/157.25=7,846.6		7,846.6		7,846.6
소계 : 단위보정[0.1]		784.6		784.6
바. PVC PIPE(D=50M/M)				
(1) 자재비				
재료비: 0.1(M)*1.02*1,930=196.8	196.8			196.8
(2) 노무비				
노무비: 60,547*0.001(인)=60.5		60.5		60.5
소계 :단위보정[0.1]	19.6	6.0		25.6
전체 합계	8,452	2,206	3,499	14,157
WIRE MESH/M2	2,323	62	43	2,428
1. 자재비(현장도착도)				
규격 : 4.8(M/M)*100*100				
: 3.1416*0.0048*2/4*1.0*20EA*7,850=2.84KG/M2				
재료비 : 2,236*1.03=2,303.0	2,303			2,303.0
소계	2,303			2,303.0

산출 근거	재료비	노무비	경비	합계
2. 운반비				
터널공 BASIC[XB60200000] 참조				
경비 : 14,780＝14,780.0			14,780	14,780
노무비 : 21,105＝21,105.0		21,105		21,105
재료비 : 16,300＝16,300.0	16,300			16,300
*** 단위보정 : 2.84(KG/M2)/1000*1.03				
소계 : 단위보정 [2.84/1000*1.03]	47.6	61.7	43.2	152.5
3. 고철대				
재료비 : －2.84*0.03KG*320＝－27.2	－27.2			－27.2
소계 :	－27.2			－27.2
전체 합계	2,323	62	43	2,428

공사를 시행하기 위해 필수적으로 거쳐야 할 비용산출 과정은 이와 같이 매우 복잡하고 정밀한 작업이다. 또한 각종 건설공정과 설계과정에 대한 많은 경험과 숙련을 요구한다. 실제로 비용산출은 공사의 입찰과 수주, 이익 창출 등 기업의 경제적인 활동과 직접적으로 연관되어 있어 설계와 시공 분야를 두루 파악하고, 10년 이상의 경험이 있는 엔지니어들이 참여하는 것이 보통이다.

Chapter 05

터널 굴착

Chapter 05 터널 굴착

터널의 설계와 시공은 매우 밀접한 관련을 가지고 있다. 다른 공학 분야와는 달리 지질을 대상으로 하는 공학분야의 특징은 지반조사 단계에서 주로 샘플링에 의해 자료가 획득되며 설계는 지반조사 자료에 의존하므로 지하 전체의 모든 상태를 세밀하고 정확하게 파악하기란 거의 불가능하다고 할 수 있다.

이러한 이유로 실제 시공 단계에서는 조사나 설계과정에서 예측하지 못했던 상황이 빈번히 나타날 수 있으며, 이를 해결하기 위해서는 시공 중에 조사된 지질자료를 반영하여 설계를 변경하는 피드백(feed back) 과정이 필요하다. 따라서 설계와 시공은 서로 보완적인 관계를 유지해야 한다. 시공에 종사하는 엔지니어는 설계과정에 대한 충분한 지식과 경험이 필요하고 시공과정에 대한 설계 자질도 역시 마찬가지이다.

터널의 굴착 방법은 크게 수십 년간 적용되어 온 천공발파에 의한 굴착공법과 비교적 최근에 급속히 발전하고 있는 기계 굴착에 의한 공법 두 가지로 나뉜다.

천공발파공법은 수십 년간 기본적으로 변화한 것은 없으나 장비나 발파기법 등을 개선하여 생산성과 경제성에서 많은 발전을 이루었다. 터널에서의 기계화 굴착공법은 단면의 모양과 크기가 일정하고 지질조건의 변화가 적은 장대 터널에서 주로 전단면 굴착기(tunnel boring machine)를 사용하여 이루어진다. 최근 기계화 굴착의 빈도가 증가하고 있기는 하나 적용 조건에 제약이 많아 천공발파에 의한 굴착이 여전히 우위에 있을 것으로 예상되며 특히 대단면 터널이나 공동의 건설에는 현재까지 천공발파가 유일한 방법이다.

[표 5-1] 굴착법의 특징과 장단점

	발파 굴착	기계 굴착
특징	• 천공한 공내에서 기폭된 화약의 폭발력을 이용하여 파쇄	• 비트를 이용한 기계력에 의해 암석을 절삭
장점	• 비용이 저렴하고 대규모 굴착에 유리 • 방법이 잘 알려져 있어 적용성이 높음 • 지질조건에 비교적 영향을 적게 받음 • 최근 다양한 기술의 개발로 정밀한 발파가 가능해짐	• 자동화된 장비에 의한 작업으로 안전성이 높고 노무비가 절감됨 • 주위 암반에 굴착 충격이 작으므로 지보나 보강비가 적게 듦 • 균열이 적고 지질조건이 일정할 경우 작업 효율이 높음 • 발생되는 쇄석의 크기와 모양이 대체로 일정하여 처리와 활용이 용이
단점	• 발파 충격에 의해 주변 암반이 손상될 위험이 있음 • 부석이나 여굴이 발생할 수 있음 • 지보나 보강비용이 많이 듦 • 기계 굴착에 비해 안전성이 떨어짐	• 장비 임차비 및 비트 소모에 의한 비용이 큼 • 지질조건 및 암질에 따라 작업 효율이 크게 영향을 받음 • 균열대가 크게 발달한 경우 적용이 어려움
적용 공법	• 일반 발파 공법 • 스무스블라스팅법 • 선균열 발파법 • 기타 조절 발파법	• 전단면 굴착(TBM) 공법 • 자유단면 굴착 공법 • 레이즈 보어링(raise boring) 공법 등

5.1 발파 굴착

5.1.1 발파 굴착의 특징

발파 굴착이란 터널의 진행방향을 따라 발파공을 천공하고 장약한 후 발파하여 터널을 굴진하는 공법을 말한다. 대부분의 터널은 발파를 통해 굴착하고 있으며 이는 주로 굴착비용이 기계굴착에 비하여 상대적으로 낮고, 고가의 장비가 필요하지 않으며, 굴착 기술이 보편화되어 있고, 터널의 굴진 방향이나 단면 크기의 조절 등이 용이하다는 점들에 기인한 것이다. 그러나 발파에 의한 굴착은, 발파 충격이 터널 주위 암반에 가해져 암반을 손상시킴으로써, 지보 비용이 상승하고 암질이 불량할 경우 적용하기 어려운 경우도 있으며 화약 취급에 전문성이 필요하다는 단점도 있다. 이러한 단점들을 극복하기 위해 조절 발파나 저진동 폭약 등 여러 가지 효율적인 발파 패턴에 대한 연구 개발이 활발히 진행되고 있다.

넓은 의미의 터널 설계에는 발파와 관련된 사항들, 즉 암질과 터널의 규모에 따른 발파공의 배치, 사용 화약, 기폭 방법 등에 대한 발파 설계가 포함되며, 발파 설계 및 발파 작업은 전문적인 면허가 있는 발파 엔지니어가 수행하고 있다. 발파는 그 공학적 범위가 넓고 현장 실무 위주여서 발파공학이라는 별도의 전문 분야로 구분된다. 여기에서는 세부적인 설명은 생략하였으며 필요한 경우 관련된 전문서적을 참고하기 권한다.

5.1.2 발파 굴착 계획

터널의 굴착은 터널의 크기와 암질 그리고 발파가 이루어지는 주변의 환경에 따라 설계가 이루어진다. 발파에 의한 터널의 굴착을 계획하는 데 가장 중요한 것은 전체 터널 단면을 어떠한 형태로 분할하여 굴착하는 것이 가장 적절할 것인가 하는 문제이다. 굴착 작업면을 어떻게 분할하는가에 따라 대체로 다음과 같이 나뉜다.

- 수평 천공에 의한 터널 전단면(full face) 굴착
- 수평 천공에 의한 터널 상부 반단면 굴착
- 수직 또는 수평 천공에 의한 터널 하부 반단면 벤치 굴착

암질이 양호하고 단면이 소형일 경우에는 전단면을 한 번에 굴착하는 전단면 굴착을 시행할 수도 있으나 암질이 불량하고 단면이 클수록 단면을 여러 부분으로 나누어 순차적으로 굴착하는 부분 굴착을 적용하여 굴착 중에 발생할 수 있는 붕괴 사고를 방지하고 지보 시공을 용이하게 할 수 있다. 부분 굴착 시 대규모 지하공동에

서와 같이 단면이 큰 경우에서는 여러 개로 나누지만 도로나 철도 터널에서는 상하부 단면으로 단순히 나누는 경우가 보통이다.

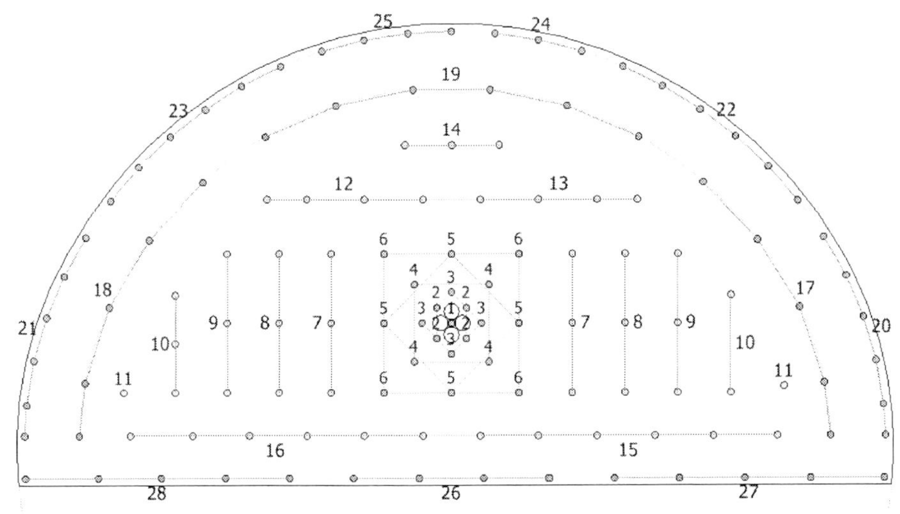

[그림 5-1] 상하 반단면 분할 굴착 시 상부 반단면 발파 패턴 설계 예

[그림 5-1]은 2단 굴착 시 상부 굴착면에 발파공의 배치를 설계한 도면이다. 발파공 주위의 숫자는 뇌관 기폭 순서를 나타낸다. 발파설계에는 기폭 순서 이외에도 발파공의 위치, 방향 및 심도, 사용 화약의 종류와 양 등이 포함된다.

가. 전단면 굴착

전단면(full face) 굴착은 암반이 양호하거나 단면의 크기가 작을 때 적합한 방법이다. 터널의 전체 단면을 한 번에 발파하며 공기를 단축할 수 있고 부분 굴착에서 나타나는 터널 벽면에서의 불필요한 응력집중 현상도 방지할 수 있다. 터널의 굴착은 가급적 전단면 굴착을 하는 것이 바람직하나, 단면의 크기가 커지면 일회 발파에 사용되는 화약의 양이 많아지므로 주위 암반에 가해지는 충격이 커져 암반에 손상을 줄 수 있다. 암질이 불량하면 굴착 도중에 붕락이 발생할 가능성이 높아지는 등 적용할 수 없는 경우도 있다.

나. 부분면 굴착

최근 도로나 철도 터널은 점차 단면의 크기가 커지는 경향이 있어 부분면 굴착이 대부분 사용되고 있다. 부분면 굴착에서 단면의 분할계획을 수립할 때는 다음의 조건들을 고려하여 결정한다.

- 천공장비의 작업 범위와 지보 설치장비의 운영이 가능한 높이
- 암질에 따라 결정되는 터널의 무지보 유지 가능 폭(span)
- 무지보 유지 가능 폭을 제한할 수 있는 연약대의 존재
- 발파 진동의 제어를 위해 화약량이 제한을 받는 경우
- 발파 단면의 크기에 영향을 받는 발파공의 천공장

(1) 상부 단면

경제성을 고려할 때 발파 단면은 커질수록 유리하다. 대규모 지하공동의 경우 상부 갤러리 터널의 크기는 100~120m^{2}에 이르기도 하지만 일반적인 이차로의 도로터널에서는 공동의 절반 정도 크기가 보통이며, 암질이 불량할 경우 더 작아질 수도 있다. [그림 5-2]는 터널에서부터 대규모 공동까지 다양한 폭에 대한 상부 단면의 분할 예이다.

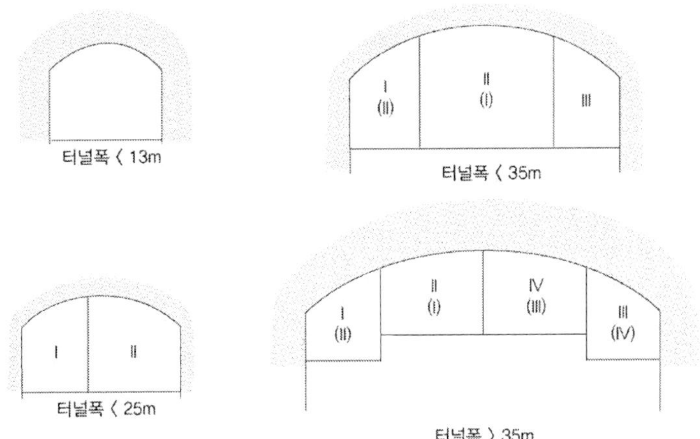

주 : 굴착 분할면 내의 숫자는 굴착 순서를 나타냄. 괄호 속의 숫자는 변경 가능한 순서의 예

[그림 5-2] 폭의 규모에 따른 상부 단면의 분할과 굴착 순서[Berthelsen O.J. et al (b), 1992]

분할된 단면의 굴착 순서는 지보 시공이 시급한 부분부터 시작하며 이는 주로 절리의 발달 방향에 영향을 받는다. 즉, 천반의 우측부에 미끄러짐이 예상되는 절리가 발달되어 있다면 이 부분을 분할하여 먼저 굴착한 후 초기 지보를 시공하여 안정성을 확보하고 순차적으로 상부 단면을 확장해 나가는 방식이다. 그렇지 않은 경우에는 중앙에서 측면부로 확장하며, 약 10m 내외의 터널에서는 상부 단면을 한 번에 굴착한다.

분할된 단면의 굴착 간격은 선행 단면이 2~3회 이상의 작업 사이클을 거쳐 전진한 후 10m 이상의 차이를 두어 다음 단면을 굴착하는 방법과 약간의 차이만을 두고 연속적으로 굴진하는 방법이 있으며, 암질과 장비의 효율적인 운영을 고려하여 결정할 수 있다. 전자는 암질이 불량한 경우에 적합하며 하나의 천공 장비나 운반 장비를 두 개의 작업면에서 사용할 수 있는 장점이 있다. 후자는 굴진 속도가 빠른 장점이 있으나 이를 선택할 경우에는 특히 발파에 의한 충격이 다음 단면의 작업에 지장을 주지 않도록 비전기식 뇌관을 사용하는 등의 주의가 필요하다.

(2) 하부 단면

벤치 발파는 자유면이 두 개 이상이어서 발파효율이 높아 굴착비용이 저렴하다. 따라서 터널의 하부 단면을 굴착할 때에는 주로 벤치 발파법을 적용한다. 하부 단면의 굴착 시에는 이미 천반부에 대한 지보가 상부 단면 굴착 후 설치되었으므로 지보에 소요되는 비용도 낮다.

터널에서의 하부 단면에 대한 벤치 발파에는 벤치 단 위에서 천공하는 수직 천공의 경우가 이전 발파에서 발생한 폐석 처리작업에 지장을 주지 않는다. 이에 따라 수평천공에 의한 발파보다 선호되나, 정밀한 바닥면 발파가 필요할 때에는 수평천공을 실시하기도 한다. 수직천공 장비로는 주로 크롤러 드릴(crawler drill)이 사용되며, 수평천공에는 일반적인 점보 드릴이 사용된다. 최근 점보 드릴의 작업능률이 획기적으로 향상됨에 따라 수평천공에 의한 벤치 굴착 효율이 충분히 향상되었다.

부분면 굴착에서는 벤치의 크기와 굴착방법에 따라 여러 가지 변형된 방법들이 적용되고 있다. [그림 5-3]과 [표 5-2]에는 이들 중 대표적인 방법들을 소개하였다. NATM에서는 지보설치 시기의 조절이 중요한 부분이므로 이를 위해 전단면이나 숏벤치 공법을 적용하는 경우가 많다.

굴착 공법	공법 개요
전단면 공법	
롱벤치컷 공법	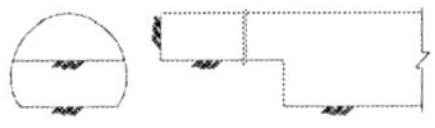
숏벤치컷 공법	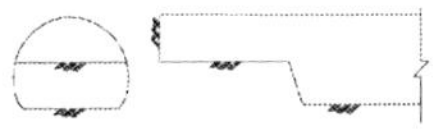
다단 벤치컷 공법	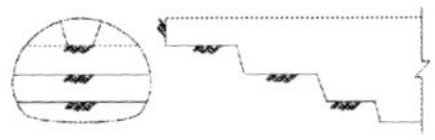
미니벤치컷 공법	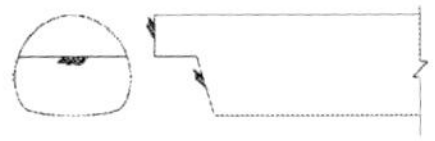
side pilot 공법	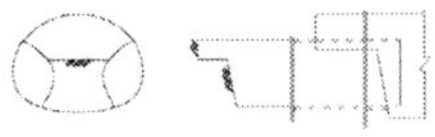

[그림 5-3] 여러 가지 터널 굴착 공법

[표 5-2] 터널에서의 굴착공법과 적용조건

굴착공법		적용 조건		
		지질	터널 단면	터널 연장 및 공기
전단면 공법		• 굴진면이 자립되지 않는 불량한 원지반은 부적당 • 양호한 토질이 많아도 불량 지질이 산재되어 있으면 부적당	도로 철도복선($60m^2$) 이상에서는 극히 안정된 지반, 단선($30m^2$)급에서는 비교적 안전한 지반. 소단면에서의 일반적 시공법	대단면에서는 시공기계가 대규모이기 때문에 짧은 터널에서는 비경제적
벤치컷	롱벤치 공법	• 전단면 공법에 비해 적용 범위가 넓음 • 지지력이 부족하거나 토압이 큰 원지반에는 적용 곤란	전단면 공법으로는 굴진면이 자립되지 않는 원지반. 단, 비교적 안정되어 있고, 시공 중에 인버트 폐합이 필요 없는 경우. 중단면 이상의 일반적 시공법	상반, 하반을 병진하지 않을 때는 장대 터널에서 공기가 길어짐
	숏벤치 공법	토사 원지반부터 팽창성 지반까지 가장 일반적인 시공법	중단면 이상의 일반적인 시공법	보통 굴진면에서 30m이내 또는 30일 이내에 인버트를 폐합

<table>
<tr><th colspan="2" rowspan="2">굴착공법</th><th colspan="3">적용 조건</th></tr>
<tr><th>지질</th><th>터널 단면</th><th>터널 연장 및 공기</th></tr>
<tr><td rowspan="3">벤치컷</td><td>다단 벤치 공법</td><td>• 굴진면의 자립이 어려운 원지반
• 대단면에서는 거의 모든 원지반</td><td>• 중단면 이상에서 굴진면의 자립이 어려울 때
• 대단면에서 시공기계의 높이가 부족할 때</td><td>특별한 문제가 없음</td></tr>
<tr><td>미니 벤치 공법</td><td>• 지지력이 부족한 원지반에서 침하를 최소로 할 경우
• 팽창성 원지반에서 조기에 전부 지보를 시공할 경우
• 도시 터널 굴착 시 침하 억제 시</td><td>• 보통 중소단면까지
• 대단면에는 시공기계의 가대 등이 필요</td><td>기계설비등에 따라서는 상반, 하반의 병행작업이 곤란하여 공기가 길어질 경우가 있음</td></tr>
<tr><td>임시 invert 공법</td><td>• 숏벤치 공법으로 침하가 크게 되었을 경우의 대책에 하나
• 도시 터널 시 침하 억제</td><td></td><td>도시 터널에서 침하를 억제시키려는 경우</td></tr>
<tr><td colspan="2">side pilot 공법</td><td>• 지지력이 부족한 원지반에서 침하를 최소할 때
• 가축구조로 할 수 없으므로 팽창성이 현저한 원지반에는 적용 곤란</td><td>• 중소단면에서는 적용 불가
• 비교적 대단면 적용</td><td>일반적으로 전 굴진면의 병행작업이 불가능하므로 장대 터널에서는 공기의 여유가 필요</td></tr>
</table>

5.1.3 작업 사이클

일반적으로 발파에 의한 굴착 작업의 사이클은 다음과 같은 순서로 구성된다.

(1) 발파공 천공

(2) 화약의 장약

(3) 발파

(4) 배연(통기)

(5) 부석 제거

(6) 폐석 처리

(7) 초기 지보 설치

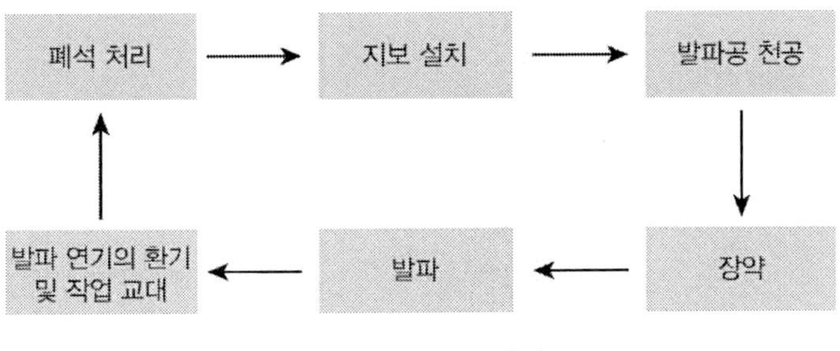

[그림 5-4] 작업 사이클

터널 굴진 작업에서 한 작업 사이클에 소요되는 시간은 보통 6~8시간 정도이고 굴진장은 암질의 양호한 정도에 따라 약 80cm부터 3.5m이며, 각 사이클 사이에 작업자들의 교대가 이루어진다. 터널 굴진 현장에서는 작업자의 교대에 소요되는 시간의 손실을 줄이기 위해, 교대시간 동안 발파로 인해 발생한 화약연기와 분진 등을 제거하기 위한 통기작업을 실시한다. 따라서 실제현장에서의 작업 사이클은 위의 (5) 부석처리에서 시작하여 (3) 발파까지 한 작업조가 처리하고, 작업조의 교대시간 동안 (4) 배연작업이 이루어진다. 대구경 터널에서 상하부 단면으로 나누어 발파작업이 이루어지는 경우에는 상부 반단면의 굴진이 선행되고 이후 벤치 발파에 의한 하부 굴진이 진행된다.

가. 발파공 천공

발파공은 유압 충격식 점보 드릴을 시용하여 천공한다. [그림 5-5]는 터널의 굴착 작업장에서 보통 사용되는 대표적인 점보 드릴의 구조도이다. 점보 드릴에 의한 발파공은 지름 27~51mm이고 천공속도는 경암인 화강암에서 분당 1m 정도이다. 천공장은 암질에 따라 다르나 보통 2~4m 정도이며 발파 후 천공장의 약 90% 정도가 굴진된다. [그림 5-6]은 점보 드릴에서 사용되는 착암용 비트이다.

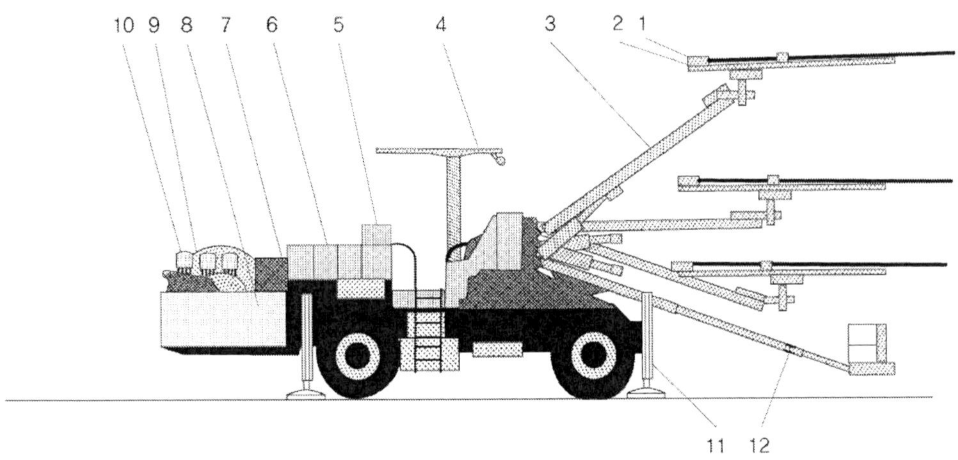

1	Rock drill	7	Oiler and compressor for lubrication
2	Chain feed	8	Water pump
3	Boom	9	Automatic cable reel
4	Safety canopy	10	Hydraulic powerpack
5	Oil cooler	11	Hydraulic Jck
6	Main switch-board	12	Service and loading basket

After Tamrock(1986)

[그림 5-5] 점보 드릴의 구조

[그림 5-6] 착암용 비트

[그림 5-7]은 터널 작업장에서 주로 사용되는 점보 드릴과 크롤러 드릴의 모습이며, [그림 5-8]은 굴착 단면적에 따른 적절한 발파공의 크기를 나타내고 있다.

[그림 5-7] 점보 드릴 / 크롤러 드릴

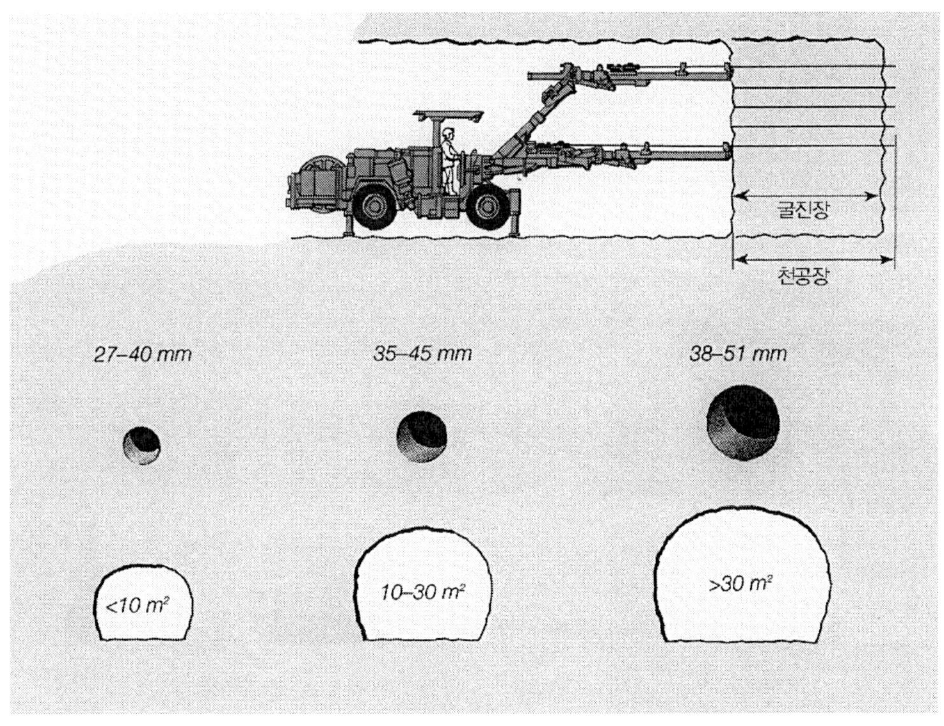

[그림 5-8] 굴착 단면적에 따른 발파공의 크기

[그림 5-9]에서 볼 수 있듯이 천공 장비는 초기의 개인용 수동식 착암기에서부터 유압식 점보 드릴에 이르기까지 크게 발전하여 작업효율이 매우 높아졌다.

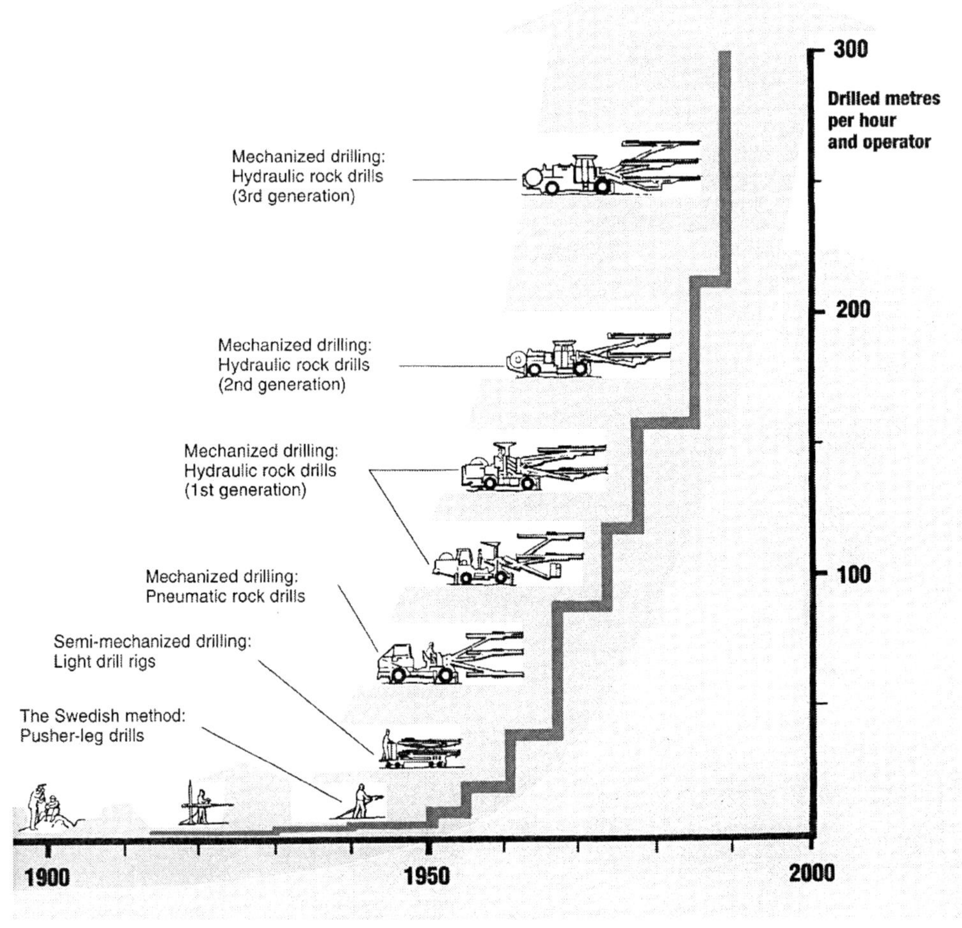

[그림 5-9] 천공 장비의 발달

나. 장약과 발파

화약류는 화약과 폭약, 그리고 화공품으로 나누어진다. 연소에 의해서 탄환 등의 물체를 추진시키는 것을 화약이라 하고, 물체를 폭발시키기 위해 사용되는 것을 폭약이라 한다. 화공품은 화약이나 폭약의 연소, 또는 폭발을 촉진시키거나 전달하는 것을 말한다. 국내에서는 ㈜한화와 ㈜고려노벨화약의 2개 회사가 상업용 폭약과 화공품을 제조하고 있다. [표 5-3]은 국내에서 생산되는 상업용 폭약의 종류 및 제품별 특징을 나타낸 것이다. 생산되는 폭약의 종류에는 크게 다이너마이트와 에멀젼, 벌크에멀젼, ANFO 등의 4종류가 있으며, 다이너마이트는 ㈜한화에서만 생산한다. 정밀폭약은 에멀젼을 이용하여 특수 포장된 폭약으로써 터널 발파 시 최외곽공에 사용한다.

[표 5-3] 국내에서 생산되는 상업용 폭약의 종류와 특성

폭약종류	폭발속도 (m/s)	가비중 (g/cc)	폭발열 (kcal/kg)	가스량 (L/kg)	낙추감도 (cm)	내한성 (℃)	내수성
교질 다이너마이트	6,100	1.3~1.5	1,152	880	50	−20	우수
에멀젼	5,700~5,900	1.1~1.3	880~1,165	736~888	100	−20	최우수
벌크에멀젼	5,500~6,000	1.15~1.25	650~720	100~1,020	100~996	−20	매우 우수~최우수
ANFO	3,300	0.75~0.9	1,100	970~975	50~100 이상	−20~−30	취약
정밀폭약	4,200~4,400	1.0~1.25	640~980	100 이상~900	100~874	−20	매우 우수~최우수

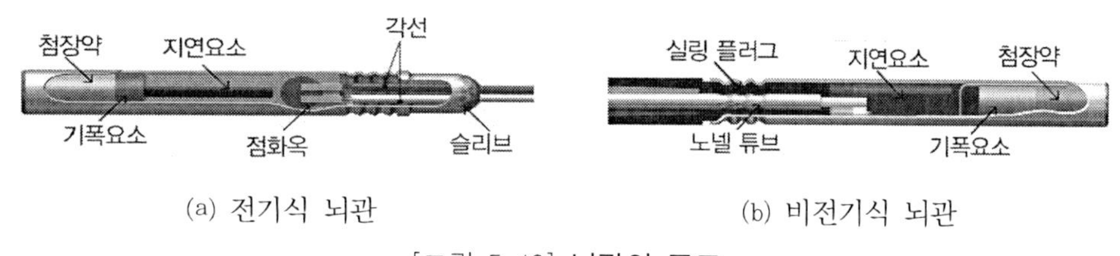

(a) 전기식 뇌관 (b) 비전기식 뇌관

[그림 5-10] 뇌관의 구조

뇌관은 화공품으로 분류되며, 폭발 감도가 매우 높고 작은 충격이나 열에 쉽게 폭발하는 기폭약이다. 다이너마이트 등과 같이 폭발 감도가 낮은 공업용 폭약을 폭발시

키기 위해서는 기폭약이 들어 있는 뇌관을 사용해야 한다. 뇌관에는 여러 종류가 있으나 터널의 발파작업에는 주로 전기뇌관이 사용되는데, 전기뇌관은 일반적인 공업 뇌관의 윗부분에 전기점화장치를 설치한 것이다. 폭발과정을 살펴보면 각선에 전기가 통하면 백금선이 가열되면서 면화약 등으로 구성된 점화약이 발화하고, 계속해서 뇌관이 점폭하면서 폭약 전부가 폭발한다. 전기뇌관은 기폭 단차에 따라 순발 전기뇌관과 지발 전기뇌관으로 나뉜다.

[그림 5-11] 뇌관의 결선 모습

화약류는 위험한 물질이므로 엄격히 관리되어야 하며 화약류관리기사 자격을 갖춘 엔지니어만이 다룰 수 있다. 화약류 관리기사는 화약류의 취급, 장약, 기폭과정과 발파로 인해 발생하는 비산석이나 발파진동의 조절 등의 문제를 다룬다.

[그림 5-12] 대단면 터널에서 장약기에 의한 화약의 장약 모습

발파공에 화약을 장약하는 것은 발파공의 천공이 완전히 끝난 후 실시한다. 장약 시에는 화약을 기폭시키는 뇌관도 함께 설치하며 뇌관은 전선을 통해 발파기에 연결된다. 장약은 고형 화약인 다이너마이트와 같은 경우 손으로 하며, 액상 화약인 ANFO나 슬러리 등은 장약기를 사용한다.

기폭작업은 작업자와 장비가 안전한 곳으로 대피한 후 실시한다. 발파 직후에는 폭발 시 발생한 연기가 작업장에 가득 차게 되므로 즉시 송풍기를 가동하고, 필요한 경우 국부 선풍기를 가동하여 배연작업을 실시한다. 배연작업에는 보통 20~30분 정도가 소요되는데 이때 작업조의 교대가 이루어지는 것이 보통이다.

다. 부석 제거

발파에 의해 굴착이 이루어지면 발파충격에 의하여 굴착된 암반벽면에 부분적으로 손상된 부분들이 발생한다. 발파 직후에는 손상된 암석들이 암반에서 이탈되지 않을지라도 시간이 경과하면 결국 떨어져 나와 작업자와 장비에 손상을 입히게 될 가능성이 크다. 따라서 작업장의 안전을 확보하고 암반 벽면의 손상대를 제거하기 위해 부석 제거 작업을 실시한다. 초기에는 철봉으로 타격하여 부석을 암반으로부터 이탈시켰으나, 터널의 규모가 커지면서 작업능률을 높이기 위해 최근에는 브레이커를 이용하고 있다.

부석의 제거는 작업자의 안전을 위하고 시공될 지보의 효과를 높이기 위해 매우 주의를 기울여 실시해야 하며, 육안으로 부석의 여부를 판별하기 위해서는 숙련된 굴착 엔지니어가 필요하다.

[그림 5-13] 브레이커를 이용한 부석 제거

라. 폐석 처리

터널 작업장에서는 보통 공기타이어 방식의 로더(loader)와 트럭을 조합 운영하여 폐석을 갱외로 운반한다. 적재장비로 사용되는 로더는 프론트엔드 로더(front-end loader)나 LHD(Load Haul Dump unit)이며 트럭은 20톤 또는 40톤 정도의 용량이다. [그림 5-15]는 작업장에서 로더를 이용하여 트럭에 폐석을 적재하는 모습이다.

[그림 5-14] LHD

[그림 5-15] 터널 작업장에서의 폐석 적재

마. 지보 시공

매 작업 사이클마다 지보를 시공하는 것이 일반적이나, 암반이 양호하여 무지보 유지기간이 긴 경우에는 수회의 발파가 이루어진 후 실시하는 경우도 있다. 매 작업 사이클에 포함되는 지보의 종류는 보통 일차 숏크리트의 타설이며, 이후 작업장에서 굴착 사이클이 계속 진행되는 동안 후방에서 강지보나 록볼트, 이차 숏크리트 지보의 설치 작업이 진행된다. 지보의 시공은 터널 공학에서 매우 중요한 부분을 차지하고 있어 다음의 6장에서 다시 자세하게 설명하기로 한다.

5.2 기계화 시공

터널의 기계화 시공법은 사용되는 굴착장비의 특성에 따라 [그림 5-16]과 같이 분류한다. 실드의 유무, 지보 시스템, 그리고 반력을 가하는 방법 등이 분류기준으로 사용되었으며, 이 외에도 특수하게 수직갱 굴착에 사용되는 RBM(Raise Boring Machine) 공법과 RC(Raise Climber) 공법 등이 있다.

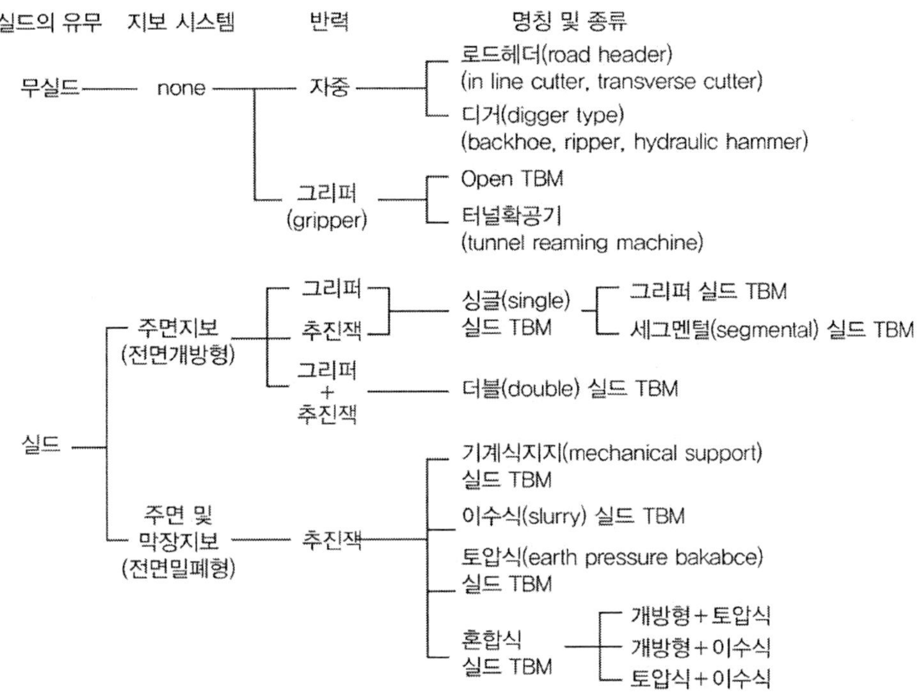

[그림 5-16] 터널 기계화 시공법의 분류기준안(한국터널공학회, 2001)

5.2.1 전단면 굴착

전단면 굴착 공법에는 Open TBM과 실드(shield) TBM이라는 장비가 사용된다. 여기서 'Open'이란 용어는 실드 TBM에 대응하는 말로서, 실드가 없다는 뜻으로 그냥 TBM이라고도 한다. TBM은 스스로 전진하면서 굴착하고 굴착된 암편을 갱외로 이송하는 전 공정을 연속적으로 할 수 있다. 굴착 원리는 수평방향으로 대형의 원형 터널을 시추하는 것과 같은 방식이다. [그림 5-17]은 TBM의 구조이고 [그림 5-18]은 TBM의 모습이다. 보통 TBM의 직경은 6~15m에 이르며 길이는 운반 장치를 포함하여 100m 내외, 무게는 대형의 경우 수백 톤에 달한다.

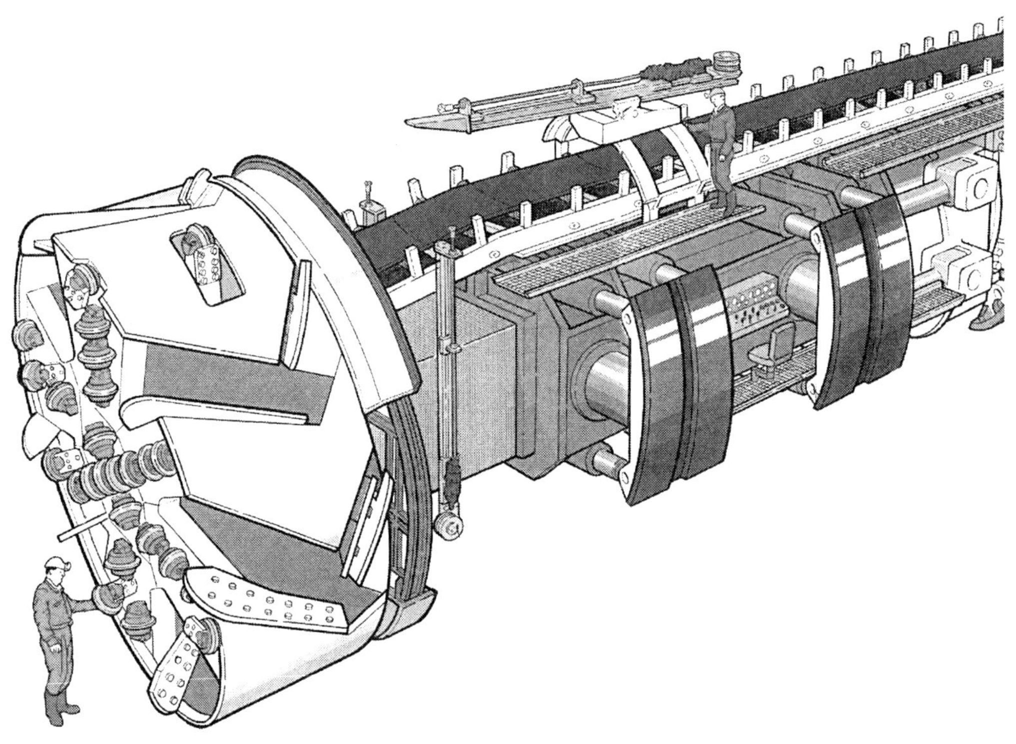

[그림 5-17] TBM의 구조

[그림 5-18] 전단면 굴착에 사용되는 TBM

TBM의 앞부분에는 회전하는 커터 헤드(cutter head)가 있으며 헤드의 지름은 터널 단면의 크기와 같다. 헤드에는 암석을 절삭하는 수십 개의 비트가 장착되어 추진하면서 회전하는 헤드의 힘에 의해 암석을 절삭한다. TBM에서 사용되는 비트는 [그림 5-19]와 같이 디스크 형이 많이 사용되고 있다.

[그림 5-19] TBM에 사용되는 디스크 커터

절삭된 암편은 [그림 5-20]과 같이 커터 헤드가 회전할 때 헤드의 주변부에 장치되어 있는 쇼벨(shovel)에 자동으로 담겨져 몸체 내부의 컨베이어로 이송된다.

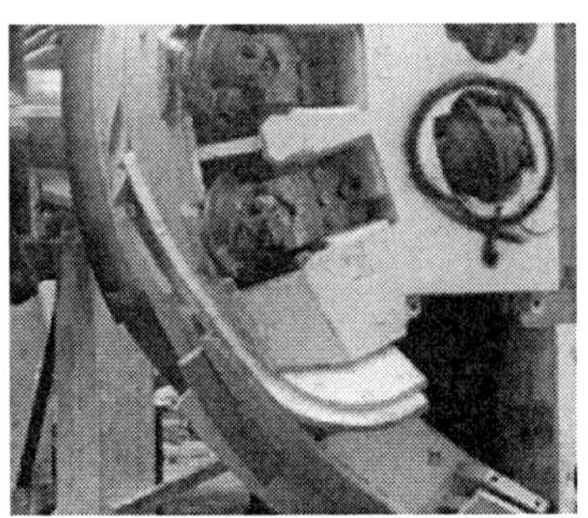

[그림 5-20] 절삭된 암편을 담아서 후방으로 이송하는 쇼벨

커터 헤드의 후방에는 TBM의 몸체가 위치하며 몸체에는 헤드를 회전시키는 장치와 헤드를 추진시킬 때 몸체를 고정시킬 수 있는 유압식 램(ram)이 있다. [그림 5-21]은 유압식 램을 이용하여 순차적으로 TBM을 전진시키는 원리를 보여주고 있다.

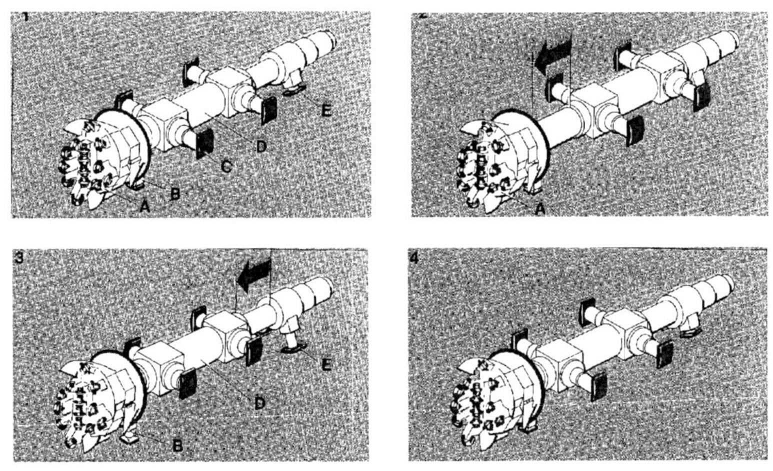

[그림 5-21] 유압식 램을 이용한 TBM의 전진 원리

TBM은 굴착과 폐석 처리 등이 연속적으로 자동화되어 처리되므로 연속 굴진이 이루어질 수 있는 장비이다. 따라서 굴진 속도가 향상되고, 절삭하며 굴진하므로 주위 암반을 손상시키지 않아 지보 비용이 적어진다. 또 작업이 안전한 점 등의 장점이 있다. 그러나 경암일 경우 비트 소모량이 많아 굴진비가 과대해질 우려가 있다. 장비가 대형이므로 굴진 준비작업에 비용과 시간이 많이 필요하여 짧은 구간의 굴진에 적합하지 않고, 암질의 변화가 많을 경우 이에 대처하기 어려우며 굴진 방향을 조절하기 힘든 단점이 있다.

실드 TBM 공법은 연약 암반층이나 토사 지반층의 전단면 굴착에 적용되는 공법이다. 굴착면 근처의 무보강 부분을 실드로 보호하면서 굴착하고, 굴착부 후방은 세그먼트라 불리는 콘크리트 라이닝 조각을 조립하여 보강한다. 지반의 자립성이 낮으므로 굴착면이 붕괴되지 않으려면 특별한 조치가 필요한데, 굴착면 유지 방법에 따라 토압식 실드와 이수식 실드로 구분된다. 최근에는 두 가지 방법이 모두 적용 가능한 혼합식 실드도 개발되어 사용되고 있다.

TBM이 반력을 얻기 위해 그립퍼(gripper)를 사용하는 데 반해 대부분의 실드 TBM은 추진잭을 이용하여 세그먼트를 밀면서 반력을 얻어 전진한다. 세그먼트의 설치과정이나 기계의 전진과정에는 굴착이 불가능하므로 실제 굴착시간을 늘이기 위해 추진잭과 더불어 그립퍼도 병행하여 사용하는 더블 실드가 개발되어 사용되고 있다. 더블 실드의 경우, 세그먼트의 설치 과정 중에도 굴착이 가능하다. 더블 실드 TBM의 굴진과정은 [그림 5-22]와 같다.

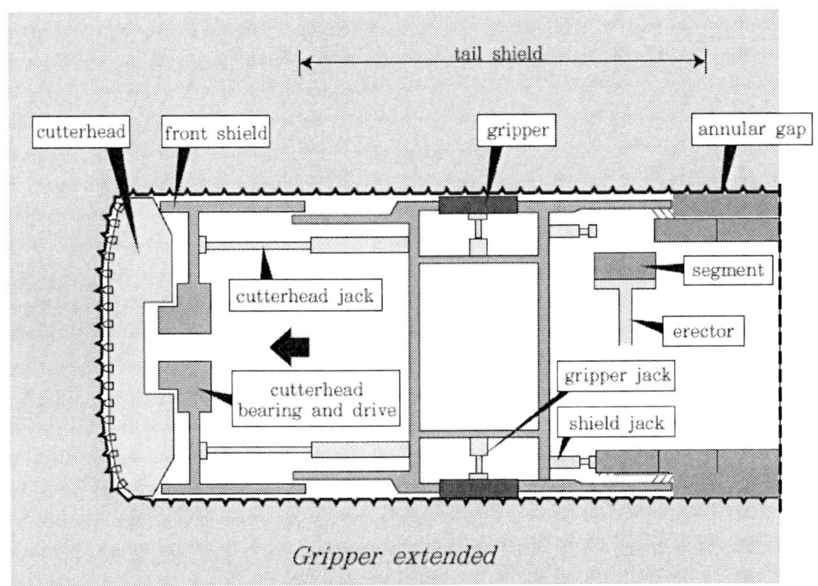

a. Stroke and installation of segmental lining

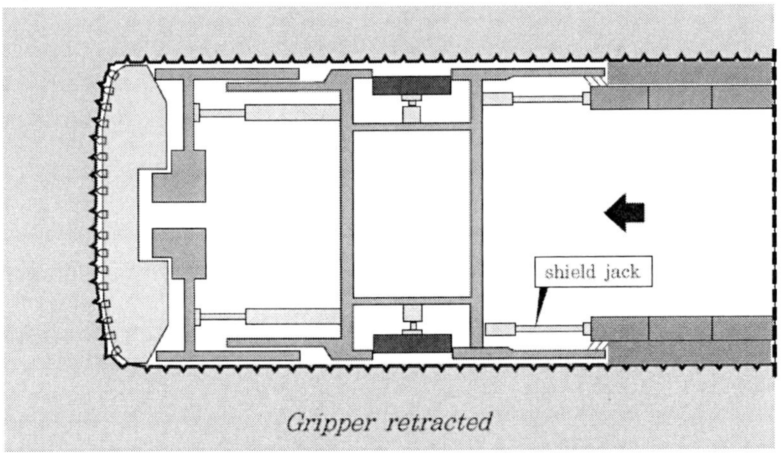

b. Pushing forward of the tail shield

[그림 5-22] 더블 실드 TBM의 굴진과정(한국터널공학회, 2008)

TBM에 사용되는 디스크 커터는 매우 발전된 형태의 암석 절삭용 커터이다. [그림 5-23]은 암석 절삭용 커터의 발전 과정과 디스크 커터의 장점을 보여준다.

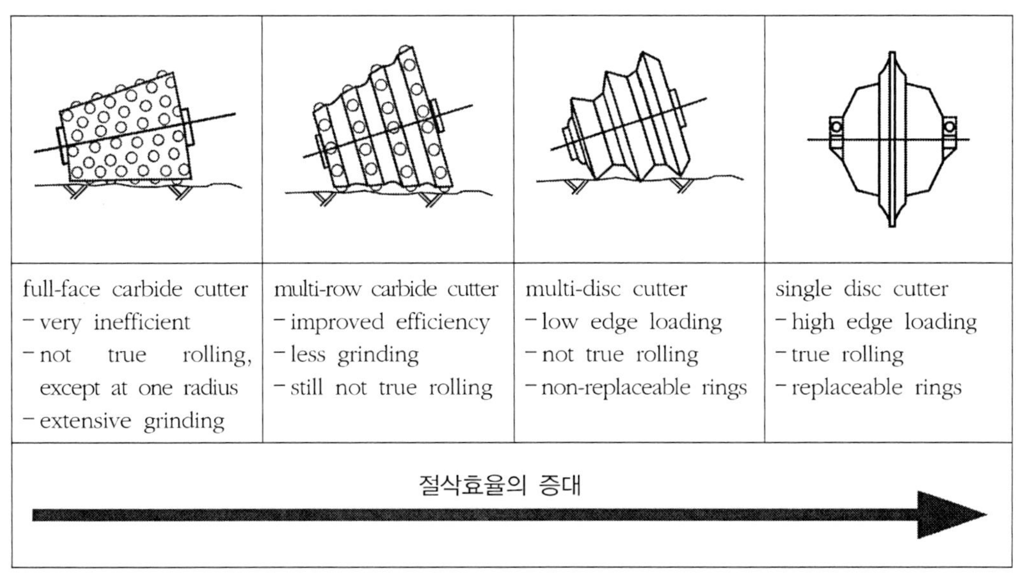

[그림 5-23] 암반 절삭용 커터의 발전과 디스크 커터의 장점(한국터널공학회, 2008)

디스크 커터는 [그림 5-24]와 같이 암반에 큰 힘을 가하여 균열을 발생시킴으로써 암반을 절삭한다, 효율을 극대화하려면 커터의 간격(S)과 침투깊이(P)의 비가 적절한 범위에 있어야 하는데, 보통 10~20이 적당한 것으로 알려져 있다.

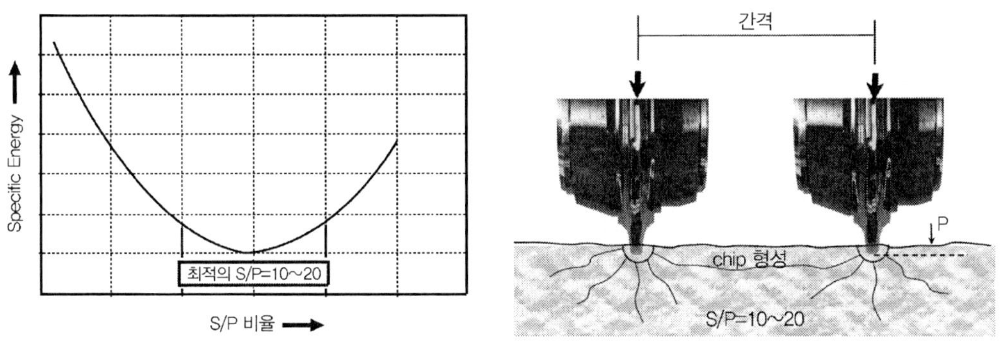

[그림 5-24] S/P 비율과 절삭 비에너지 관계로부터 최적 절삭조건의 도출개념(한국터널공학회, 2008)

커터 헤드에 장착된 디스크 커터의 개수는 지반조건에 따라 선정된 커터 간격(S)과 TBM 직경 D에 좌우된다. 커터 헤드에 한 종류의 디스크 커터만 장착하여 커터 간격이 모두 동일한 경우, 디스크 커터의 개수는 $n \approx \frac{D}{2S}$으로 계산할 수 있다. 예를 들어, 커터 간격 S가 65mm이고, TBM 직경 D가 10m인 경우 디스크 커터 소요 개수는 대략 77개가 된다.

5.2.2 자유단면 굴착

자유단면 굴착 공법이란 기계장비를 이용해 원하는 부분을 부분적으로 굴착하는 공법이다. 따라서 터널 굴착과 같이 정형화된 작업에서보다는 지하공간의 굴착과 같이 다양한 형상이 요구되는 굴착작업에 보다 적합하다.

[그림 5-25]는 자유단면 굴착에서 가장 많이 사용되는 부분 굴착기(partial excavator)의 모습이다. 이 장비는 구조에서 점보 드릴과 유사하게 붐이 장착되어 있으나 붐 끝에는 착암기 대신 굴착을 위해 치즐형 비트가 장착된 회전식 헤드가 부착되어 있다. 굴착된 암석은 장비 아랫부분에 장치된 개더링 암 로더(gathering arm loader)에 의해 모아져 체인 컨베이어를 통해 후방으로 배출된 후 트럭에 실린다. 이 장비는 노천에서도 광범위하게 사용되며 주로 연암의 굴착에 적합하다.

[그림 5-25] 부분 굴착기

[그림 5-26] 장공 착암기가 부착된 부분 굴착기

[그림 5-26]은 부분 굴착기의 한 종류로서 공의 천공을 위한 착암기와 부분 굴착기가 함께 장착된 형태이다. 이 외에도 수직 터널의 굴착에 사용되는 레이즈 보링 머신이 있다. [그림 5-27]은 상하부 수평 터널을 연결하는 수직 터널을 굴착하기 위해 레이즈 보링 머신을 사용하는 원리와 원뿔형 비트를 여러 개 장착한 커터 헤드의 모습이다.

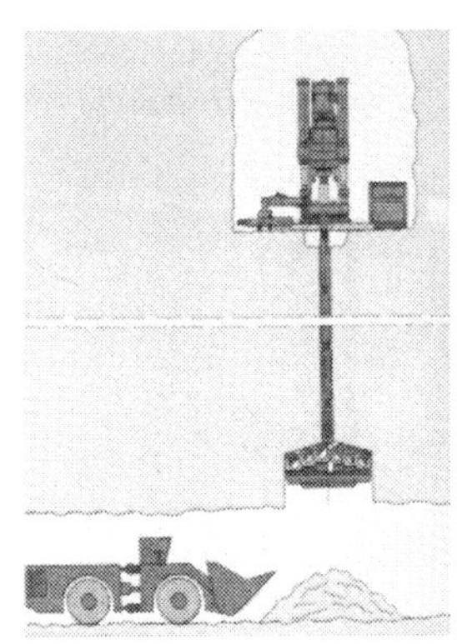

[그림 5-27] 레이즈 보링 머신의 굴착원리와 커터 헤드

Chapter 06

지보 시공

Chapter 06 지보 시공

굴착 후 모습을 드러낸 터널 천반과 측벽부에는, 안정적인 작업장을 확보하기 위해 즉시 초기지보를 시공한다. 이 과정은 앞에서 설명한 굴착작업 사이클에 포함된다. 보통 초기 지보로 사용되는 지보재로는 지보 효과가 빨리 나타나고, 기계에 의한 시공이 용이한 숏크리트가 대표적이다. 이후 발파에 의한 비산석의 직접적인 충격 영향 범위를 넘을 정도로 작업장이 전진하면 영구지보를 시공한다. 영구지보는 강지보, 록볼트, 숏크리트 등을 혼용하여 설계에 따라 적절히 시공한다.

작업장의 암질이 매우 불량하여 다음 작업 사이클이 시작될 때까지 작업면의 안정성 확보가 어려울 때에는 보조 지보공법으로 미굴착된 작업장의 전방 상부에 포어폴링(forepoling)이나 강관다단 그라우팅을 실시하는 경우도 있다. 또 굴진면에 그라우팅이나 숏크리트를 타설하기도 한다. 초기 지보는 짧은 기간 동안 작업장의 안정성 확보를 위해 시공하나 장기적으로 볼 때에는 전체 지보 시스템의 일부가 되도록 설계하는 것이 바람직하다.

6.1 숏크리트 지보

숏크리트 지보는 NATM 시공에서 록볼트 지보와 함께 주요 지보재의 하나로 활용되고 있다. 특히 NATM 시공에서는 굴착 후 암반에 변형이 일어나 이완현상이 일어나면 원암반이 손상되어 자체 지지력을 잃게 된다. 이를 방지하기 위해 초기 변형을 억제하는 것이 가장 중요하다. 이러한 점에서 숏크리트 지보는 록볼트 지보와 함께 NATM의 개념에 가장 적합한 지보방법 중 하나라고 할 수 있다.

숏크리트(shotcrete)라는 이름은 콘크리트를 뿜어 붙인다는 의미를 가지고 있으며 초기에는 시멘트 건(cement gun)이나 스프레이드 콘크리트(sprayed concrete)라는 이름으로 통용되었다. 지금은 숏크리트라는 이름으로 통일되었다. 최근 콘크리트에 강섬유(steel fiber)를 혼입하여 시공하는 강섬유 보강 숏크리트를 파이버크리트(fibercrete)라고 부르기도 한다.

6.1.1 숏크리트 지보의 분류

가. 강화 정도에 따른 분류

(1) 무근 숏크리트

숏크리트의 인장 강도를 보강하기 위한 보강재를 사용하지 않는 숏크리트를 말한다. 보통 절리가 많이 발달되지 않은 경암의 터널이나 터널 벽면의 마감에 사용된다.

(2) 강화 숏크리트

숏크리트의 인장강도를 보강하기 위해 철근, 와이어 메쉬, 강섬유 등을 보강, 혼입한 숏크리트를 말한다. 지금까지는 보강재로 와이어 메쉬가 많이 사용되었으나 최근에는 강섬유의 사용이 증가하고 있다. [그림 6-1]은 터널 벽면에 철선을 직교하게 용접한 웰드 메쉬(welded wire mesh)를 부착하고 숏크리트를 타설한 모습이다. 와이어 메쉬에는 웰드 메쉬 이외에도 벽면의 요철이 심한 경우 사용할 수 있는 체인링크 메쉬(chainlink mesh)도 있다.

숏크리트를 혼합할 때 [그림 6-2]와 같은 강섬유를 혼입한 것을 강섬유 보강 숏크리트(steel fiber reinforced shotcrete)라고 한다. 강섬유는 현재 여러 가지 형태가 개발되어 있으며 메쉬 설치작업을 생략할 수 있으므로 빠른 속도로 와이어 메쉬를 대체하고 있다.

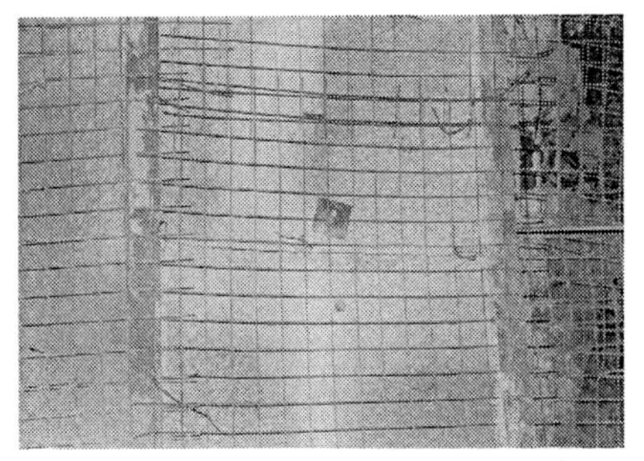

[그림 6-1] 벽면에 부착된 와이어 메쉬

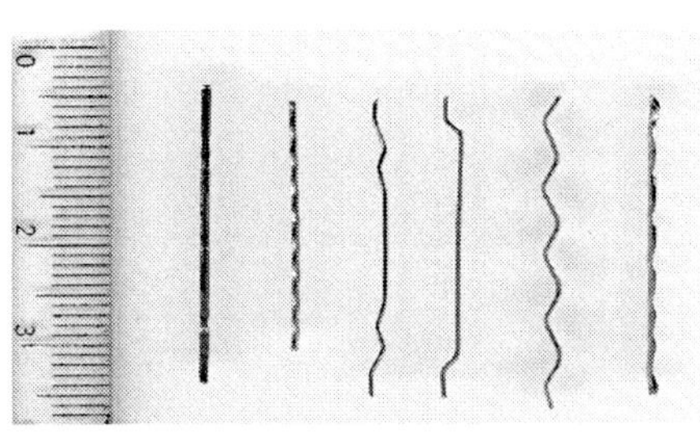

[그림 6-2] 여러 가지 모양의 강섬유

나. 재료의 혼합 방식에 따른 분류

(1) 건식 숏크리트

건식 숏크리트는 [그림 6-3]과 같이 호퍼(hopper) 내에서 건조한 재료의 혼합이 이루어진다. 혼합된 재료는 압축공기에 의해 호스를 통해 노즐부로 이송된 후, 노즐부에서 물에 수화되어 암벽에 분사되는 방식이다. 건식은 장비가 소형이어서 소규모나 다양한 갱 내 조건에 광범위하게 적용이 가능하고, 장비 가격이 저렴한 장점을 지니고 있다.

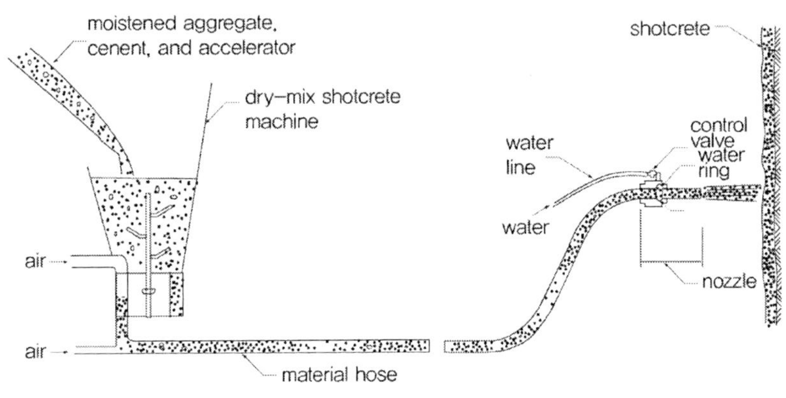

[그림 6-3] 건식 숏크리트 방식

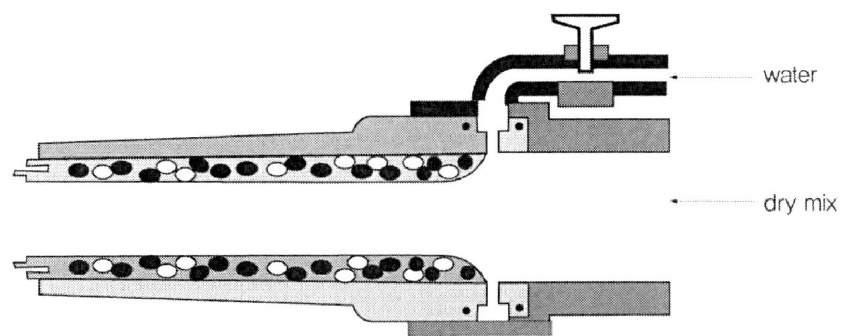

[그림 6-4] 건식 숏크리트 머신의 노즐 구조

골재는 수분의 함량이 무게 대비로 4~6% 정도까지 건조한 것을 사용한다. 건조된 골재의 수분 유지시간이 일반 대기 중에서 1~2시간 정도이므로 저장시간이 이를 초과하면 밀봉해 두는 조치가 필요하다. 골재의 수분함유율이 적절하지 않으면 노즐부에서 물과 잘 섞이지 않아 부착효율이 떨어지므로 관리에 주의를 기울여야 한다. 골재와 시멘트의 배합비는 경우에 따라 변동이 있을 수 있다. [표 6-1]은 압축강도 210kg/cm^{2}를 얻고자 하는 경우, 건식 숏크리트 머신의 호퍼에서 혼합되는 재료들의 대표적인 배합비를 예시한 것이다.

[표 6-1] 건식 숏크리트 재료의 배합 예

조골재의 최대 치수(mm)	물/시멘트 비 W/C(%)	모래/조골재 비 S/A(%)	단위량(kgf/m^3)				
			시멘트	물	모래	골재	급결제
15	42	60	380	151.2	1,146	764	5%

(2) 습식 숏크리트

습식 숏크리트는 [그림 6-5]와 같이 호퍼 내에서 재료와 물이 함께 섞여 수화되고, 수화된 혼합물은 콘크리트 펌프에 의해 노즐부로 이송된 후 압축공기에 의해 암벽에 분사되는 방식이다.

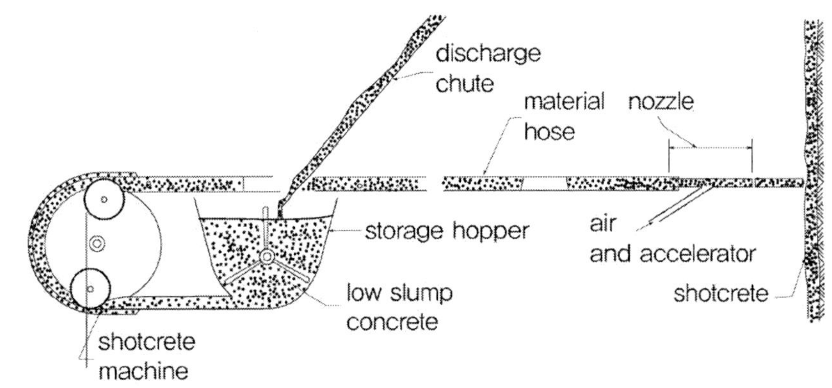

[그림 6-5] 습식 숏크리트 방식

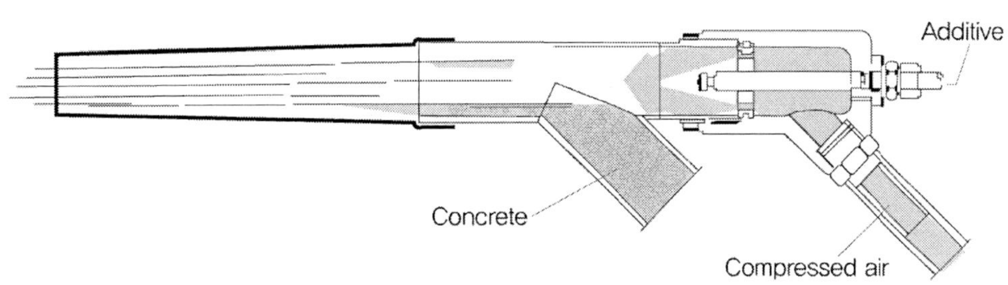

[그림 6-6] 습식 숏크리트 머신의 노즐 구조

습식은 재료와 물이 호퍼 내에서 충분히 수화되므로 분사 시 분진의 발생이 작고 반발률도 낮다. 반발률(rebound ratio)이란 분사된 숏크리트 양을 기준으로 분사된 후 표면에 부착되지 않고 떨어져 나온 양의 백분율을 말하는 것으로, 클수록 작업효율이 낮은 것을 의미한다. 보통 습식에서는 10~20%, 건식에서는 15~30% 정도이다.

습식은 건식과는 달리 골재의 수분함유율 조절이 용이하다. 노즐부에서 압축공기의 조절에 의해 분사속도를 조절할 수 있으므로 시공이 용이한 장점을 지니고 있다. 그러나 장비의 크기가 크고 비싸며, 유지 관리가 어렵다는 단점이 있다. 건식과 습식은 대체로 장단점이 서로 대비되는 특징을 지니고 있다.

습식은 호스를 통해 물과 혼합된 재료가 이송되므로 막히지 않도록 골재의 입도를 일정하게 조절해야 하며 작업 후 호스나 노즐부의 청소에 유의해야 한다. [표 6-2]는 압축강도 210kg/cm²를 얻고자 하는 경우, 습식 숏크리트 머신의 호퍼에서 배합되는 재료들의 대표적인 배합비를 예시한 것이다.

[표 6-2] 습식 숏크리트 재료의 배합 예

조골재의 최대치수 (mm)	슬럼프 (cm)	W/C (%)	S/A (%)	단위량(kgf/m³)					
				시멘트	물	모래	골재	급결제	고성능 감수제
10	12±3	44	67	484	213	1,060	542	5%	시멘트 중량의 1%

[그림 6-7] 배합된 콘크리트의 슬럼프 값 측정

[그림 6-7]은 배합된 콘크리트의 유동성을 나타내는 슬럼프(slump) 값을 측정하는 모습이다. 슬럼프 값은 0~30의 숫자로 나타내며, 함수비가 높을수록 값이 높으며 묽고 강도가 낮아진다. 배합된 숏크리트 재료는 약 1시간 이상이 경과하면 경화가 시작되어 사용할 수 없는 상태가 된다. 시공현장이 숏크리트 배합 공장과 인접하면 콘크리트 믹스 차량에 의해 운반이 가능하지만, 거리가 멀면 [그림 6-8]과 같이 터널 건설 현장 인근에 배합을 위한 배치 플랜트(batch plant)를 설치해야 한다.

[그림 6-8] 터널 시공 현장에 설치된 배치 플랜트

6.1.2 숏크리트 지보의 특성

숏크리트 지보는 NATM의 개념을 시공상의 방법으로 구현한 것이며 다음과 같은 특성을 지니고 있다.

- 라이닝 작업에서와 같이 거푸집이 필요하지 않다.
- 두께의 조절이 용이하다.
- 동일한 장비나 작업으로 임시지보나 영구지보로 시공이 가능하다.
- 충격부착 방식이므로 부착력이 강하고 고결시간이 짧다.
- 분사 각도나 압력은 부착된 숏크리트 지보의 품질과 밀접한 관련이 있어 작업에 기능과 경험이 필요하다.

6.1.3 숏크리트 지보의 효과

숏크리트를 타설함으로써 지보 본래의 목적 외에 다음과 같은 효과를 얻을 수 있다.

- 암반 벽면에 노출되어 있는 균열이나 절리 등의 틈을 충전하여 암반의 강도와 안정성을 높인다.
- 천반이나 측벽에서 암반의 이완으로 인해 부분적으로 작용하는 사하중을 주위의 안정된 암반으로 분산시킨다.
- 타설된 숏크리트 층은 암반의 풍화를 방지한다.

숏크리트 타설 작업은 발파 직후 실시하며, 이후 록볼트 지보, 강 아치 지보 등이 시공되고 다시 천공, 발파의 순서로 작업이 진행된다. 2차 숏크리트 지보는 굴진면이 충분히 전진한 후에 시공한다. 1차 및 2차 숏크리트 지보 시공 시에는 지보 성능 향상을 위한 구조재로 와이어 메쉬나 강섬유를 사용하는 경우가 많다.

숏크리트 타설 작업 시 숏크리트 분사 각도와 분사 거리를 적절히 유지해야 한다. 분사 각도와 거리는 반발률과 밀접한 관계가 있어 [그림 6-9]와 [그림 6-10]과 같이 작업효율에 큰 영향을 미친다. 실제로 노즐과 암벽 면과의 거리와 각도를 적절히 조절할 수 있는 기능이 필요하므로 숏크리트 지보 타설에는 많은 경험과 숙련이 필요하다. 분사순서는 벽면 하단부를 먼저 타설하고 점차 상단부로 옮겨 타설한다.

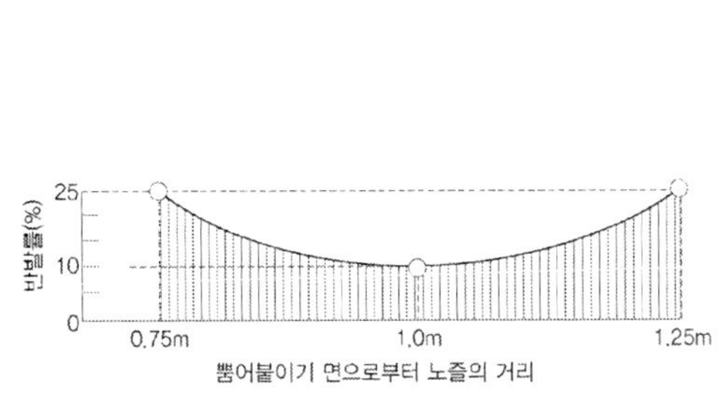

[그림 6-9] 노즐 거리와 반발률

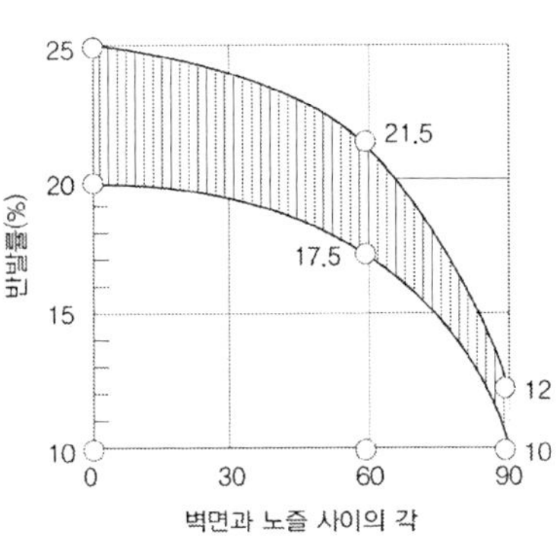

[그림 6-10] 분사 각도와 반발률

[그림 6-11]은 소형 건식 숏크리트 머신을 사용하여 숏크리트를 타설하고 있는 작업 장면이고, [그림 6-12]는 대형 습식 숏크리트 머신에 의한 숏크리트 타설 작업 장면이다.

[그림 6-11] 소형 건식 숏크리트 머신을 사용한 숏크리트 타설

[그림 6-12] 대형 습식 숏크리트 머신에 의한 숏크리트 타설 작업

습식 숏크리트의 경우 타설 작업이 끝나면 이송 호스가 콘크리트로 막히는 것을 방지하기 위해 묽은 몰탈 액으로 이송 호스 내부를 청소해야 한다. 특히 [그림 6-13]과 같이 노즐부의 관리에 유의해야 다음 작업에 지장을 주지 않는다.

[그림 6-13] 습식 숏크리트 머신의 노즐 청소

6.1.4 강섬유 보강 숏크리트의 성능평가 방법 및 기준

가. 성능평가 방법

숏크리트에 강섬유를 혼합하는 것은 콘크리트의 취성을 개선하기 위한 것이므로 숏크리트의 균열 발생 후 인성특성을 정량적으로 표현함으로써 강섬유 보강 숏크리트의 성능을 평가할 수 있다. 인성특성을 나타내는 방법으로는 에너지 흡수능력을 절댓값으로 나타내는 방법, 에너지 흡수능력과 관련하여 무차원의 지수(toughness index)로 나타내는 방법 및 균열 발생 후 임의 처짐까지의 등가휨강도(equivalent flexural strength)로 나타내는 방법 등이 있다.

유럽통합규정인 EFNARC(the European Federation of National Associations Representing producers and applicators of specialist building products for Concrete), 호주의 RTA(Roads and Traffic Authority), 일본의 JCI(Japan Concrete Institute), 미국의 ASTM(American Society for Testing and Materials), ACI(American Concrete Institute)

에서는 에너지 흡수능력으로서 숏크리트 성능을 평가하는 방법을 제시하고 있으며, 일본의 JSCE(Japan Society of Civil Engineers)에서는 등가휨 강도를 이용한 성능평가 방법을 제시하고 있다. 현재 한국도로공사에서는 최대휨 강도에 대한 등가휨 강도의 비가 68% 이상이 되어야 한다는 것을 기준으로 하고 있다.

(1) EFNARC의 규정(사각 패널)

EFNARC에서는 일정 처짐까지 P-δ 곡선의 면적을 절대적으로 평가한 방법을 사용하고 있다. 시험에 이용하는 패널은 가로×세로가 600×600mm인 사각형상에 높이가 100mm이다. 시편의 4변을 지지하여 시험하기 때문에 터널에서 숏크리트 라이닝이 실제로 거동하는 형태와 유사하다는 장점이 있지만, 균열의 패턴이 일정하지 않은 단점이 있다.

EFNARC에서 제시하고 있는 '숏콘크리트에 관한 유럽 규정(European Specification for Sprayed Concrete)'에는 시험방법과 에너지 흡수능력 등급이 명시되어 있다. 사각 패널에 대한 재하실험은 4변을 지지한 상태에서 시편의 중앙에 100×100mm의 재하판을 두고 일정한 속도로 하중을 재하하게 된다. 이때 중앙점의 최대처짐을 측정하여 최대처짐이 25mm가 될 때까지 시험을 한다. 하중재하 방향은 터널에서 실제로 작용하는 하중을 모사할 수 있도록 숏팅을 실시한 반대방향으로 한다. 이 실험방법에서는 실험 시 중앙에 발생하는 균열 폭이 큰 경우, 더 이상의 처짐을 측정할 수 없는 경우도 있으며, 재하 중에 4변의 지지조건이 각 변의 중앙점으로 바뀌면서 균열 형태가 불규칙하게 형성된다.

EFNARC에서 규정하는 강섬유 보강 숏크리트의 성능기준은 [표 6-3]과 같다.

[표 6-3] 등급에 따른 EFNARC 패널의 에너지 흡수능력 기준(EFNARC, 1996)

인성 등급	25mm 처짐까지의 에너지 흡수능력
a	500J
b	700J
c	1000J

(2) RTA에서 규정하고 있는 시험방법(원형 패널)

EFNARC에서 규정하는 사각형 패널에 대한 시험에서는 불규칙한 균열형태가 나타나 시험결과의 분산성이 높은 단점이 있다. 이러한 점을 보완한 것이 호주의 RTA(Roads and Traffic Authority)에서 규정하고 있는 원형 패널이다. 원형 패널은 사각 패널의 4 변지지 형식이 아닌 3점지지 형식이기 때문에 균열이 인접한 지지점 사이에서 형성되어 일정한 방향과 패턴을 가지고 있다. 하중-처짐 곡선도 일정한 형태를 갖는다. 하중-처짐 곡선의 최대하중은 패널의 콘크리트 강도에 의해 결정되며, 최대하중 이후의 하중-처짐 곡선은 강섬유에 의한 인장특성을 반영한다. RTA에서는 원형패널에 대한 실험방법을 Test Method T373(Determination of the Toughnesss of a Fibre Reinforced Shotcrete Mix-Round Determinate Panel Test)에 규정하고 있다.

원형 패널의 규격은 지름 800mm, 두께 75mm이며, 시편은 숏크리트 타설작업으로 제작해야 한다. 숏크리트 타설작업으로 시편을 제작할 때에는 두께를 일정하게 유지하는 것이 중요한데, 그 이유는 해당 시료의 에너지 흡수능력을 잘 나타낼 수 있는 두께가 75mm이기 때문이다.

실험방법은 [그림 6-14]와 같이 3점에서 지지되고 있는 시편의 중앙에 지름이 100mm이고, 재하점의 곡률반경이 100mm인 재하판을 이용하여 재하를 한다. 사각 패널과 마찬가지로 중앙부의 최대처짐을 1초 단위로 측정하여 하중-처짐 곡선을 얻는다. 이때의 하중-처짐 곡선으로 흡수 에너지를 구하여 강섬유 보강 숏크리트의 성능을 평가한다. 사각 패널과 마찬가지로 실험 시 중앙부 균열 폭이 크게 되면 최대처짐을 얻지 못하는 경우가 발생할 수 있으므로 실험 시 주의해야 한다. 최대처짐은 40mm까지 얻어야 하며, 재하속도는 10mm/min이다. 재하속도는 사각 패널보다 약 7배 정도 빠른데, 최대처짐이 크고 균열 발생형태가 일정한 양상을 보이기 때문에 양호한 결과를 얻을 수 있다.

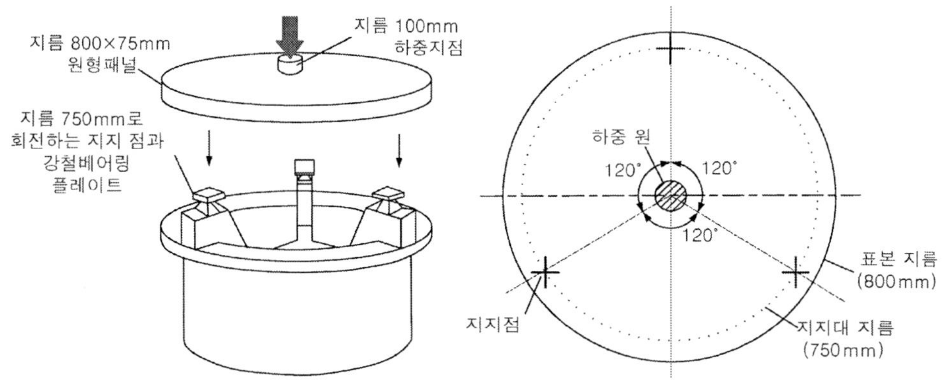

(a) 대표적인 원형 패널 시험장치　　　　(b) 패널 지지를 위한 받침대 배열

[그림 6-14] 원형 패널을 이용한 인성 평가 시험장치의 구조(이수열, 2011)

(3) ACI에서 규정하는 휨인성 평가방법(보 시편)

ACI 544 위원회에서는 1978년에 [그림 6-15]와 같이 Henager의 연구에 기초를 둔 무차원 인성지수(toughness index, I)를 제안하여 하중－처짐 곡선 아래의 면적비를 인성평가에 도입함으로써 Johnston의 인성평가 방법의 비합리성을 해결하려고 하였다. 이 방법에 의한 인성지수(T.I.)는 10×10×35cm의 보 공시체에 3등분점 재하를 실시하여 지간 중앙부 처짐이 1.9mm가 되는 점까지의 하중-처짐 곡선하의 면적($S_0 + S_1$)을 초기 균열점까지의 면적(S_0)으로 나눈 값으로 정의하였는데, 이는 식(6.1)로 나타낼 수 있다.

$$T \cdot I \cdot = \frac{S_0 + S_1}{S_0} \qquad \text{식(6.1)}$$

이때 중앙부의 처짐 기준을 고정 변위 1.9mm로 정한 근거를 ACI에서는 언급하고 있지 않지만, Henager는 평균적인 초기 균열시 처짐인 0.125mm의 15배에 해당하는 값으로 설명하고 있다. 이 ACI 544 위원회에서 정의한 평가방법은 정해진 시험체에 대한 특정 처짐(1.9mm)까지의 시험값을 지정함으로써 동일한 시험체 및 시험방법으로 시험을 수행할 때만 적용이 가능한 단점이 있다.

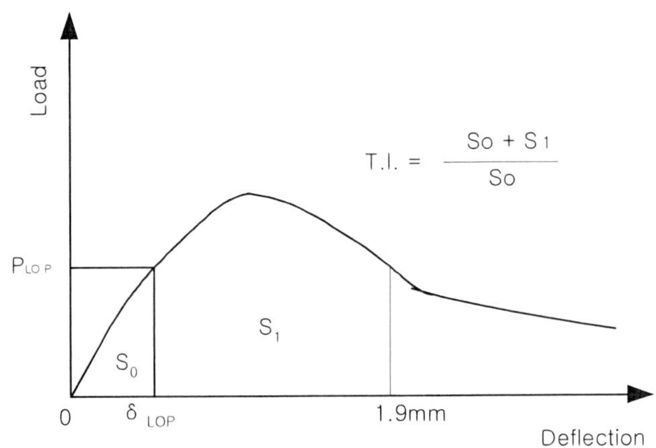

[그림 6-15] ACI 544 위원회에서 규정한 인성지수의 정의

(4) JSCE에서 규정하는 휨인성 평가방법(보 시편)

일본 JSCE(Japan Society of Civil Engineers)에서는 등가휨 강도(equivalent flexural strength, fe)를 통해 휨인성을 평가하고 있다. 휨인성은 [그림 6-16]과 같이 3등분점 재하방식의 휨강도 시험을 통해 구할 수 있다. 시험 결과로 구해지는 하중-변위곡선([그림 6-17])에서 일정한 처짐(l/150, l은 지간길이)까지의 에너지 흡수능력 T_b를 계산하여 식(6.2)와 같이 계산할 수 있다. 등가휨 강도는 최대하중에 도달한 후 일정한 변위까지의 휨인성계수(flexural toughness factor)로서 평균강도의 개념을 가진다.

$$f_e = \frac{T_b}{\delta_{tb}} \cdot \frac{l}{bh^2} \qquad \text{식(6.2)}$$

- T_b : 기준처짐까지의 휨인성(flexural toughness)
- δ_{tb} : 기준처짐(l/150)으로 지간이 30cm인 경우 2mm, 45cm인 경우 3mm
- l : 시편의 지간길이
- b, h : 시편의 폭, 높이

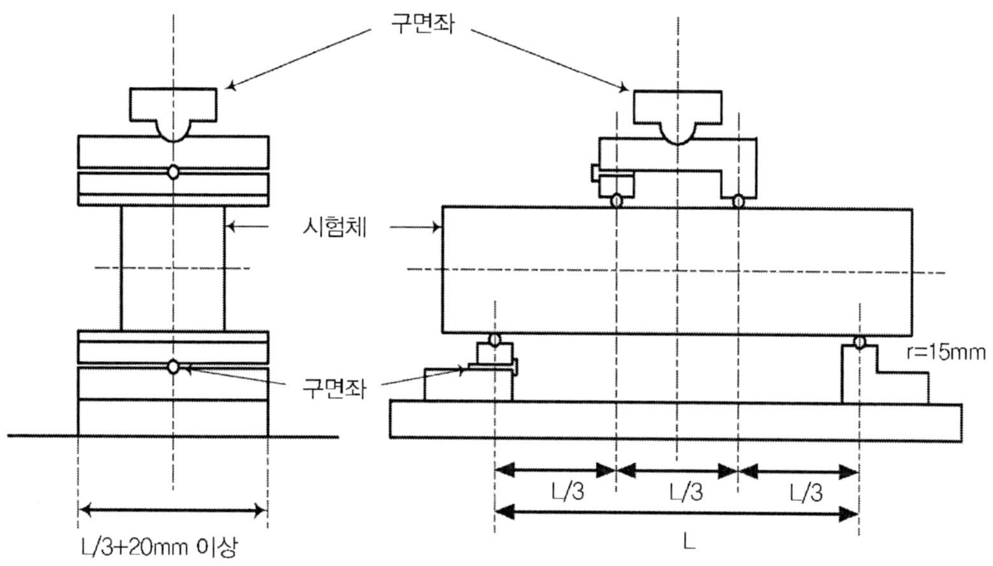

[그림 6-16] 휨인성 시험을 위한 하중 재하장치(조병욱 외, 2007)

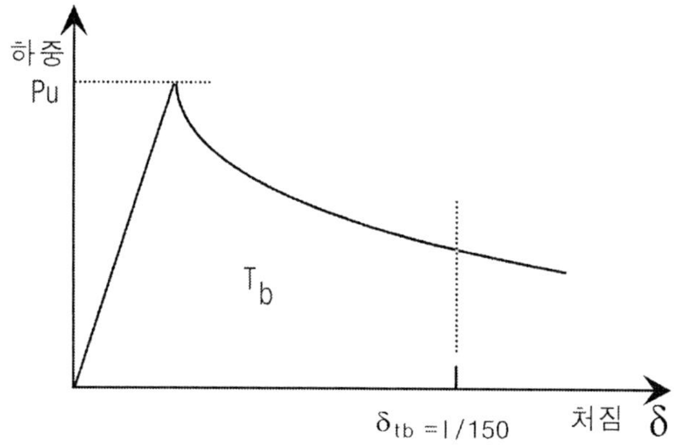

[그림 6-17] JSCE에서 규정하는 등가휨 강도의 개념도

나. 각국의 성능평가 기준

강섬유 보강 숏크리트의 성능을 평가하는 각국의 규정에는 시험방법, 공시체의 크기 및 인성값을 제시하고 있는데, 널리 사용되고 있는 기준을 비교하면 [표 6-4]와 같다.

[표 6-4] 강섬유보강 숏크리트에 대한 각국의 성능평가 규정 비교(이수열, 2011)

구분	미국 (ASTM, ACI)	일본 (JSCE)	유럽통합규격 (EFNARC)	국제터널협회 (ITA)
시편 크기	100×100×350mm 또는 150×150×550mm 인보 공시체	100×100×350mm 또는 150×150×550mm 인보 공시체	보 공시체 : 75×125×600mm 패널 : 600×600×100mm	100×100×350mm 또는 150×150×550mm 인보 공시체
제작 방법 및 시험 방법	경사진 패널에 숏크리트를 타설한 후 절단하여 시편을 제작하여 4점재하방법으로 측정	좌동	좌동	좌동
설계 휨강도		55, 70, 90kg/cm^2 이상	압축 또는 휨강도를 6등급으로 구분(38, 42, 44, 46, 48, 50MPa)	
성능 규정	인성지수 　 I_5 I_{10} Ⅰ 2.7 5.4 Ⅱ 3.6 7.2 Ⅲ 4.5 9.0 Ⅳ 5.4 10.8	휨인성계수(등가휨강도) : 설계 휨강도에 따라 기준처짐에서의 휨인성계수가 어느 값 이상이 되도록 규정 설계 휨강도 휨인성계수 55kg/cm^2 35kg/cm^2 이상 70kg/cm^2 55kg/cm^2 이상 90kg/cm^2 70kg/cm^2 이상	잔류강도 및 에너지 흡수능력 • 일정 처짐(0.5,1,2, 4mm)에서의 잔류강도로써 4등급(1, 2,3,4) 판정 • 패널에서는 25mm 처짐까지의 에너지 흡수능력(500J, 700J, 1000J)에 따라 a, b, c 등급 처짐 등급 (mm) 1 2 3 4 -------------------------- 0.5 1.5 2.5 3.5 4.5 1 1.3 2.3 3.3 4.3 2 1.0 2.0 3.0 4.0 4 0.5 1.5 2.5 3.5	인성지수(I) 및 R 　 I_{10} I_{30} $R_{30/10}$ (marginal) Ⅰ <4 <12 <40 (fair) Ⅱ 4 12 40 (good) Ⅲ 6 18 60 (excellent) Ⅳ 8 24 80
비고	• 인성지수는 규정이 아닌 참고사항 • 초기균열 처짐(δ_i) 0.1mm 이하 • I_{10}에서의 처짐 : 약 0.55mm	기준처짐은 시편 지간 길이의 1/150 : 지간이 30cm인 경우 2mm		• 초기균열처짐(δ_i) : 0.1mm 이하 • I_{30}에서의 처짐 : 약 1.5mm

다. 현행 한국도로공사 기준

(1) 강도

구분	강도(MPa)		비고
	1일	28일	
압축강도	10	20	일반 숏크리트
휨강도	2.1	4.5	강섬유보강 숏크리트

(2) **등가휨 강도**(휨인성계수) : 재령 28일에서 측정하여 최대휨강도의 68% 이상[이때의 최대휨강도는 설계 기준강도(4.5MPa) 이상]

(3) **섬유혼입률** : 95% 이상

6.2 록볼트 지보

록볼트(rockbolt)는 오랜 역사를 지니고 있는 지보재이다. 영국의 산업 혁명을 뒷받침한 석탄 자원의 개발 시 목재 막대를 탄층의 천반에 삽입하여 보강재로 사용한 것을 기원으로 지금까지 다양한 형태로 변화하면서 발전하였다.

록볼트는 세분하여 다우얼(dowel)과 록볼트로 나눌 수 있다. 다우얼은 단순히 앵커바(anchor bar)를 설치공 속에 그라우팅하여 고정시킨 것으로 초기의 록볼트 형태를 띠고 있다. 록볼트는 베어링 플레이트(bearing plate)와 너트(nut) 등을 사용하여 암괴의 이탈을 막고 암반의 변형을 구속한다.

20세기 중반 NATM의 도입으로 인해 록볼트 지보는 새로운 능동적 지보 개념에 부합되는 지보로 각광을 받기 시작하였다. 지금은 소규모 광산 갱도뿐만 아니라 대규모 토목 터널이나 지하 공동의 지보로서 광범위하게 사용되고 있다.

6.2.1 록볼트 지보의 원리와 효과

록볼트 지보는 굴착된 설치공 내에 볼트를 삽입하고 화학적 또는 기계적인 힘으로 공 내에 정착시킴으로써 볼트에 연결된 암반을 고정시키는 역할을 한다. 록볼트 지보를 시공하여 얻을 수 있는 효과로는 [그림 6-18]과 같이 매달림 효과, 마찰 효과, 엇물림 효과 및 아치 효과가 있다.

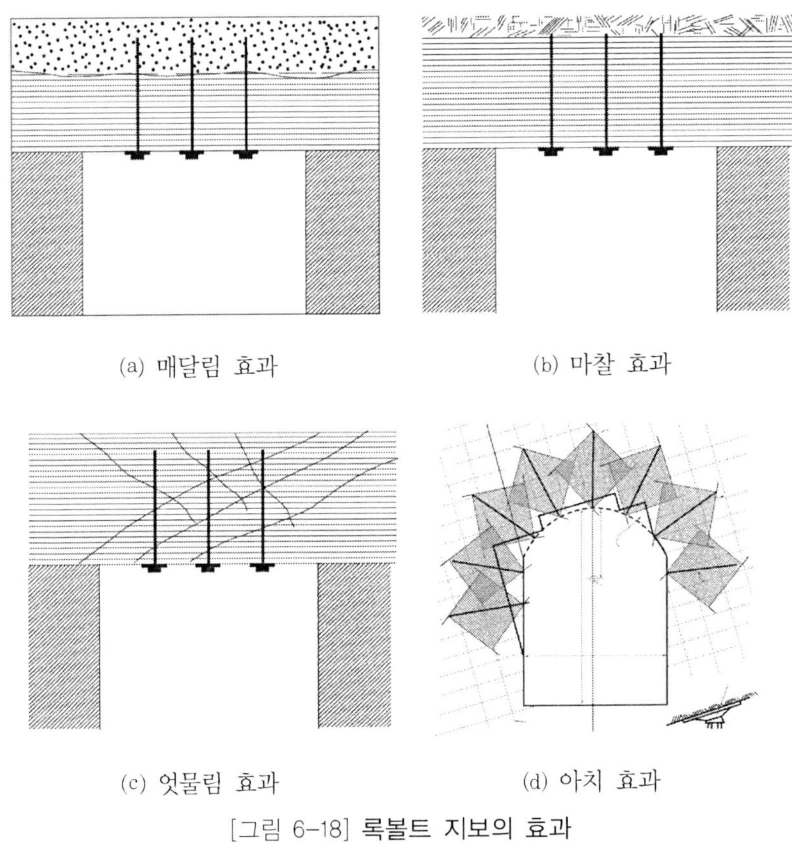

(a) 매달림 효과 (b) 마찰 효과

(c) 엇물림 효과 (d) 아치 효과

[그림 6-18] 록볼트 지보의 효과

(1) 매달림 효과(suspension effect) : 천반부의 층상 암반을 심부의 신선한 암체에 매달아 주는 효과이다.

(2) **마찰 효과**(friction effect) : 천반부 층상 암반의 여러 층을 서로 묶어 암층 사이의 층리면에 압력이 작용하도록 함으로써, 마찰력을 증대시켜 층리의 이탈을 막는 효과이다.

(3) **엇물림 효과**(keying effect) : 절리가 발달된 암반에 절리 방향과 경사지게 볼트를 설치하여 절리면을 따라 암괴가 이완되는 것을 막는 효과이다.

(4) **아치 효과**(arch effect) : 터널 벽면에 규칙적인 간격으로 볼트를 설치하면 압축권이 형성되는데 이를 아치 효과라고 한다. 압축권은 서로 지지하여 붕괴되지 않는 역학적인 구조를 가지고 있다. 터널에서 록볼트 지보의 설계는 주로 아치 효과에 근거하고 있으며 앞에서 설명한 세 가지 효과는 부분적인 보강에 적용된다.

6.2.2 록볼트의 종류

록볼트는 볼트의 재질이나 설치공 내에서의 정착방법, 설치방법 등에 따라 여러 종류가 있으나 현재 주로 사용되고 있는 것들을 분류하면 [표 6-5]와 같이 선단 정착식과 전면 접착식, 그리고 마찰식으로 크게 나눌 수 있다. 암반의 상태나 시공성을 높이기 위해 이러한 방법들을 병용하기도 한다.

[표 6-5] 록볼트의 종류

구분	종류
선단 정착식	• 쐐기형 볼트(slot and wedge bolt) • 익스팬션 쉘 볼트(expansion shell bolt) • 레진볼트(resin bolt)
전면 접착식	• 레진볼트(resin bolt) • 시멘트 볼트(cement bolt)
마찰식	• 스웰렉스 볼트(swellex bolt) • 스플릿트 셋 볼트(split set bolt)

가. 쐐기형 볼트

쐐기형 볼트(slot and wedge bolt)는 [그림 6-19]와 같이 볼트의 끝 부분을 갈라서 쐐기를 끼우고 공 내로 삽입, 타격 하여 설치하는 볼트이다. 이 볼트는 가격이 싸고 설치가 용이하나 발파진동과 같은 충격이 올 경우 이탈되는 단점이 있다.

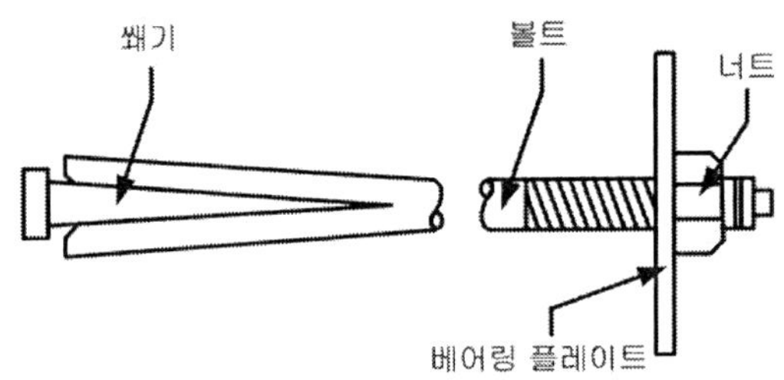

[그림 6-19] 쐐기형 볼트의 구조

나. 익스팬션 쉘 볼트

익스팬션 쉘 볼트(expansion shell bolt)는 [그림 6-20]과 같이 공 내로 삽입되는 볼트의 끝 부분에 나사를 가공하여 쉘을 부착한다. 삽입 후 볼트를 회전시켜 쉘을 벌어지게 하여 벌어진 쉘과 공벽 사이에 작용하는 마찰력으로 고정시키는 형태이다.

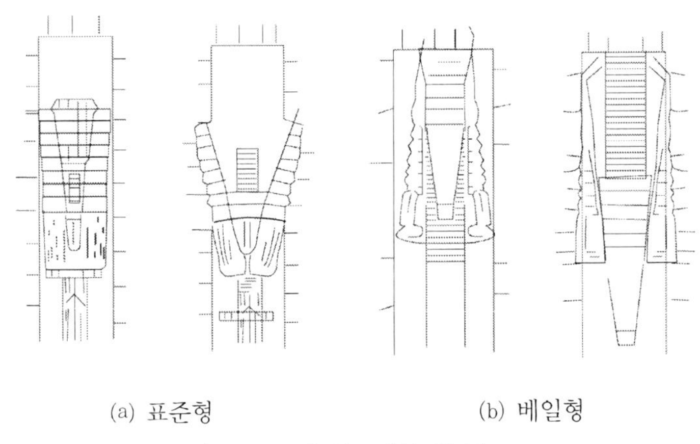

(a) 표준형　　(b) 베일형

[그림 6-20] 익스팬션 쉘 볼트

다. 레진볼트

레진볼트(resin bolt)는 [그림 6-21]과 같이 공벽과 볼트 사이에 레진을 충전, 경화시켜 정착시키는 형태이다. 이때 레진의 사용량에 따라, 소량 사용하여 공저 선단부만 정착시킬 경우는 선단 정착식으로, 공 입구까지 전체를 정착시킬 경우는 전면 접착식으로 구분한다. 일반적으로 사용되는 레진에는 선단형, 급결형, 충전형이 있다. 선단형은 선단 정착식에, 급결형과 충전형은 전장 접착식에서 사용한다. 레진볼트는 단시간에 조기 강도를 얻을 수 있으며, 경암에 주로 사용한다.

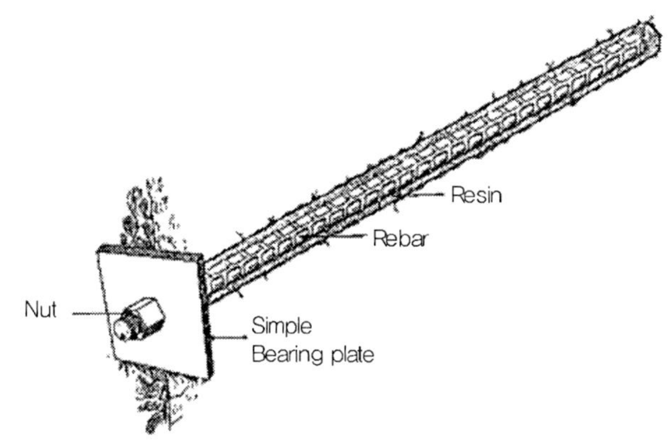

[그림 6-21] 레진볼트

[그림 6-22]는 레진 캡슐의 구조와 모습이다. 레진 캡슐은 경화제와 레진이 이중관으로 구분되어 있다. 캡슐은 볼트의 추력과 회전력에 의해 깨어지면서 경화제가 레진에 혼합되어 급속히 경화된다.

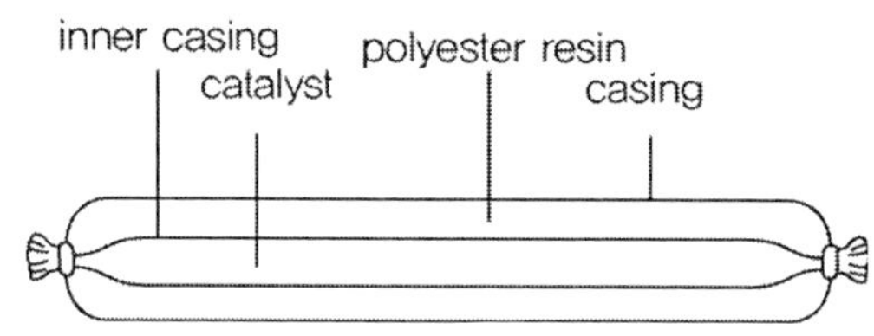

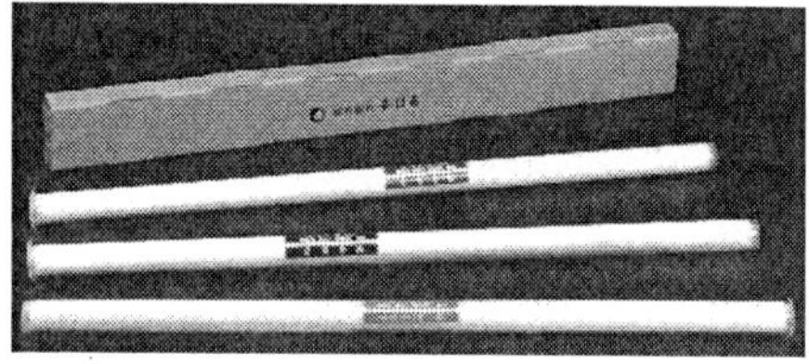

[그림 6-22] 레진 캡슐의 구조와 모습

볼트의 재질은 KS 규정에 의하여 [표 6-6]의 품질을 가져야 한다. [그림 6-23]과 같이 볼트 표면에 나선형 무늬가 있어 너트를 체결할 수 있도록 되어 있다.

[표 6-6] 볼트의 제원

재질	지름 (mm)	인장 강도 (kg/mm^2)	항복점 (kg/mm^2)	연신율 (%)
SD 350 이상	25 또는 29	50 이상	35~45	18 이상

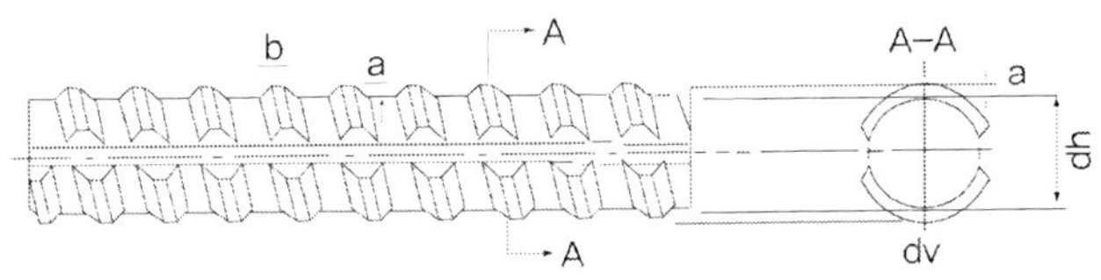

[그림 6-23] 볼트의 형상

너트와 베어링 플레이트는 설치공 내에 정착된 볼트에 터널 벽면을 고정시켜 암반이 변형할 때 이를 억제하고 그 반력이 볼트에 가해지도록 하는 역할을 한다. [그림 6-24]와 [그림 6-25]는 각각 일반적으로 많이 사용되는 너트와 베어링 플레이트의 종류이다. 그림에서 링 너트와 반구형 플레이트는 암벽 면과 볼트가 수직을 이루지 못할 경우 설치 각도를 보정하기 위해 고안된 것이다. 이 외에도 벽면과 볼트의 수직을 유지하기 위해 경사형 와셔(tapered washer)를 베어링 플레이트와 너트 사이에 끼워서 사용하기도 한다.

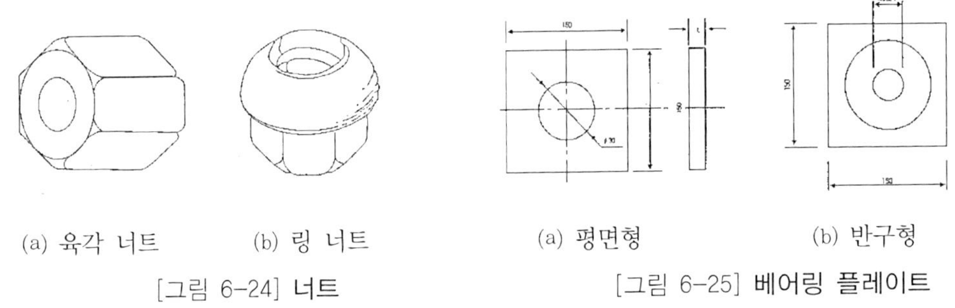

(a) 육각 너트 (b) 링 너트

[그림 6-24] 너트

(a) 평면형 (b) 반구형

[그림 6-25] 베어링 플레이트

라. 시멘트 볼트

시멘트 볼트(cement bolt)는 레진볼트와 유사하나 정착제로 급결용 시멘트를 사용한다. 시멘트는 사용이 간편하도록 [그림 6-26]과 같이 카트리지 형태로 포장되어 있다. 설치 시에는 카트리지를 물에 침수시켜 물이 흡수되도록 한 후 공 내에 삽입한다. 시멘트 볼트는 레진볼트에 비해 조기 강도를 얻는 데까지 걸리는 시간이 긴 단점이 있으나 경화 후 강도가 높고 장기적으로 안정하며 출수가 있는 암반에 적용이 유리한 장점이 있다.

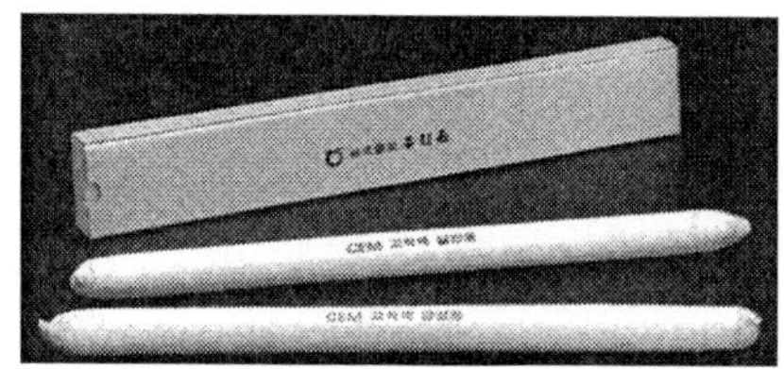

[그림 6-26] 시멘트 카트리지

마. 마찰식 볼트

[그림 6-27]은 스플릿트 셋 볼트(split set bolt)의 모습이다. 스플릿트 셋 볼트는 바깥지름이 설치공의 지름보다 3~5mm 정도 큰 파이프를 길이 방향으로 폭 5mm 정도를 잘라낸 후 공 내에 타격하여 삽입한다. 공 내에서 오므라진 파이프의 복원력에 의해 공벽과 마찰력이 작용하게 된다.

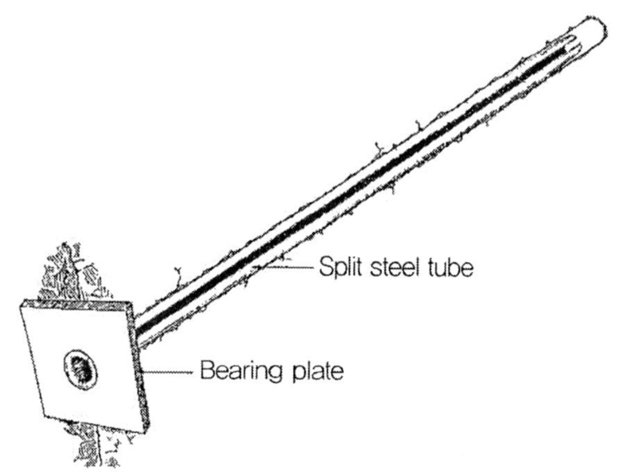

[그림 6-27] 스플릿트 셋 볼트

스웰렉스 볼트(swellex bolt)는 [그림 6-28]과 같이 정착제를 쓰지 않는 대신 오므라진 단면을 유체압에 의해 확장시켜 공벽에 밀착시킨다. [그림 6-29]는 볼트 단면의 확장 전과 후의 모습이다. [그림 6-30]은 스웰렉스 볼트의 지지원리를 보여주고 있다.

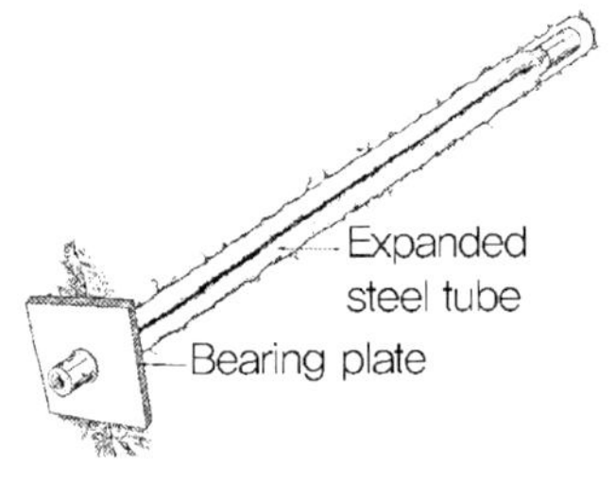

[그림 6-28] 스웰렉스 볼트

[그림 6-29] 확장 전후의 스웰렉스 볼트 단면

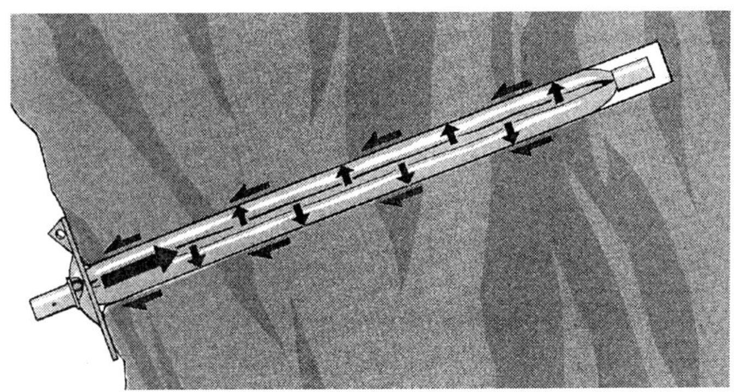

[그림 6-30] 스웰렉스 볼트의 지지원리

6.2.3 록볼트 시공

[그림 6-31]은 록볼트 설치공의 천공 장면이다. 록볼터를 사용할 경우 [그림 6-32]와 같이 설치공의 천공에서부터 공의 청소, 레진의 삽입, 볼트의 정착 및 너트의 체결까지를 기계를 이용해 자동화하여 작업할 수 있다.

[그림 6-31] 록볼터를 이용한 천공 및 볼트 설치 작업

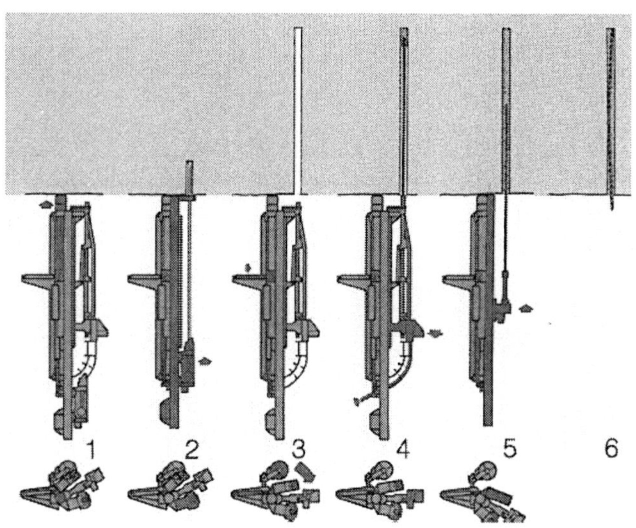

[그림 6-32] 록볼터의 자동화 설치 작업 순서

볼트 설치 수가 많은 대단면 터널인 경우 록볼터(rock bolter)를 별도로 사용하지만, 소형 터널에서는 [그림 6-33]과 같이 수직 착암기인 스토퍼(stoper)를 사용하거나 발파공 천공장비인 점보 드릴로 볼트 설치공을 천공하는 경우도 있다.

[그림 6-33] 스토퍼를 이용한 록볼트 설치 작업

[그림 6-34]는 암반 굴착 후 철망을 부착한 후 록볼트를 시공한 후의 모습이다.

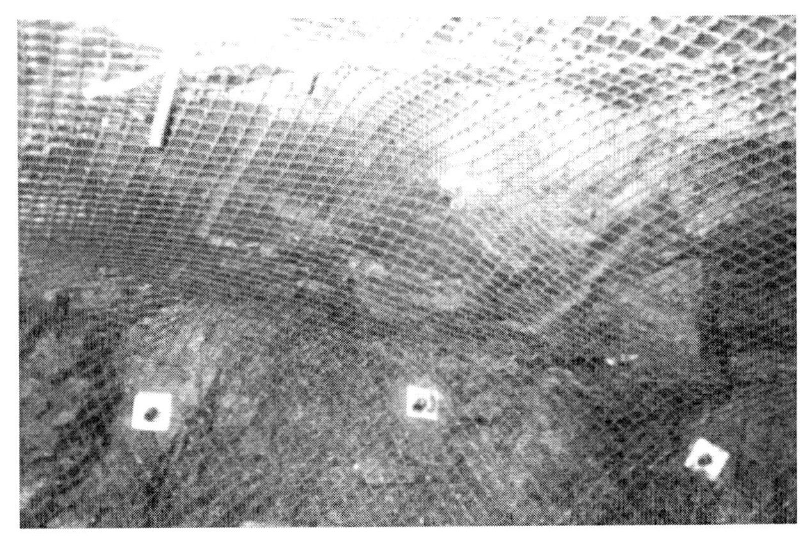

[그림 6-34] 록볼트 설치 후의 모습

6.2.4 록볼트의 인발시험

록볼트의 인발시험(pullout test)이란 록볼트를 설치한 후 인발하여 지탱하는 인발하중을 측정하는 시험을 말한다. 인발시험은 시공 단계 이전에 록볼트 지보설계 자료로 필요한 개당 지지하중을 구하기 위한 경우와 시공된 록볼트가 설계에 사용한 인발하중에 상응하는 지지력을 유지하고 있는가를 검사하는 경우에 실시한다. 시공 현장에서는 설치된 전체 록볼트에 대해 인발시험을 할 수는 없으므로 표본을 추출하여 시험한다. 시험 수량은 암반의 상태에 따라 불량한 경우에는 증가시키나, 대략 시공된 볼트 50본당 1개씩을 기준으로 한다.

인발시험을 위한 장비는 [그림 6-35]와 같이 유압식 홀로우 실린더 잭(hollow cylindrical hydraulic jack), 유압 펌프, 워셔 및 너트, 다이얼 게이지와 그지지대로 구성된다.

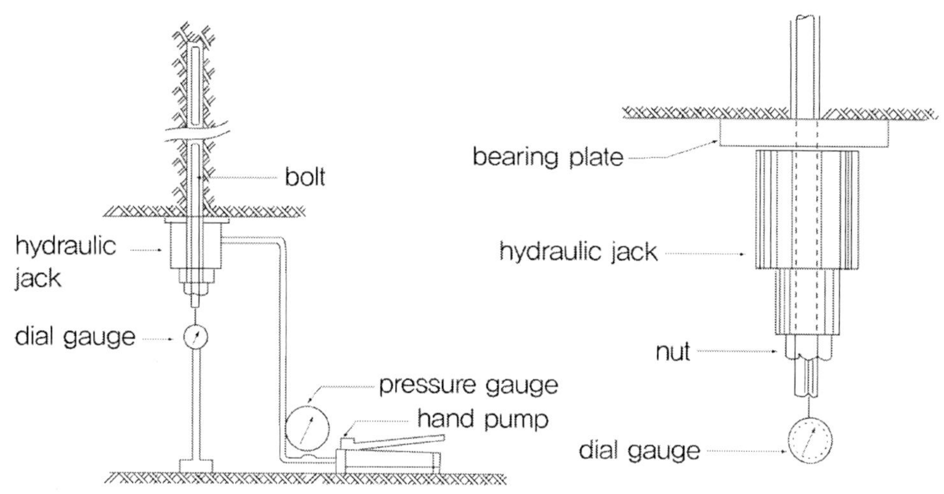

[그림 6-35] 록볼트 인발시험 모식도

시험용 볼트를 설치한 후 실린더 잭을 볼트에 끼운다. 이때 설치공 주위의 암벽이 볼트 축과 수직하게 고르지 않으면 면을 고르고, 상태가 아주 불량하면 시멘트를 타설하여 실린더 잭의 바닥면이 안정되도록 한다.

볼트가 설치된 암벽과 떨어진 바닥면에 다이얼 게이지 지지대를 설치하고 다이얼 게이지를 장치한다. 지지대를 설치하는 바닥면은 다이얼 게이지가 시험 도중 움직이지 않도록 잘 정리해야 한다. 다이얼 게이지의 끝을 볼트 끝에 접촉시킨다. 다이얼 게이지의 측정 범위는 3mm가 적당하며 정밀도는 0.01mm까지 측정할 수 있어야 한다.

가압 초기에는 실린더 잭의 바닥면과 암벽 사이의 상태를 안정시키기 위해 3~5t 정도까지 점차 상승시키며 2~3차례 가압과 감압을 반복한다. 실린더 잭이 안정되면 가압을 시작한다. 가압 속도는 분당 약 5t 정도가 적당하다. 가압을 하면서 최소한 매 톤당 발생한 인발 변위를 기록하며, 시험은 인발 하중의 증가 없이 변위만 발생할 때까지 계속한다.

[그림 6-36]은 인발시험 결과 그래프의 예이다. 대부분의 인발시험에서는 곡선의 특성이 그림에서와 같이 초기부터 A점까지, 이후 기울기가 낮아져 B점까지, B점 이후의 파괴 구간으로 나타난다. 이때 A점에서의 하중을 허용인발하중(allowable pullout strength)이라고 하고 설계치로 사용된다. A점 이후에서는 원래의 지지력을 상실해 가는 과정이며, B점에서의 하중을 최대 인발 하중이라고 한다.

인발시험에서는 [그림 6-36]과는 달리 허용인발하중이 뚜렷이 나타나지 않는 경우가 있는데 이러한 때에는 하중의 초기 상승 부분의 기울기를 나타내는 직선과 최대 인발 하중 부분의 기울기를 나타내는 직선과의 교점의 하중 수준을 허용인발하중으로 한다.

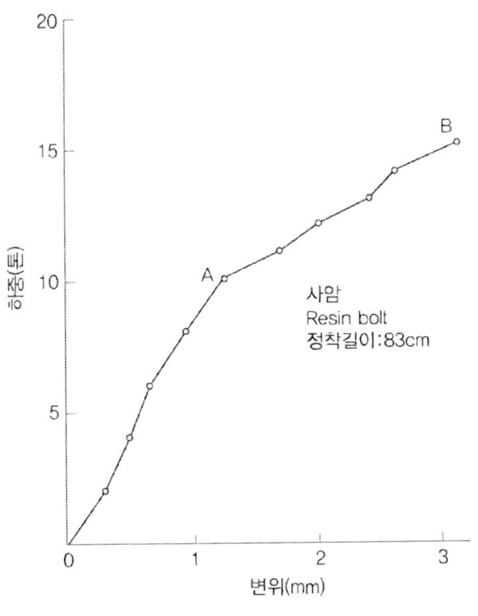

[그림 6-36] 인발시험 결과 그래프의 예

볼트 설치공을 천공할 때에는 일정한 규격의 비트를 사용해야 한다. [그림 6-37]은 볼트의 지름과 설치공의 지름의 차가 볼트의 지지력에 미치는 영향을 비교하여 나타내고 있다. 그림에서와 같이 지름의 차가 6.35mm(0.25in)일 때가 가장 좋다. 간극이 이보다 작아지면 레진과 경화제의 혼합이 잘 되지 않아 레진의 강도가 약해지고, 커지면 볼트가 하중을 받을 때 레진에서 파괴가 일어난다.

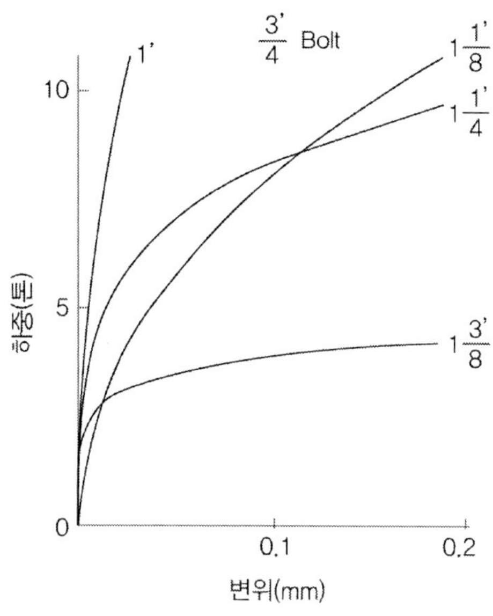

[그림 6-37] 공경이 인발시험 결과에 미치는 영향(Peng, 1978)

6.3 케이블볼트 지보

터널을 포함한 지하공간의 활용이 점차 확대되고 그 규모도 커짐에 따라 지보의 용량이 기존의 록볼트로는 대응할 수 없는 경우가 빈번히 발생하고 있다. 케이블볼트(cablebolt)는 이를 해결할 수 있는 지보재로서 관련된 기술이 개발되어 적용 범위가 점차 넓어지고 있다.

6.3.1 케이블볼트의 특징

케이블볼트는 설치공에 강연선을 삽입한 후 시멘트 그라우팅한 지보로서 [그림 6-38]과 같다. 전체적인 구조는 시멘트 록볼트와 유사하나 지지 용량과 설치 길이, 볼트 대신 강연선을 사용하는 것이 특히 다르다. 설치 길이는 4m~40m까지 가능하며 지지용량은 보통 30~50t의 범위이다. 그라우트 재로로는 포틀랜드 시멘트를 주로 사용하나 최근에는 레진이나 유리섬유, 탄소섬유, 아라미드 섬유 등과 같은 대체 재료의 개발이 연구되고 있다. 케이블볼트의 지지용량은 그라우트재의 강도가 증가할수록, 그라우트와 암반의 강성이 증가할수록, 케이블볼트 설치 후 암반의 구속압이 증가할수록 늘어난다.

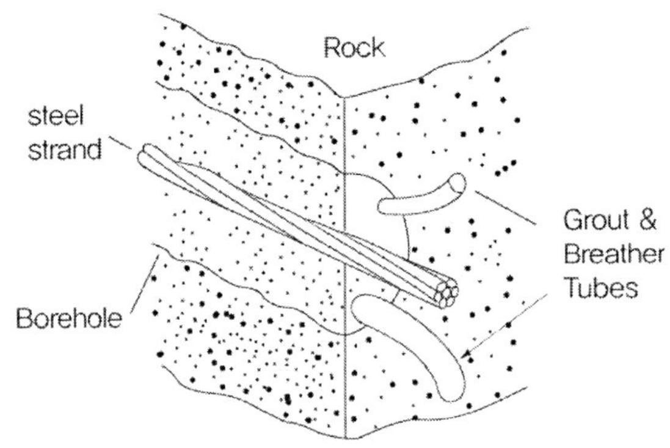

[그림 6-38] 케이블볼트(Hutchinson & Diederichs, 1996)

6.3.2 케이블볼트의 효과

케이블볼트는 암반에 대한 보강과 분리가 예상되는 암괴를 매다는 기능의 조합으로 암반을 지지한다. 케이블볼트로 얻을 수 있는 일반적인 효과는 다음과 같다.

(1) 보강기능으로서 케이블볼트는 암반 내 연약면의 분리와 미끄러짐을 방지하여 불연속면으로 인해 암반의 강도가 저하되는 것을 최소화한다.

(2) 암반의 강도가 터널 굴착으로 인해 발생하는 이차응력을 지탱할 만큼 충분하지 않거나 불연속면이 불리하게 작용하는 경우, 암반 블록의 붕괴를 방지하는 효과적인 지보재가 될 수 있다.

(3) 불연속면들이 많이 발달한 불량한 암반에서는 철망, 스트랩(strap), 숏크리트 등과 병용하면 더욱 양호한 지보 효과를 얻을 수 있다.

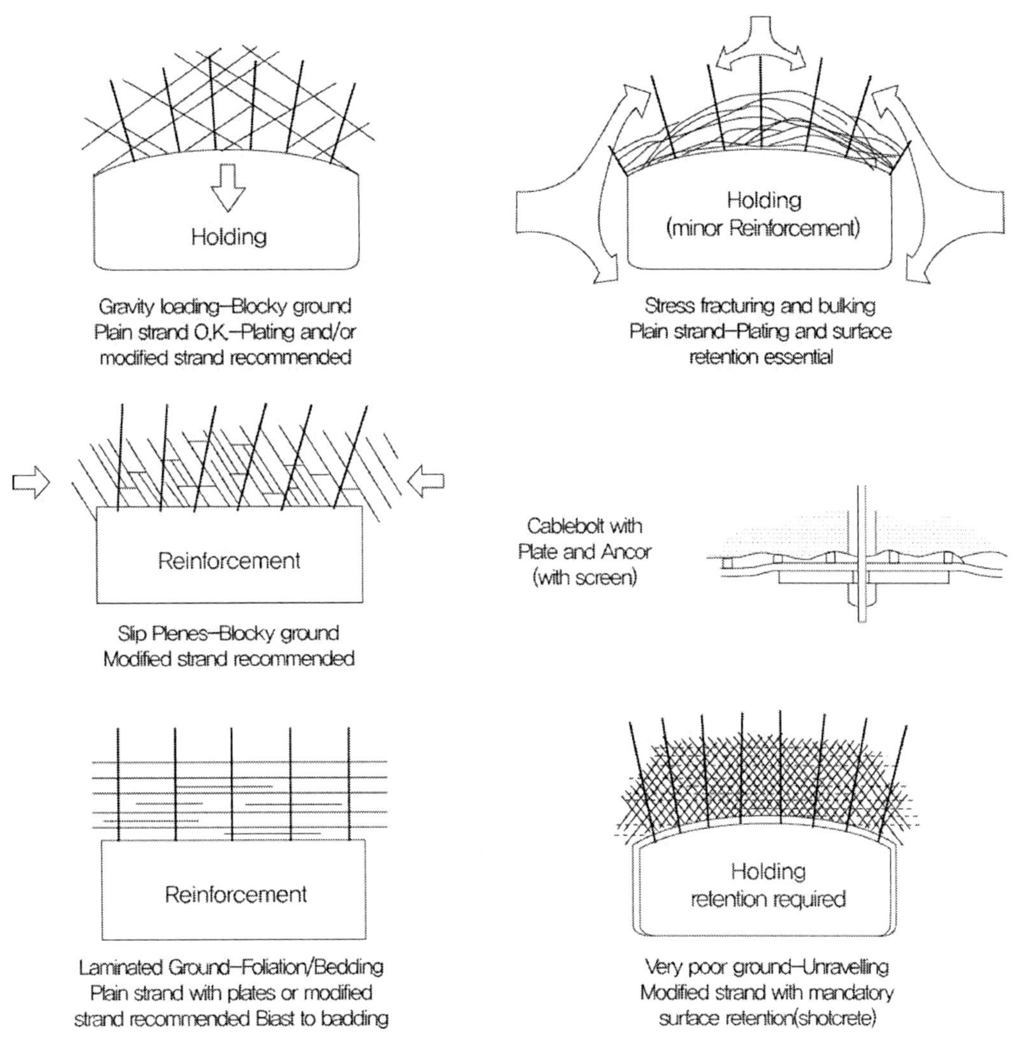

[그림 6-39] 케이블볼트의 효과(Hutchinson & Diederichs, 1996)

케이블볼트는 폭이 넓은 터널 교차부의 천반 보강이나 터널에 인접한 단층대의 보강에 활용이 가능하다. 특히, 케이블볼트는 설치 후에도 절단이 용이한 장점이 있다. 이를 이용하여, 지반이 매우 불량한 경우 소단면 선진 갱도를 굴착하여 천반부를 케이블로 보강한 후 케이블을 절단해 가면서 본 터널을 확대 굴착하는 선진도갱 공법을 적용할 수 있다. 이와 유사하게 터널 굴진 방향으로 굴진면 전방에 케이블볼트를 설치한 후 굴착하여 작업장의 안정성을 확보할 수도 있다.

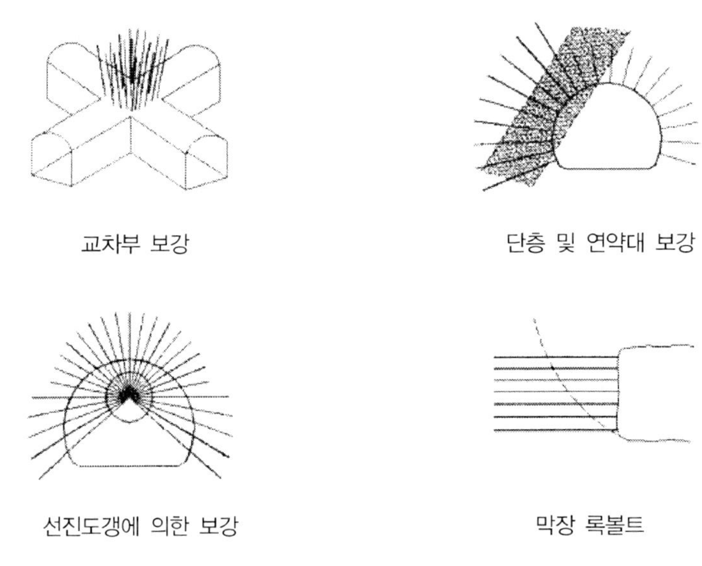

[그림 6-40] 케이블볼트의 활용

6.3.3 케이블볼트의 종류

초기 케이블볼트는 단순히 여러 개의 철선들을 꼬아서 만든 케이블을 공 내에 그라우팅하여 설치하는 형태였다. 그러나 케이블볼트의 취약부가 케이블과 그라우트재의 접합부에 있는 것이 밝혀짐에 따라 이를 방지하기 위해 [그림 6-41]과 같이 다양한 형태의 배럴과 쐐기 또는 형철부착식 앵커를 삽입한 케이블볼트가 개발되었다. 이들은 더욱 발전하여 지금은 보다 단순하고 저렴한 버드케이지(bird cage)식 케이블이 주로 사용되고 있다. 버드케이지는 시공 시에 버드케이지 속으로 그라우트재가 침투, 고결하여 지지용량을 증가시키는 역할을 한다.

형태	측면도	단면도
다중 철선으로 된 텐던 (Clifford, 1974)	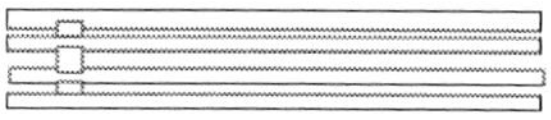	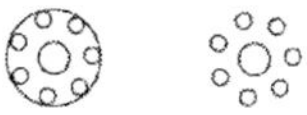
다중 철선으로 된 버드케이지형 텐던 (Jirovec, 1978)	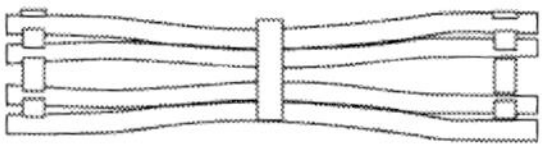	 엔티노드 노드
단일 나선형 (Hunt & Askew, 1977)		 보통형 압입형 굵힘형
피복된 단일 나선 (VSI. Systems 1982) (Dorsten 등, 1984)		 덮개형 피형 캡슐형
나선에 부착된 베럴과 쐐기 앵커 (Mattbews et al., 1983)	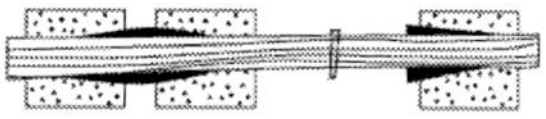 2중작용 짝수 앵커 단독 앵커	 3식 앵커 2식 앵커
나선에 부착된 형철 앵커 (Schmuck, 1979)	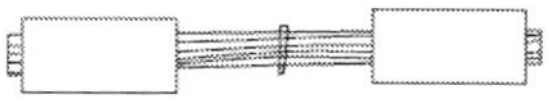	사각형 원형
고용량 절단 다우얼 (Matthews et al., 1986)	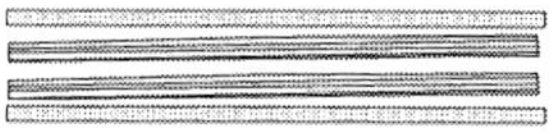	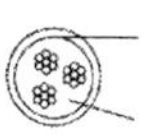 강재튜브 콘크리드
버드케이지 나선 (Hebins et al., 1990)		엔티노드 노드
구근형 나선 (Garford, 1990)		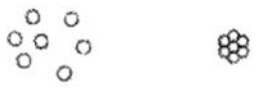 엔티노드 노드
페롤형 나선 (Windsor, 1990)		엔티노드 노드

[그림 6-41] 케이블볼트의 종류(Windsor, 1992)

[그림 6-42]는 케이블볼트를 설치할 때 사용되는 부속장치들이다. 단부 고정장치는 케이블의 끝이 공저에 고정될 수 있도록 하는 앵커 역할을 하며 그라우팅 전이나 중에 케이블이 설치공으로부터 빠져나오지 못하게 막는 역할을 한다. 두부 고정장치는 공입구 부분에 설치되어 케이블에 걸리는 하중을 플레이트에 전달하는 역할을 한다. 케이블 커플러는 암벽에서 두 개의 케이블 끝을 연결시킴으로써 케이블에 인장력을 가하여 지지 효과를 높이고자 할 때 사용된다.

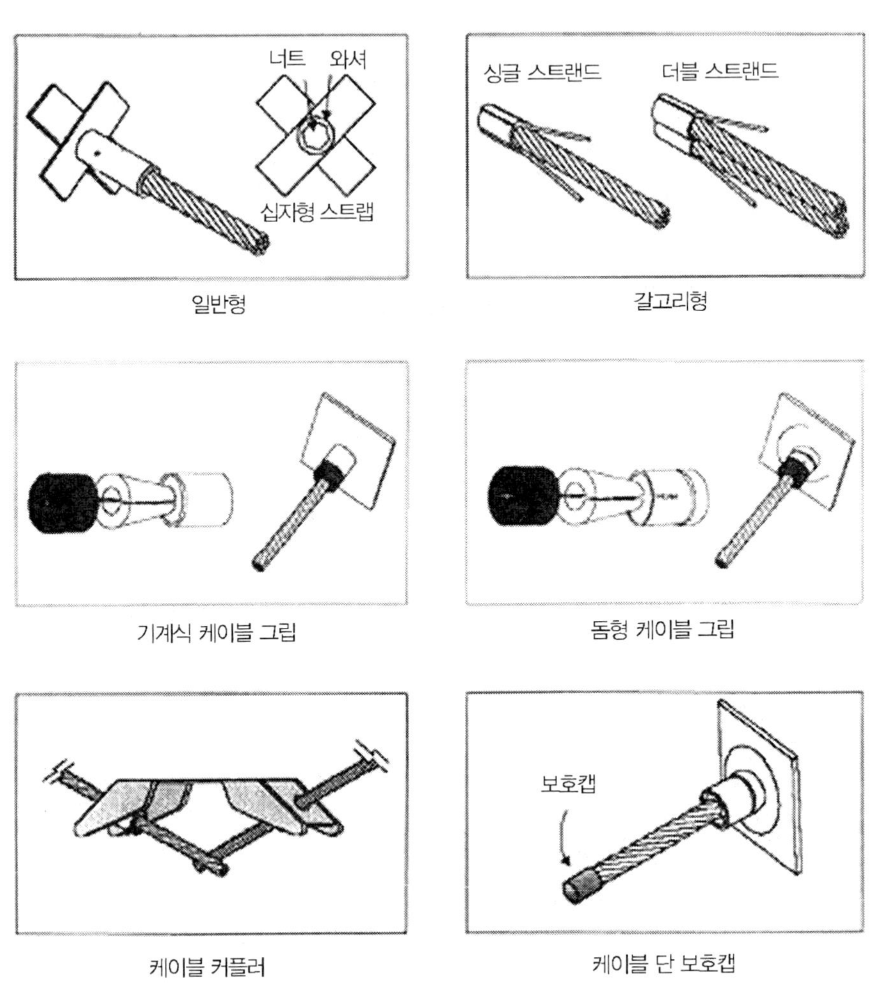

[그림 6-42] 케이블볼트의 부속장치

6.3.4 케이블볼트의 설계

대상암반조건이 매우 복잡한 경우 불연속면의 모델링이 어려워 해석적 방법을 적용하기가 매우 곤란한 경우가 있다. 이러한 경우 대안으로서 암반 분류법에 의한 설계방법을 적용한다.

케이블볼트의 설치간격은 볼트가 지지해야 할 전체 소요지보압에 따라 결정된다. 즉, 케이블볼트의 설치간격$(m)=\sqrt{\frac{\text{볼트지지용량}(ton)}{\text{지보압}(ton/m^2)}}$이 된다. 케이블볼트의 경우 강연선 개수를 증가시킴으로써 지지용량을 증가시킬 수 있으므로 록볼트에 비해 설치간격을 넓힐 수 있다. 그러나 이 경우 볼트 설치공 사이의 암괴가 국부적으로 탈락하는 현상이 발생할 수 있으므로 철망이나 [그림 6-43]과 같은 스트랩 등을 함께 사용할 필요가 있다.

[그림 6-43] **볼트 설치공들을 연결하는 스트랩**

케이블볼트의 길이는 일반 록볼트 길이 산정방법에 따라 결정할 수 있다. [그림 6-44]는 Grimstad 등이 Q 분류법에 의해 케이블볼트를 설계할 수 있도록 수정한 도표이다. 케이블볼트는 중간 정도의 응력수준의 절리가 발달한 암반에서 중규모 또는 대규모 공동에 이상적으로 적용될 수 있다. 실제 케이블볼트는 정착 길이가 길고 설치과정에서 공저부에 0.5~1.0m의 간극이 발생하므로 [그림 6-44]에 의해 결정된 길이에 최고 2m를 추가해야 한다.

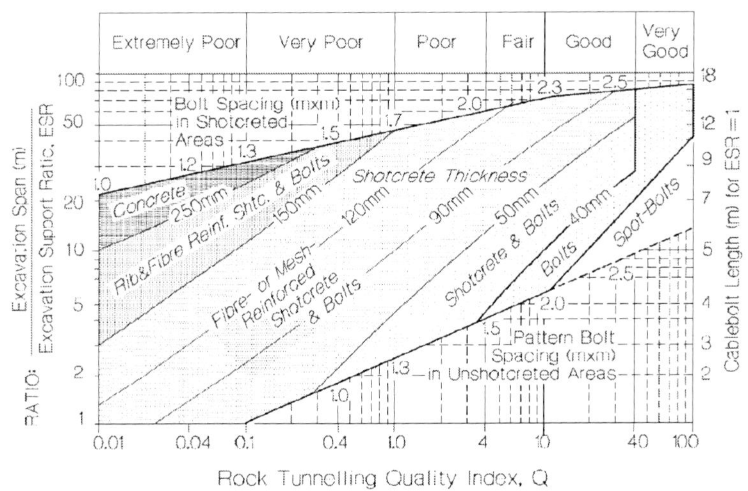

[그림 6-44] 케이블볼트 길이 산정[Q 분류법에 의한 터널 지보설계 지침(Grimstad & Barton, 1993)]

6.3.5 케이블볼트의 시공

케이블볼트는 일반적으로 하나 또는 두 개가 설치공 내에 삽입되며, 설치 공저의 길이 2~3m 부분에 그라우트재를 충전하여 앵커를 형성시킴으로써 케이블볼트를 고정시킨다. 다음 케이블볼트에 약간의 장력을 가하고 설치공의 나머지 부분을 그라우트재로 충전한다.

케이블볼트 시공장비는 [그림 6-45]와 같이 Tamrock의 Cabolt 시리즈와 Atlascopco의 Cabletec LC 등이 있다. 주요 구성 부분은 장공 착암기, 케이블 삽입기, 케이블 정착용 그라우트재 주입믹서, 유압동력부, 조정부 등이 일체화되어 있다. 설치공 천공, 케이블 삽입, 그라우트재 주입 등의 작업을 연속적으로 자동화하여 수행 가능하다. 보통 사용되는 케이블의 지름은 15.2mm, 설치공경은 51~76mm이다.

(a) Tamrock Cabolt

(B) Atlascopco Cabletec LC

[그림 6-45] 케이블볼트 설치 전용장비

앞에서 언급한 것과 같이 케이블볼트의 지보능력은 그라우트재의 주입상태에 크게 영향을 받는다. 주입 능률과 효과는 그라우트재의 점도에 좌우되는데, 케이블볼트의 설치에 적절한 물/시멘트의 배합비는 0.3~0.4 정도로 알려져 있다.

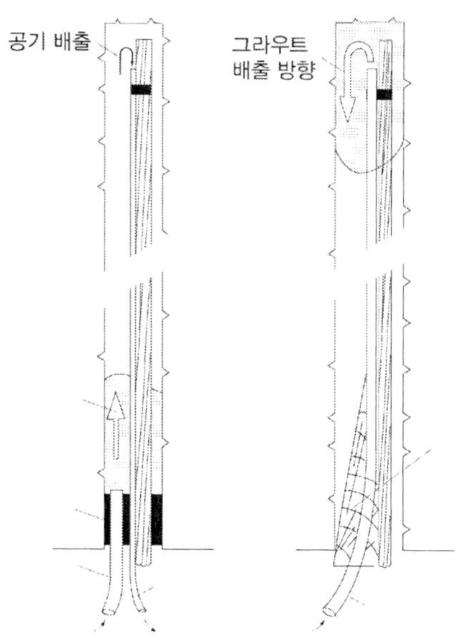

(a) 공기배출 튜브법 (b) 그라우트 튜브법

[그림 6-46] 상향 설치공에 케이블볼트를 그라우팅하는 방법(Hoek et al., 2002)

그라우팅 방법에는 [그림 6-46]과 같이 공기배출 튜브법과 그라우트 튜브법이 있다. 공기배출 튜브법은 그라우트재를 직경 19mm인 대구경 튜브를 통해 설치공 입구에서 주입하며 설치공 내의 공기는 케이블볼트에 테이프로 고정하여 설치 공저까지 연장되어 있는 소구경 튜브를 통해 배출하는 방법이다. 상향공의 경우에서는 그라우트재의 이동이 상향이므로 그라우트재의 주입 밀도가 높아져 치밀하게 주입될 수 있는 장점이 있다. 그러나 이 방법은 설치공 입구부를 밀폐시키는 데 어려움이 있고, 그라우트재가 공기배출 튜브를 통해서 역류될 때 설치공이 그라우트로 완전히 채워졌다고 알 수 있으므로 완전히 충전된 시점을 알기 어렵다. 특히 점성이 높은 그라우트재를 사용할 때에는 더 큰 직경의 공기배출 튜브가 필요하다.

그라우트 튜브법은 대구경 그라우트 주입용 튜브를 케이블볼트에 테이프로 고정시켜 설치 공저까지 삽입한 후 공저부에서부터 그라우트재를 충전하는 방법이다. 공 입구부에 그라우트재가 보일 때까지 주입한다. 이 방법은 상향공에서 공이 그라우트로 완전히 채워지는 시기를 정확히 알 수 있고 충전 방법이 쉬운 장점이 있으나 점성이 높은 그라우트재(물/시멘트 비=0.3~0.35)를 사용할 경우 공 내에 공극이 형성될 가능성이 낮으나 점성이 낮을 경우에는 충전이 불량할 가능성이 높은 단점이 있다.

버드케이지, 페롤형, 구근형 나선케이블과 같이 변형된 케이블볼트들을 사용하는 경우에는 그라우트가 케이블볼트의 케이지 내부를 채우기에 충분한 유동성을 가질 수 있도록 물/시멘트 배합비가 0.4 정도의 묽은 그라우트재를 사용한다. 따라서 주입 방법도 물/시멘트 배합비가 0.3~0.35 범위인 그라우트재를 사용하는 그라우트 튜브법보다 묽은 그라우트재의 사용이 가능한 공기배출 튜브법이 유리하다.

6.4 강지보

강지보는 높은 지압이 작용하는 터널의 지보재로 많이 사용된다. 강지보는 오랜 역사를 지니고 있으며 현재까지도 많이 사용되고 있는 지보재 중의 하나로서, 지하 심부 광산의 주운반 갱도나 터널 입구부, 교차부 또는 높은 지압이 작용하는 개소 등에 사용되고 있다. 근래에 와서 널리 적용되고 있는 NATM 시공에서는 주 지보재로 록볼트와 숏크리트를 사용하고, 주요 개소에 대한 안전율을 높이기 위해 강지보를 사용하기도 한다.

6.4.1 강지보의 종류

강지보는 보통 원형이나 반타원형에 가까운 모양을 하는데 이는 터널 설계 단면의 형상에 따라 결정된다. 강재 부재 전체를 철재로 하는 것이 일반적이나 연결부에 목재를 삽입하여 가축성을 주는 경우도 있다. 강지보는 2매나 3매, 대단면일 경우는 5매의 원호형 부재를 결합하여 터널 단면 형상을 구성한다. 종류는 부재의 단면 형상에 따라 H형과 U형의 두 가지가 있다. 최근에는 래더(ladder)형 강지보도 개발되어 사용되고 있다.

가. H형 강지보

H형은 재래 공법에서도 H250-H300과 같은 대형으로 제작되어 많이 사용되었으나 NATM에서는 소형의 H100-H200 정도의 간편한 것이 사용되고 있다. H100에서 H는 H형을 의미하며, 100은 [그림 6-47]에서와 같이 치수를 의미한다. [그림 6-48]은 H형 강재 부재의 모습이다.

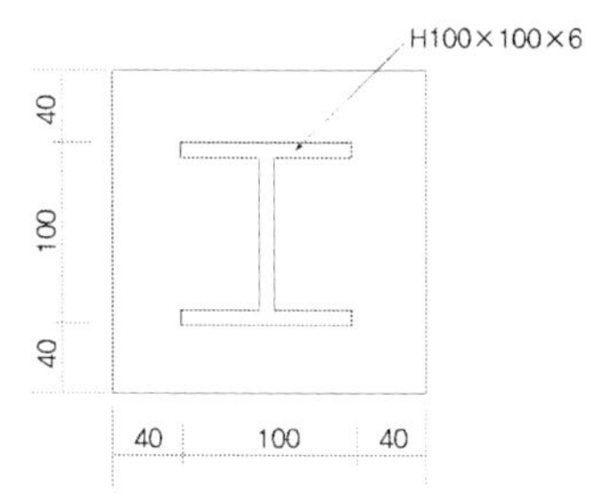

[그림 6-47] H형 강지보의 단면

[그림 6-48] H형 강재 부재

조립 시에는 [그림 6-49]의 (a)와 (b)와 같이 정상 결합이거나 허용될 수 있는 상태로 연결해야 하며, (c)와 같은 상태로 연결하여서는 안 된다.

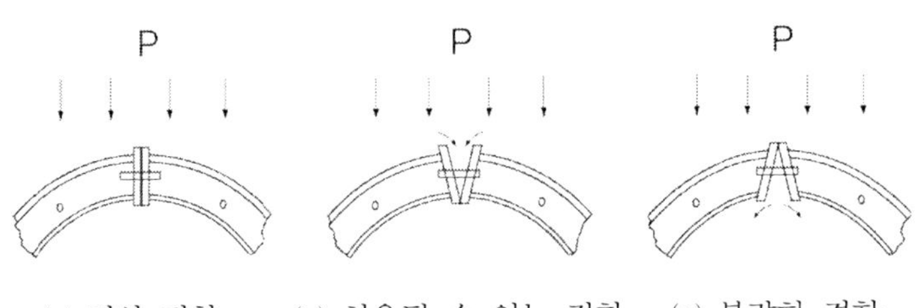

[그림 6-49] H형 강지보 부재의 연결

H형 강지보의 단점으로는 형상에서 H모양의 틈에 숏크리트가 잘 채워지지 않아 공극이 생기므로 원지반과 완전히 밀착되지 않을 수 있으며, 터널 변형에 대해 가축성을 주고자 할 경우에는 숏크리트가 지보를 고정하고 있으므로 형강 연결부의 숏크리트를 일부 깨어내야 하는 경우가 있다.

나. U형 강지보

U형 강지보는 H형의 문제점을 보완하여 개발된 것이다. U형의 볼록한 부분을 암반 쪽으로 향하게 설치함으로써 강재 둘레에 숏크리트의 침투가 좋아진다. U형의 연결부는 휨 변형이 가능하므로 H형에 비해 가축성이 좋다. 따라서 변형이 큰 팽창성 암반에서 암반의 변형을 적당히 허용하여 작용하는 압력을 감소시킬 수 있다. [그림 6-50]은 U형(모델 MU-29) 강지보의 가축성 이음부이다.

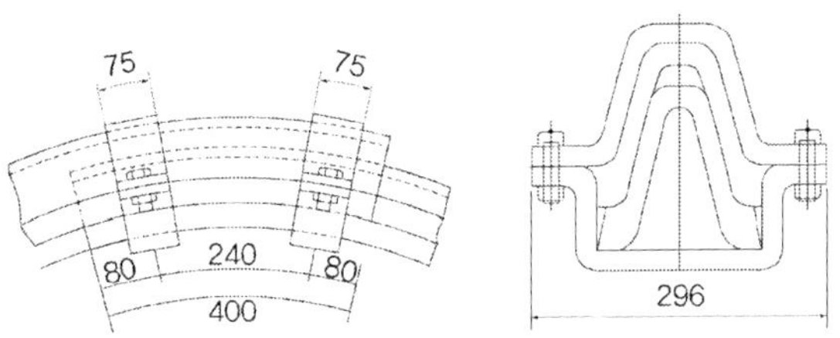

[그림 6-50] U형 강지보의 가축 이음

다. 래더형 강지보

래더형 강지보는 [그림 6-51]과 같이 세 개의 굵은 철근을 평행하게 두고 철근 사이를 물결모양의 가는 철선으로 용접하여 아치형의 래더 빔을 만든다. 래더형 강지보는 지보 자체의 강성이 H형 강지보보다는 약하나 지보를 터널 단면에 세운 후 숏크리트를 타설하면 숏크리트가 래더 틈 사이에 쉽게 충전되어 숏크리트와 일체화되므로 전체 지보 시스템은 충분한 지지력을 발휘할 수 있는 장점이 있다.

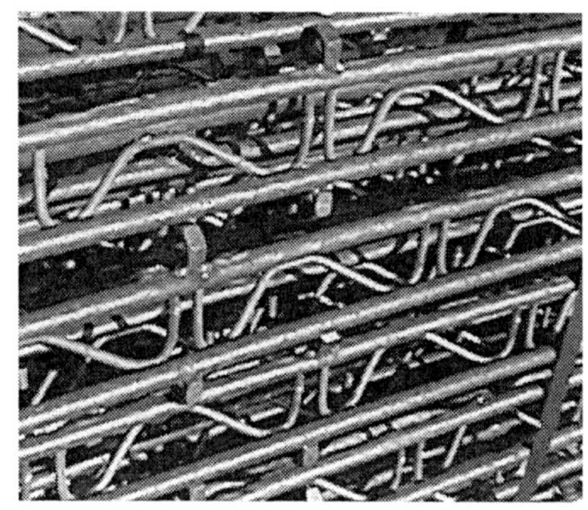

[그림 6-51] 래더형 강지보

6.4.2 강지보의 시공

강지보의 시공은 아치의 하단부가 위치할 자리의 측량 및 정리, 아치 세우기, 강지보 부재의 연결, 절장 연결, 벽권 설치 및 뒷채움의 순서로 진행된다. 부재의 개수가 3매 이상이 사용되는 대단면 터널에서는 터널의 높이가 높으므로 [그림 6-52]와 같이 승강용 장비를 이용하여 아치 부재를 들어 올려 조립한다. 설치된 아치들의 위치가 고정되도록 절장으로 연결한다.

[그림 6-52] 대단면 터널에서의 강지보 세우기

[그림 6-53] 절장으로 강지보 아치를 연결

강지보를 주지보재로 사용할 경우, 굴착된 암반 벽면 사이에 공간이 있으면 지보가 지지 능력을 발휘하지 못하므로 뒷채움 작업을 해야 한다. 벽권은 아치와 아치 사이를 판벽으로 연결하고 판벽과 암벽 사이의 공간을 뒷채움하는 것을 말한다.

NATM 시공에서 숏크리트를 타설할 경우에는 [그림 6-55]와 같이 절장 설치 후 숏크리트를 뿜어 뒷채움을 한다. 이러한 경우에는 강지보가 숏크리트에 완전히 묻히도록 뿜어 붙이기를 한다.

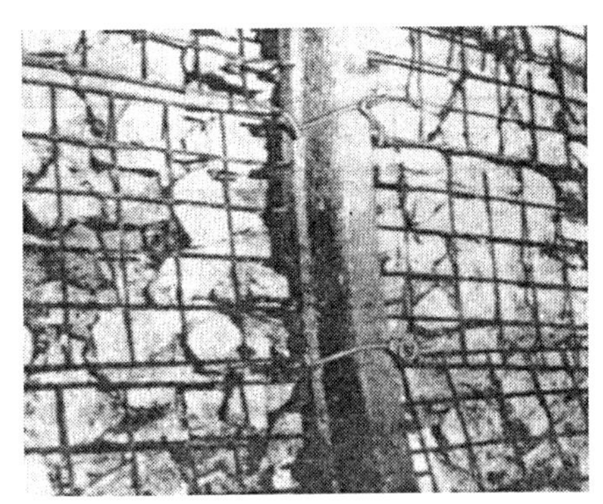

[그림 6-54] 와이어 메쉬와 폐석을 이용한 뒷채움

[그림 6-55] 숏크리트로 뿜어 붙여진 강지보

6.4.3 철근보강 숏크리트

래더형이나 H형 강지보재는 제품이 규격화되어 있기 때문에 발파로 인해 다소 불규칙한 터널의 단면 변화에 대응하는 데 어려움이 있다. 이러한 경우 철근보강 숏크리트를 사용하면 지보설계 시 지압 변화에 대응하기 쉬우며 좀 더 효율적이고 경제성 있는 시공이 가능하다.

철근보강 숏크리트는 노르웨이에서 처음으로 개발되어 NMT의 주요 지보방법으로 사용되고 있다. NMT에서는 암반등급 및 터널 규모에 따라 다양한 지보방법을 채택하는데, 이 중 철근보강 숏크리트는 아주 불량한 암반조건에 사용하는 방법이다. [그림 6-56]은 철근보강 숏크리트가 설치된 장면으로, 북유럽이나 그리스 등 일부 국가의 터널공사에서 적용되고 있다.

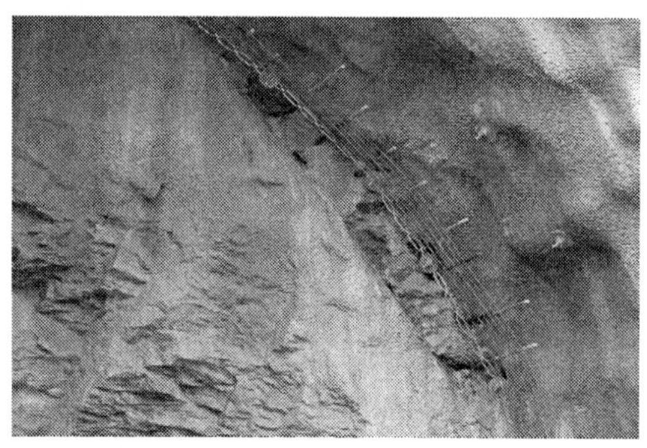

[그림 6-56] 터널 내에 RRS가 시공된 모습

[그림 6-57]은 노르웨이에서 적용되고 있는 철근보강 숏크리트의 보강설계 사례를 도시한 것이다. 이는 강성이 높은 NMT 격자지보(lattice girder)라고 묘사되기도 하는데 (Grimstad et al., 2002), 과굴이 발생할 경우 단면 모양에 맞게 설치하기가 타 강지보재에 비해 더 용이하며 규칙적으로 록볼트를 추가로 설치할 수 있어 격자지보보다 더 강성이 높도록 시공이 가능하다.

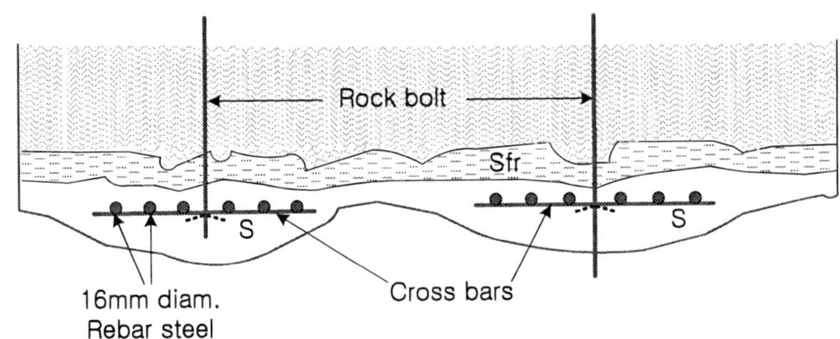

[그림 6-57] 철근보강 숏크리트 설계사례(after Grimstad et al., 2002)

철근보강 숏크리트의 설계에서는 주로 Q 시스템을 통해 지보결정을 한다. 철근보강 숏크리트는 NMT의 지보설계에서 Q 값이 1 이하일 때 적용하는 것으로 되어있으나, 주로 0.1~0.02(매우 불량 또는 극히 불량)일 때 추천되는 지보이다.

[그림 6-58]은 노르웨이에서 적용되고 있는 철근보강 숏크리트의 구성 원리를 보여주고 있다.

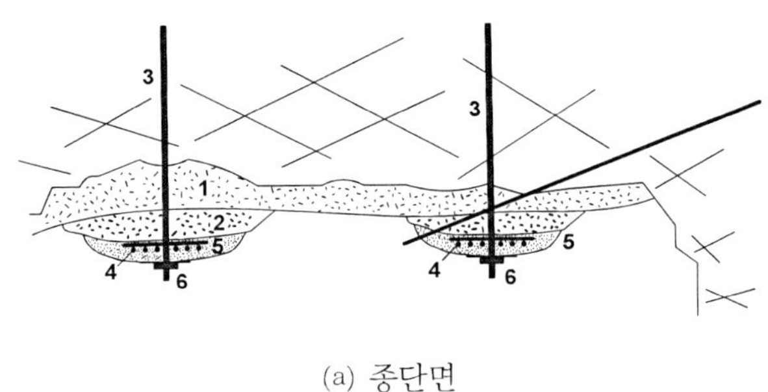

(a) 종단면

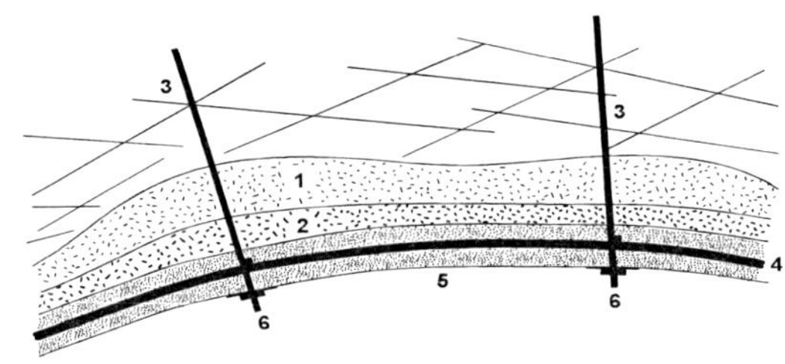

(b) 횡단면

[그림 6-58] 철근보강 숏크리트 아치의 구성원리

[그림 6-58]에 도시한 철근보강 숏크리트의 구성요소들은 다음과 같다.

- 1 : 1차 S(fr)층
- 2 : S(fr) 또는 S로 시공된 아치 기초
- 3 : 록볼트[그리고 철강지보재(steel rib) 정착을 위한 크로스피스(cross-piece)]
- 4 : 6개의 16mm 직경 steel reinforcing bars (ribs)
- 5 : S아치 완성
- 6 : 조임을 위한 와셔와 너트

Q 값이 0.1 이하인 매우 불량한 암반에서는 적어도 2단계 굴착을 하는 것이 일반적이고 필수적이다. 이는 철근보강 숏크리트가 상부 굴착면에서 하부 굴착면까지 연장되어 결국 인버트(invert)까지 연결되어야 함을 의미한다. [그림 6-59]는 하부 벤치 굴착 이전에 철근보강 숏크리트의 끝부분이 충분히 정착 되도록 철근보강 숏크리트가 겹치는 부분을 8m 길이의 앵커로 보강한 예이다. [그림 6-60]은 이와 같은 방법으로 시공된 지하철 터널이다.

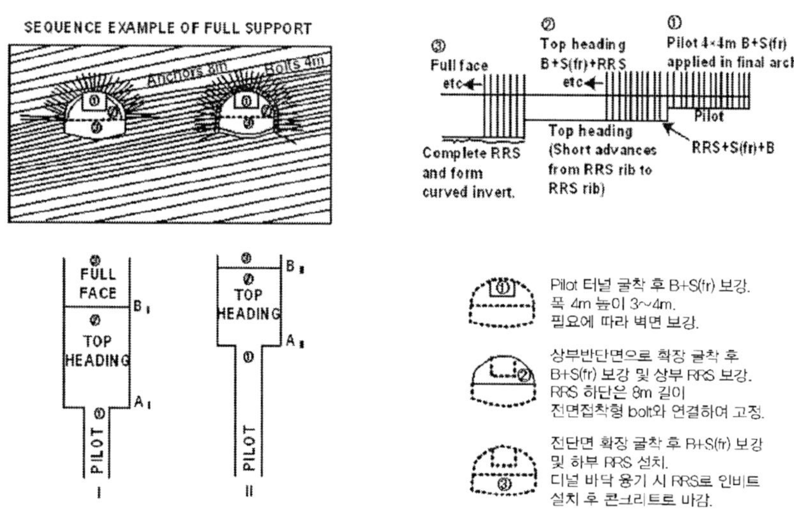

[그림 6-59] 그리스 Patras 터널의 다단계 굴착에서의 철근보강 숏크리트 시공 사례

[그림 6-60] RRS로 보강된 노르웨이 오슬로 지하철 터널

6.5 인버트

인버트(invert)는 터널의 천반과 측벽에 설치된 지보 구조와 바닥부를 일체화하기 위해 바닥부를 굴착하고 콘크리트를 타설하는 것을 말한다. 인버트 설치의 목적은 터널 천반 및 측벽부의 지보와 연결하여 바닥에 지보를 설치함으로써 지보구조를 폐합시키는 데 있다. 전체 지보 구조의 폐합은 NATM의 매우 중요한 지보 개념으로서, 지보 구조는 인버트 설치 시점까지 폐합되어 있지 않으므로 불안정한 상태에 있다고 할 수 있다.

가장 간단한 경우의 인버트의 설치는 [그림 6-61]과 같이 먼저 바닥면을 인버트 구조의 곡률 반지름에 맞게 굴착하고 측벽부의 지보와 연결하여 ①의 인버트 콘크리트를 타설한 후 터널이 관통되면 ②의 라이닝과 ③의 노반 콘크리트를 타설한다.

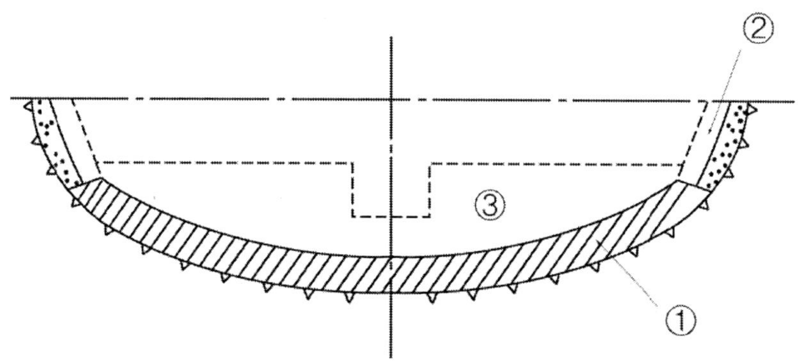

[그림 6-61] 인버트의 시공

[그림 6-62]는 인버트 시공의 또 다른 방법으로 NATM에서는 ①의 숏크리트로 먼저 터널을 폐합하고 이와 함께 라이닝 시공을 위한 거푸집의 기초 ②를 선행 시공한 후 터널이 관통되면 ③의 라이닝과 ④의 노반 콘크리트를 시공한다.

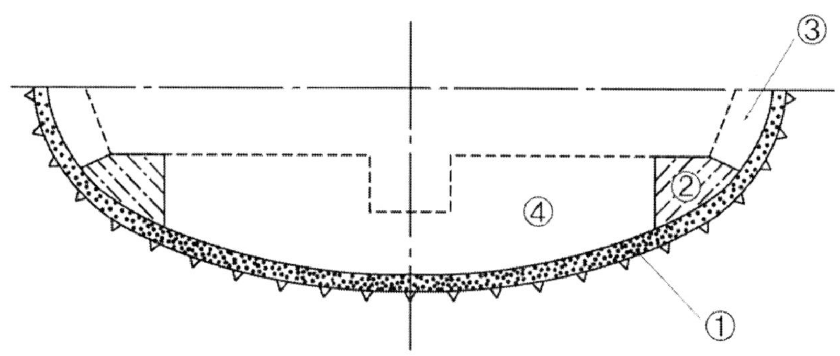

[그림 6-62] NATM 공법에서의 인버트 시공

인버트 설치가 굴착과 동시에 진행되면 인버트 상부를 시공 장비나 트럭들이 지나가게 되므로 인버트 시공 후 노반을 가시공하여 인버트를 보호하는 것이 좋다. 측벽과 연결되는 인버트의 양단부는 용수가 적은 경우라 할지라도 물이 고이기 쉬우므로 충분히 배수 처리를 하고 콘크리트나 숏크리트를 타설한다.

암반이 양호한 경우 인버트의 설치는 종종 터널이 관통된 후 라이닝이 타설되기 전에 측벽부의 지보와 연결되도록 일괄하여 시공하는 경우가 많다. 그러나 NATM 에서의 인버트는 엄밀하게 말하면 천반 및 측벽의 지보와 병행하여 콘크리트 또는 숏크리트로 시공하는 것이 원칙이다. 그러나 자립시간이 상당히 긴 양호한 암반의 경우에는 한 달에 수 회 정도 굴진작업을 중지하고 수십 m의 구간을 한 번에 설치하는 경우도 있다.

6.6 라이닝

라이닝은 록볼트나 숏크리트 지보를 적용하지 않는 재래공법에서는 주지보재로 설치되는 강지보와 함께 보강지보의 역할을 한다. 그러나 NATM에서는 1차 및 2차 숏크리트, 록볼트 등에 의해 터널의 안정을 위한 지지력은 대부분 확보되므로, NATM 지보로서 지지력이 불충분한 연약 암반이나 영구유지가 필요한 도로 터널 등의 경우에서 안전율을 높이기 위해 라이닝을 시공한다. 라이닝은 보통 터널이 관통된 후 일괄하여 시공되므로 굴착 후 즉시 시공되는 지보와 구별하여 2차 복공이라고 불리기도 한다. 라이닝이 지보의 역할을 할 필요가 있는 경우나 갱구부의 라이닝에는 철근을 배근하여 복공의 강도를 높이고 그렇지 않은 경우에는 보통 철근을 넣지 않는 무근 라이닝을 적용한다.

현재 우리나라에서는 NATM 터널이라고 하더라도 미관상의 문제나 터널의 통기저항을 감소시키기 위한 목적으로 대부분 라이닝을 시공하고 있다. 다만 NATM에서는 라이닝 콘크리트의 두께가 재래공법에서보다 훨씬 얇다는 것과, 재래식에서 단면을 좌우측, 천반부 등으로 나누어 타설하는 것과 달리 전단면을 일시에 타설하는 것 등이 다르다. 따라서 NATM의 경우 지수성이 재래식보다 양호하나 건조수축에 의한 균열이 발생할 수 있는 단점이 있다.

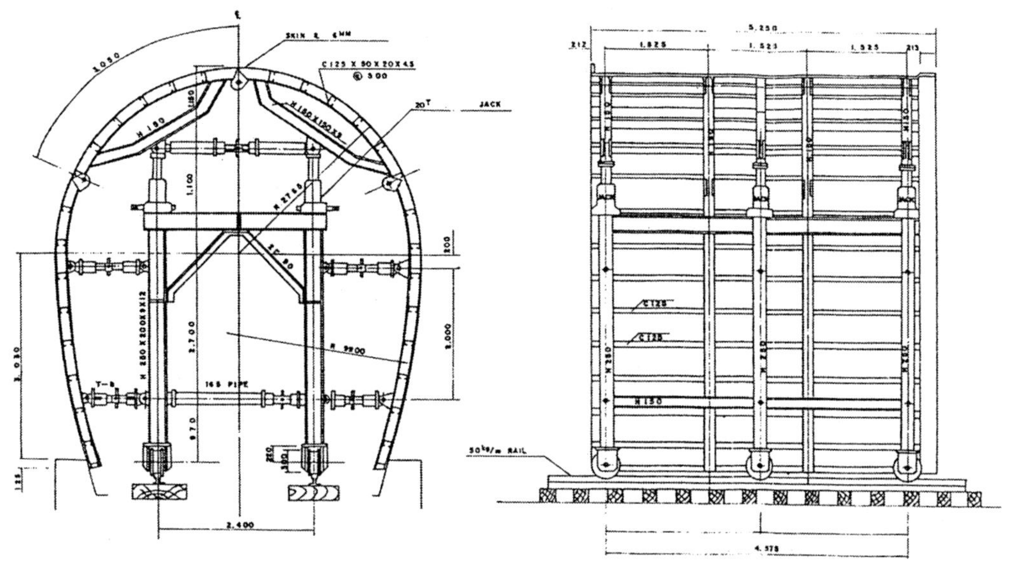

[그림 6-63] 라이닝 타설에 사용되는 철재 거푸집의 예

[그림 6-63]은 NATM 시공에서 라이닝 타설 시 사용되는 전단면 철재 거푸집(steel form)의 예이다. 이 장비를 사용하면 터널 진행방향으로 5m 정도의 전단면 구간을 동시에 복공할 수 있으며 벽면 구배 및 시공 오차를 감안하여 힌지(hinge)와 유압식 잭으로 벽면과 거푸집의 간격을 조절할 수 있도록 되어 있다. 거푸집은 대차에 탑재되어 레일식으로 이동한다.

콘크리트의 주입에는 콘크리트 펌프를 사용한다. 주입 시 벽면과 거푸집 사이는 공간이 많지 않아 공기가 혼입되어 라이닝의 품질을 저하시킬 수 있으므로, 거푸집 자체를 진동시킬 수 있는 진동기(form vibrator)를 사용하거나, 고무망치 등으로 폼을 두드려 진동을 줌으로써 공기가 원활히 배출되고 콘크리트가 적절히 다져지도록 해야 한다. [그림 6-64]는 갱구부에서 숏크리트 타설면 위에 철근을 배근한 후 철재 거푸집을 이용하여 라이닝 작업을 하는 모습이다.

[그림 6-64] 철근이 배근된 갱구부에서 철재 거푸집을 이용한 라이닝 작업

6.7 굴진면 안정 보강공법

터널 굴착에 적용 가능한 보조공법 중 굴진면 안정과 천단 지반강화와 관련된 공법으로는 주로 파이프루프, 포어폴링, 우산망 보강 공법, 굴진면 숏크리트 및 록볼트, 약액 주입 공법, 고압분사 교반 공법 등이 있다. 특히 약액 주입 공법은 굴진면 안정뿐만 아니라 지수공법 등으로 광범위하게 적용되는 중요한 공법이다.

6.7.1 파이프루프 공법

파이프루프(pipe roof) 공법은 터널 천단부 연약지반의 이완방지 등을 주된 목적으로 하며, 터널 내공변위를 최대한 억제하고 상부 구조물의 보호를 위해 보다 적극적으로 지지해야 할 경우에 효과적이므로 주요 구조물 하부 통과 시 적합한 공법이다. 파이프루프 공법의 주요 용도는 다음과 같다.

- 도로, 철도 하부 시공 시
- 지중 및 지상 구조물 하부 시공 시
- 대단면 터널 시공 시
- 터널 갱구부 시공 시
- 단층 파쇄대, 붕락성 지반의 관통 시

그러나 이 공법은 시공비가 고가이고, 작업대 및 플랜트(plant)설치 공간이 필요한 단점을 가지고 있으므로 세심한 검토를 바탕으로 터널에 적용해야 한다.

가. 강관 규격 및 설치

강관은 여러 종류가 있으나 일시적인 가설 지보재로 설계하는 경우에는 경제성을 고려하여 국내에서 생산되는 일반구조용 강관을 사용하는 것이 바람직하다. 강관의 규격은 가해지는 하중의 크기에 따라 변화하며, 일반적으로 강관 두께는 3~4mm, 직경은 50~300mm, 길이는 6~15m로, 1회 시공 후 7~8개 굴진면까지 연결시킬 수 있다.

철도, 도로 등과 같이 큰 상재하중이나 주요 구조물에 근접하여 시공할 경우 큰 강성과 토사의 유출방지를 위해 직경 300mm 이상의 대구경 강관을 연결형으로 시공하는 것이 유리하지만([그림 6-65] 참조), 토피가 어느 정도 형성된 경우에는 소, 중구경 강관을 일정 간격으로 분리 배치하는 방법이 경제적이다([그림 6-66] 참조).

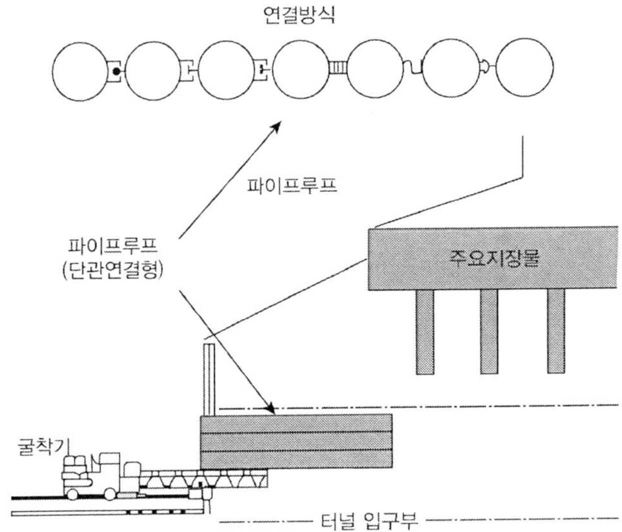

[그림 6-65] 연결형 파이프루프 사례

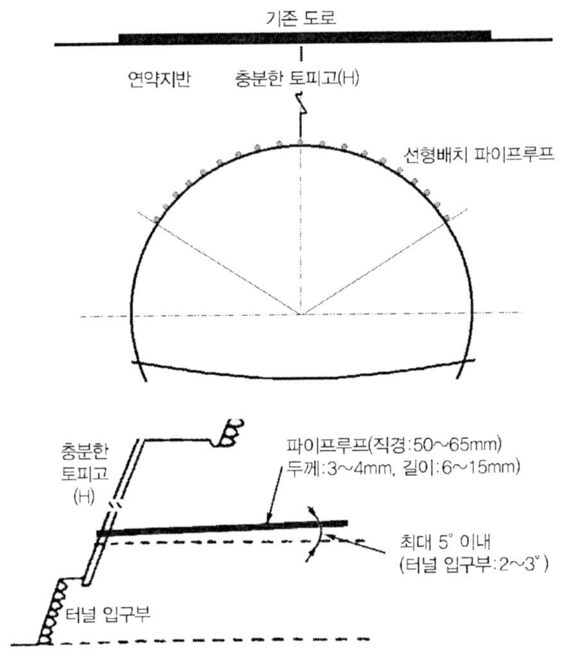

[그림 6-66] 분리형 파이프루프 사례

분리간격(CTC; Center To Center)은 지반조건(점착력, 입도분포, 밀도, 균열, 지하수 등), 지반압, 강관배열 및 위치, 굴착방법, 지보간격 등의 요소들을 검토하여 결정하며, 분리최소간격은 경험적으로 강관 직경의 약 2~2.5배 정도를 이용하고 있다. 연결형의 경우 연결 조인트의 설계가 필요한데, 외부 하중에 의한 전단응력을 지지할 수 있도록 충분한 강성을 가져야 하며, 일반적으로 강관 반경의 약 1/3~1/4배로 부착높이를 정하고 있다.

파이프루프를 삽입하기 전에 지반을 충분히 그라우팅해야 한다. 반드시 강지보재 바깥쪽에서 가능한 수평(최대 5° 이내, 터널 입구부에서는 2~3° 이내)으로 시공해야 한다. 이러한 여건을 만족시키기 위해서 터널 단면을 종방향으로 3~4m 구간을 300~400mm 정도로 확폭하면 파이프루프를 정밀하게 설치할 수 있다. 그러나 수평 시공이 불가능할 때에는 포어폴링과 병용해야 효과적이다. 특히 고압 수평 분사와 병용할 경우는 대상지반을 선별하여 시공해야 한다. 풍화토나 풍화암 지반에서는 그 효과가 크게 저감되고, 충적층에서는 확실한 보강 효과가 있음이 시공을 통해 증명되었으므로 파이프루프의 설계 시 이러한 점을 충분히 고려해야 한다.

나. 파이프루프 시공 사례

국내의 파이프루프 시공 실적은 도심지 지하철 터널에서 주요 구조물 통과 시 적용한 사례는 있지만, 철도터널은 대부분 산악지역의 양호한 지반조건과 충분한 토피고를 가지고 있기 때문에 파이프루프를 보조공법으로 시공한 사례는 매우 드물다. 그러나 풍화암 또는 절리가 심한 연암지반뿐만 아니라 갱구부와 교차터널 구간 및 주요 구조물 하부를 낮은 토피고로 통과하는 구간에서는 설계의 고려 대상이 된다.

6.7.2 포어폴링 공법

포어폴링(forepoling) 공법은 일시적인 지보재로서 굴착 전 터널 천단부에 종방향으로 설치하여 굴착면의 자유면 길이를 감소시킨다. 국부적으로 낙반을 방지하여 굴착 천단부의 안정을 도모하며, 굴진면 전방의 지반 보호 및 느슨함을 방지하기 위한 목적으로 사용한다. 포어폴링의 횡 및 종간격은 굴진장, 지반하중, 지반조건 등에 따라서 조절해야 하며, 포어폴링 공법의 규격 및 설치범위는 다음과 같다.

가. 보강재 규격 및 설치

보강재 재질은 철근, 강관 또는 강지보 말뚝을 사용하는데 철근의 직경은 25mm, 강관 파이프의 직경은 약 30~40mm을 주로 사용한다. 또한 보강재의 길이는 굴진장의 2~3배를 추천한다.

횡방향 설치간격(CTC)은 지반조건과 굴진장에 따라서 탄력적으로 조정해야 한다. 문헌마다 다소 차이는 있지만 경험적으로 약 0.3~0.8m 이내로 하고, 종방향의 설치간격은 매 굴진면마다 설치하는 것을 원칙으로 하지만 2 굴진면마다 설치하는 경우도 있다. 또한 설치범위는 터널 굴진면 천정 중심 부분에서 좌우로 약 30~60° 범위에 보강재를 설치한다.

설계 및 시공 시 주의사항으로는 여굴 방지를 위해 최대한 수평을 유지(설치각도 15° 미만)하고, 강지보재와 지반을 이용하여 2점 지지가 되며, 안전성을 증가시키기 위해 상호 중첩되도록 설계한다. 참고로 시공 후 느슨함 방지를 위해 천공면은 반드시 모르타르 그라우팅을 실시해야 한다. [그림 6-67]은 터널 굴진면 상부의 지반안정을 목적으로 포어폴링을 시공하기 위한 표준설계단면 사례이다.

나. 포어폴링 종류

여러 형식의 포어폴링 중에서 현재 국내에서 적용되고 있는 종류들은 보강재와 주입방식에 따라서 다음과 같이 구분할 수 있다.

- 천공 후 철근 삽입 및 모르타르 채움
- 천공 후 강관 삽입 및 모르타르 채움
- PU-IF(Poly Urethane-Injection Forepoling)

• AB Forepoling(Forepoling method with Advanced Bit) 등

포어폴링 종류 중에서 철근 및 강관삽입 방식의 설계는 전술한 것과 같다. 본 절에서는 국내에서 적용된 바 있는 우레탄 압입식 PU-IF 공법에 대한 특성을 설명하고자 한다.

이 공법은 불안정한 지반에서 굴진면 상부의 안정성을 높이기 위한 보조공법이다. 주입이 가능한 로드를 사용하여 순결성 우레탄(FCU)을 주입함으로써 굴진면을 보강한다. 주입재인 FCU는 [표 6-7]과 같이 A액과 B액을 중량비 1 : 1로 혼합하는 것이다. 주입 직후에는 점성이 낮고 침투성이 풍부하지만 매우 짧은 시간에 점성이 높아져서 패커나 코킹이 불필요한 특징이 있다.

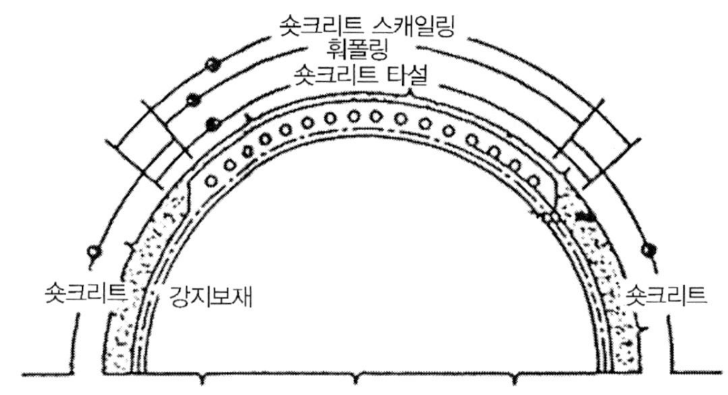

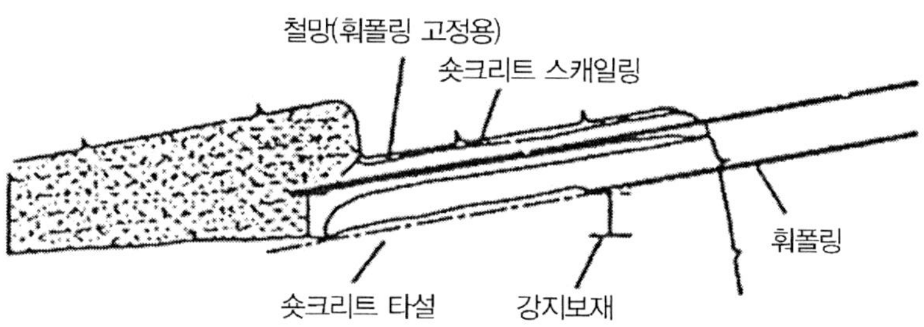

[그림 6-67] 포어폴링 시공 표준설계단면 사례

[표 6-7] 순결성 우레탄(FCU)의 재료 특성

항목		특성
점성	A액	900±100 CPS
	B액	150±20 CPS
겔 타임		7±2초
비중	A액	1.052±0.33
	B액	1.236±0.03
가연성		인화점 약 200℃

그러나 이 공법의 단점으로, 용출수가 많으면 반응시간이 길어지고 물에 씻길 우려가 있으므로 지하수 조건에 따라 적용에 대한 타당성을 검증해야 한다. [그림 6-68]은 PU-IF 공법의 시공을 위한 표준설계단면 사례이다.

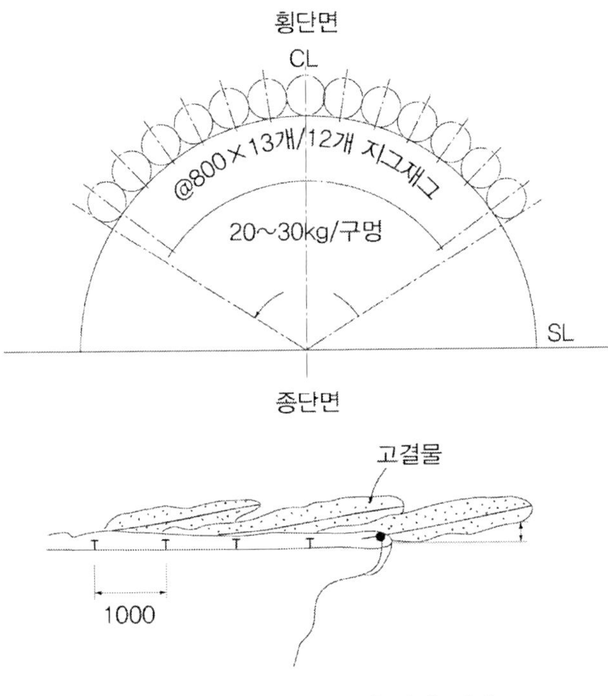

[그림 6-68] PU-IF 공법 설계 사례

다. 일본 도로 터널 및 국내 지하철 터널의 PU-IF 공법 적용 사례

일본 도로 터널의 PU-IF 공법 적용 사례를 살펴보면, 굴진면 상황을 관찰하면서 지반이 심하게 박락되는 곳을 중심으로 [그림 6-69]와 같이 배치하고, 인접간격을 70cm, 매 굴진면마다 7~8개를 지그재그로 배치하였다. 한 단면당 8개를 장착 및 주입하는 시간은 약 90분이 소요되었고([그림 6-70]), 총 2,300개를 시공하였으며, 주입재인 FCU의 사용량은 1공당 약 9kg이었다.

국내에서의 시공 사례는 부산 지하철 ○○○공구 교량하부 터널공사에서 PU-IF가 적용되었는데, JSP 그라우팅이 시공되지 않은 약 33m 구간에 적용하였다. 압입 볼트는 고강도 중공(中空)볼트로 외경 27mm, 길이 6m의 볼트를 사용하였다. 천공 간격은 CTC 70cm로 상단에 약 15~30°로 상향 천공하였으며, 시공 간격은 2.4m로 총 224공을 시공하였다.

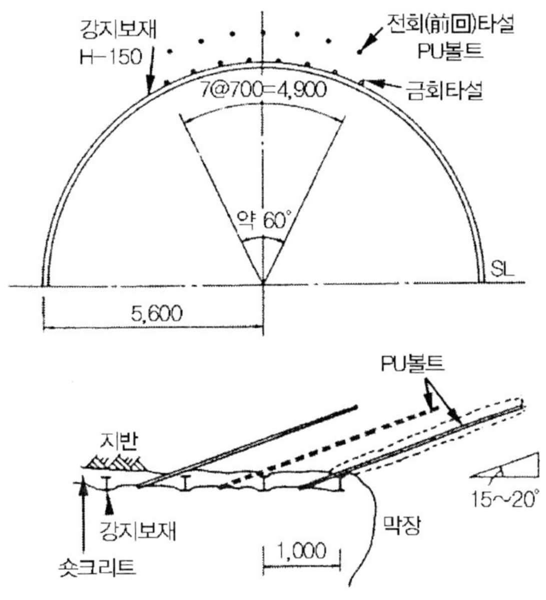

[그림 6-69] 일본 도로터널의 PU-IF의 배치 및 단면도 사례

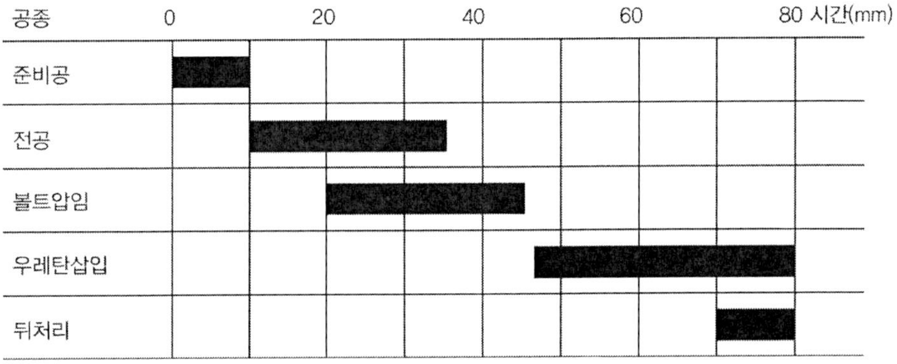

공종 0 20 40 60 80 시간(mm)

준비공

천공

볼트압입

우레탄삽입

뒤처리

① 특히 겔타임이 긴 경우
② 지반에 의한 침투가능한계는 주입제 종류, 겔화시간 이외에 시공법도 큰 관계

[그림 6-70] 일본 도로 터널의 1굴진면 8개 공에 소요된 사이클 타임 사례

6.7.3 우산망 보강 공법

우산망 보강(RPUM ; Reinforced Protective Umbrella Method) 공법은 터널 굴착 전에 터널 주위에 아치형으로 지반보강재(강관 또는 GFRP 관)를 설치하여 지반을 우산망 형태로 보강 강화시키는 공법이다. 이 공법은 토사, 풍화암, 파쇄대지반과 갱구부 및 토피가 작은 구간에서 터널 안정 및 지표면 침하 억제를 위한 굴착 보조공법이다.

우산망 보강 공법은 다음과 같이 크게 4가지로 대별되며, 지반상태와 천공방식이나 주입방식을 조합함으로써 지반조건에 적절한 여러 가지 시공패턴의 선택이 가능하다.

- 대구경 강관보강 그라우팅 공법
- 강관보강 다단그라우팅 공법
- GFRP 보강 다단그라우팅 공법
- 트레비 JET 그라우팅 공법

가. 대구경 강관보강 그라우팅 공법

대구경 강관보강 그라우팅 공법은 전용장비를 사용하여 이중관 방식으로 천공과 동시에 강관을 설치하고 주입재를 주입하여 터널 굴착면 주변에 빔 아치(Beam Arch)를 형성시켜 주는 터널 굴착 보조공법이다. 본 공법은 터널 굴진면 전방 지반을 보강하기 위한 공법의 하나이다. 토사지반, 풍화암, 파쇄대 등 미고결 지반이나 저고결 지반에서의 굴진면 안정대책 및 갱구부나 토피가 얇은 곳에서의 지표면 침하 대책, 지반안정 대책 등을 목적으로 적용시키는 공법이다.

(1) 시공 방식

대구경 강관보강 그라우팅 공법의 시공 방식은 천공타설 방식 및 주입방식에 따라 아래와 같이 분류되고, 지반조건에 따라 각 방식을 선정한다. 천공은 보강재인 강관을 외관으로 하고, 롯드를 내관으로 하는 이중 관 방식이다. 소정의 길이로 천공이 종료되면 강관은 남기고 롯드를 인발한 후 주입한다.

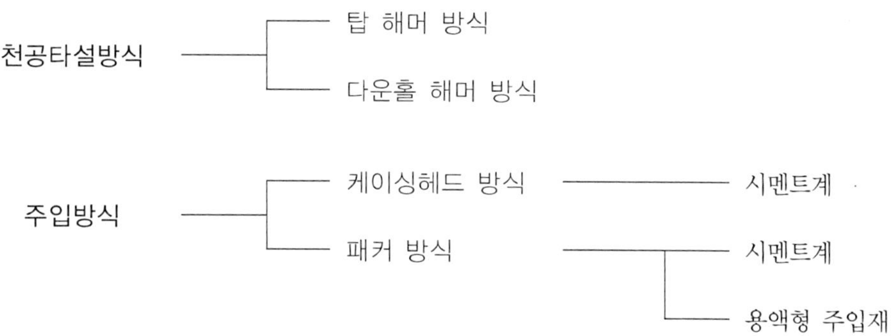

(2) 천공타설 방식

대구경 강관보강 그라우팅의 천공타설 방식에는 지반조건에 따라 탑햄머 방식과, 다운홀 해머 방식이 있다. 지반종류에 따른 천공타설 방식은 [표 6-8]과 같다.

[표 6-8] 천공타설 방식별 적용지반

지반조건 / 천공타설 방식	점성토	사질토	자갈 질토	굵은 자갈 혼합토	전석 혼합토	균열성 암반		
						풍화암	연암	경암
탑 해머 방식	○	○	○	△	△	○	△	△
다운홀 해머 방식	-	△	△	○	○	△	○	○

○ : 적당　△ : 검토 필요

(3) 주입 방식과 적용지반

주입 방식에는 보강강관 내부 및 외부 지반과의 간극을 충전하는 충전주입과 지반 자체를 개량하여 강관 사이에서의 지반붕괴방지나 강도특성개선을 도모하는 개량주입이 있다. 주입 방식과 주입재에 따른 적용지반은 [표 6-9]와 같다.

[표 6-9] 주입 방식·주입재별 적용지반

주입 방식	지반조건 / 주입재	점성토	사질토	자갈 질토	굵은 자갈 혼합토	전석 혼합토	균열성 암반 (풍화암·연암·경암)
케이싱 헤드 방식	조강·일반 시멘트	●	●	●	△	●	●
	마이크로 시멘트	●	△	△	△	△	△
패커 방식	조강·일반 시멘트	-	△	○	○	○	○
	마이크로 시멘트	△	△	○	○	○	○
	(용액형 주입재)	-	○	○	-	-	-

● : 충전주입　○ : 개량주입　△ : 상황에 따라서 개량주입도 가능

(4) 시공순서

① 천공 및 강관설치

㉠ 천공장비 : φ125mm 이상의 천공이 가능한 터널전용 천공기를 투입하여 천공해야 한다.

㉡ 천공직경 : φ125mm

㉢ 천공장 : 12m, 겹침 길이는 현장의 지반조건에 따라 조절하여 사용한다.

㉣ 천공각도 : 수평~15° 이내

㉤ 강관설치 : 12m 강관(외경 114mm, t=6mm)을 천공과 동시에 삽입한다.

② 공 입구 코킹

㉠ 천공 구멍과 강관 사이는 주입압력에 충분히 견딜 수 있는 코킹재를 사용하여 지하수의 유입을 차단하고 주입재의 누출을 방지하기 위해 코킹(caulking)을 실시한다.

㉡ 주입 시 주입재가 누출되지 않도록 충분한 강도를 갖는 급결성의 고강도제품을 사용한다.

③ 그라우팅

㉠ 보강튜브 외주의 공입구를 코킹한다.

㉡ 주입 시 패커는 유압식 또는 공압식 시스템을 사용한다.

㉢ 주입은 3m 간격으로 하며 현장 지질여건을 고려하여 조정할 수 있다.

㉣ 주입압력은 지하수의 정수압 및 상재하중을 고려하여 결정하며 통상 0.5~1.5MPa으로 한다.

㉤ 시멘트 그라우트재의 배합비는 [표 6-10]과 같고, LW 그라우트재의 배합비는 [표 6-11]과 같다.

[표 6-10] 시멘트 그라우트재의 배합비

시멘트(kg)	물(L)	비고
500	841	$1m^3$ 당

[표 6-11] LW 그라우트재의 배합비

A액		B액			비고
규산소다(L)	물(L)	시멘트(kg)	물(L)	W/C(%)	
250	250	250	420	168	$1m^3$ 당

A액과 B액의 혼합비는 1 : 1

(5) 설계 사례

대구경 강관보강 그라우팅 공법을 적용한 설계 사례를 보면 다음과 같다.

서울 지하철 9호선 ○-○○공구

서울 지하철 9호선 ○-○○공구는 터널 천단 및 굴진면부에 풍화대가 발달하고 상부에 생강이 있는 구간으로 대구경 강관보강 그라우팅공법을 적용한 사례이며, [그림 6-71]과 같다.

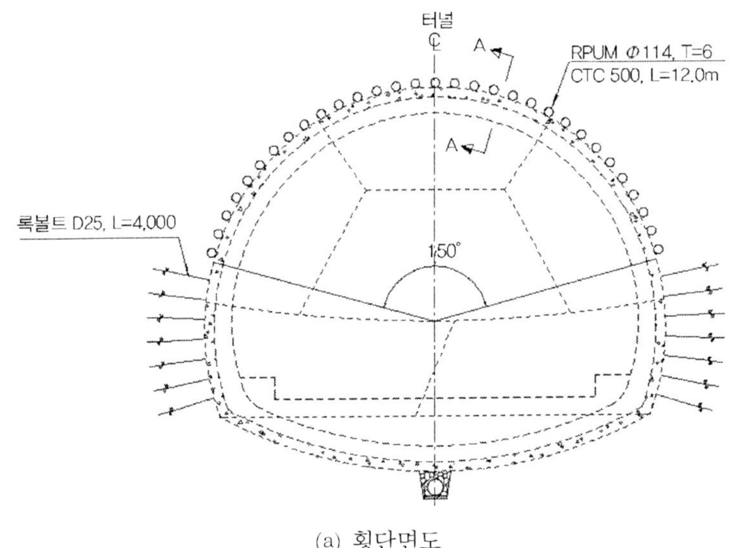

(a) 횡단면도

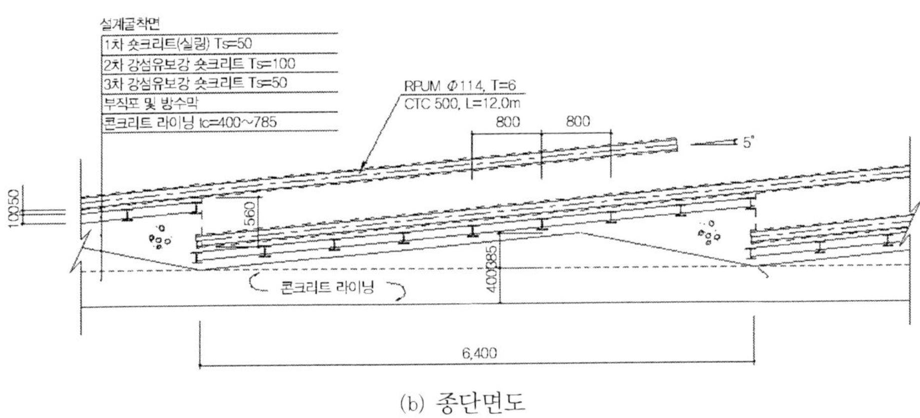

(b) 종단면도

[그림 6-71] 대구경 강관보강 그라우팅 적용 사례

나. 강관보강 다단 그라우팅 공법

강관보강 다단 그라우팅은 터널 주변의 사력층 및 파쇄된 연암층과 암반 절리면을 통해 유출되는 지하수를 차단하고, 활동 가능면의 봉합을 위해 터널 내에서 주로 적용되는 보조공법이다. 터널 굴착 전에 강관을 적절한 형상으로 배열, 설치하고 강관을 통해 주입재를 주입함으로써 강관과 주변 지반을 일체화시킨다. 강관을 이용하여 그라우트재를 주입함으로써 차수 및 보강효과를 동시에 얻기 위해 사용한다.

(1) 기대효과 및 적용대상

이 공법을 적용함으로써 기대되는 효과들은 다음과 같다.

- 주입재에 의한 외곽 차수효과
- 강관에 의한 빔 아치(beam arch) 형성효과
- 상부지반 하중의 경감효과
- 이완영역의 감소효과
- 지표침하 및 천단침하 경감효과
- 측벽부의 변위억제 효과 등

또한 이 공법의 적용대상을 요약·정리하면 다음과 같다.

- 연약지반에서의 터널 굴착
- 터널 갱구부 보강
- 도로 및 철도 등의 시설물 횡단
- 지상 및 지중구조물 주변 통과
- 사면보강 및 개착으로 인한 주변 구조물 방호 시 등

(2) 규격 및 설치

보강형 강관의 규격과 강관삽입을 위한 천공작업에 관한 규격은 다음 [표 6-12]에 나타난 것과 같다. 이 공법의 천공방식은 일반적으로 롯드 천공이 가능하지만, 공의 붕괴 시 케이싱 롯드를 이용한 천공방법을 사용하기도 한다.

[표 6-12] 강관보강 다단 그라우팅공법의 일반적인 규격

구분	규격
강관	• 일반 구조용 흑관(SS-41) • 외경 : 60.5mm ± 3mm • 두께 : 4mm ± 1mm • 강관 1개 당 길이 : 6m 이내 • 주입 스트레나 천공간격 : 0.5~1.0m • 스트레나 직경(ϕ) : 5mm • 스트레나 수 : 천공 위치당 4방향으로 각 1개
seal 재	• 벤토나이트+시멘트 계통의 약재 • 목적 부위를 충분히 밀봉할 수 있는 특수한 제품을 사용할 수 있음 • 밀봉재는 주입 후 부피가 줄지 않아야 하며, 너무 큰 강도를 갖지 말아야 함

터널 현장의 지반조건 및 굴착 단면 규모, 용출수 상태 등 여러 가지 요인들에 따라 강관 설치를 위한 천공규격을 결정해야 한다. 국내외의 터널시공 경험 및 시공 후 효과확인에 의해 일반적으로 추천되고 있는 천공규격은 다음과 같다([그림 6-72] 참조).

• 천공직경 : 보강용 강관의 약 1.8~2.0배(ϕ 100mm 이상)

• 천공장 : 겹침 길이는 현장의 지반조건에 따라 조절하며 수평방향으로 10~18m

• 천공각도 : 갱구부에서는 상향 2° 이내, 터널내부에서는 상향 5~15° 이내로 가급적 수평을 유지

• 천공간격(CTC) : 약 0.3~0.6m 이내

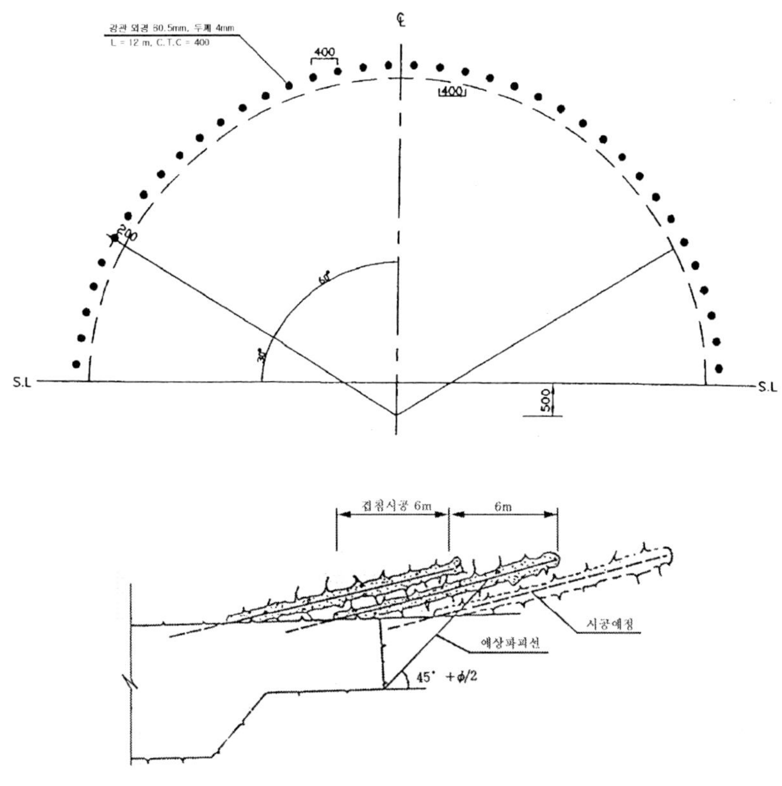

[그림 6-72] 강관보강형 다단 그라우팅 적용 사례

또한 다단식 그라우팅 주입을 위한 고려사항은 다음과 같다.

- 주입압력은 지하수의 정수압, 상재하중을 고려하여 결정한다.
- 주입작업은 공의 선단부부터 3m 단계로 시행하며, 현장여건을 고려하여 결정한다.
- 시멘트 현탁액 그라우트재의 배합비는 빈배합(貧配合)에서 부배합(富配合)으로 변경하여 현장 지반조건에 맞는 배합비를 선정한다([표 6-13] 참조).
- 이상의 배합비로 주입 시 소정의 압력에 도달하지 않으면 시멘트의 분량을 증가시킨다.
- LW 재를 주입할 때에는 [표 6-14]의 배합비 중 현장 여건을 고려하여 선택한다.

• 설정된 한계주입압력에 도달 시 주입을 종료한다. LW 재를 사용하여 패커의 제거로 인한 주입재의 역류를 방지한 후 패커를 다음 단계로 이동하여 주입작업을 반복한다.

[표 6-13] 주입재(물-시멘트) 배합비

구분	200(L/batch)	
	시멘트(kg)	물(L)
1배합	80.0	174
2배합	90.0	171
3배합	100.0	168

• 시멘트 비중=3.15
• 1batch는 200L를 기준으로 하고, 시공 편의상 시멘트 대수는 정수로 만들어 배합 결정한다.
• 주입 시 주입량과 압력 변화에 따라 상기 3개 배합을 조정하여 사용한다.

[표 6-14] 주입재(LW 약액) 배합비

구분	A액		B액		
	규산소다(L)	물(L)	물(L)	시멘트(kg)	W/C(%)
1배합	100	100	181	60	302
2배합	100	100	174	80	218
3배합	100	100	168	100	168

• 주입량=400L, 시멘트 비중=3.15
• 1batch는 400L를 기준으로 하고, 시공 편의상 시멘트 대수는 정수로 만들어 배합 결정한다.
• 주입 시 주입량과 압력 변화에 따라 상기 3개 배합을 조정하여 사용한다.

다. GFRP 보강 다단 그라우팅 공법

본 공법은 전술한 '강관보강 다단 그라우팅 공법'에서 언급한 것과 같은 공법으로서 강관의 자중에 의한 시공성 저하와 부식성 문제를 해결하기 위해 중량이 가볍고 내부식성이 좋은 고강도 GFRP(Glass Fiber Reinforced Plastic) 관을 강관 대신 사용한 공법이다. 또한 본 공법은 터널 굴착면 주변의 보강뿐만 아니라 GFRP의 장점인 경량성과 가공 및 절단의 용이성으로 인해 터널 굴진면 안정을 위한 굴진면 록볼트로 적용되기도 한다.

터널 굴착 중 연약지반이나 파쇄가 심한 지반에서는 굴진면을 안정시키기 위해 굴진면중앙부에 코어(core)를 남기거나 다단굴착 또는 측벽 선진도갱 공법 등을 일반적으로 적용하고 있다. 이러한 경우 터널 지보의 폐합시간이 길어져 터널 안정에 불리하고, 시공기간 및 공사비가 증가하는 문제점이 있다. 최근 유럽에서는 이러한 문제점을 해결하기 위해 굴진면에 비교적 길이가 긴 굴진면 볼트를 적용하여 대단면 굴착을 시행하고 있으며, 굴진면 볼트로 GFRP 보강 다단 그라우팅 공법을 사용하고 있다. 일반적으로 사용되고 있는 GFRP 관의 종류는 [그림 6-73]과 같고, 적용예는 [그림 6-74]와 같다.

(a) GRP 관

(b) 삼각 GRP 보강판

(c) GRP 다발봉

[그림 6-73] GFRP 관의 종류

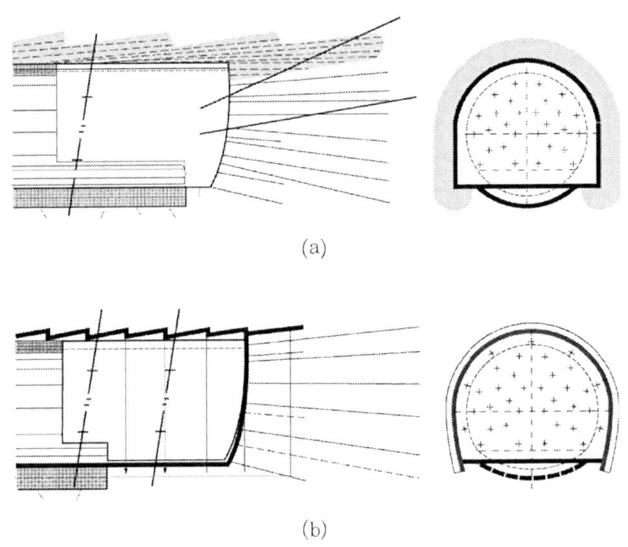

(a)

(b)

[그림 6-74] GFRP 관의 적용 예

라. 트레비 JET 그라우팅 공법

트레비 JET 그라우팅 공법은 [그림 6-75]와 같은 경로에 의해 고안되었다. 강관에 의한 지반보강은 주입효과에 좌우되고, 주입효과는 지반조건에 따라 일부 보강이 되지 못하는 문제가 있다. 또한 제트 그라우트에 의한 지반보강에서는 조성된 파일이 굴착 중에 절단되거나 파괴되는 경우가 있다. 전자에 대해서는 균질한 보강을 할 필요가 있고, 후자에 대해서는 파일의 파괴·붕괴를 막기 위해 보강강관으로 보강하는 것이 필요하다. 즉, 트레비 JET 그라우팅 공법은 양자를 보강한다는 발상으로 생긴 것이다. 따라서 트레비 JET 공법은 제트 그라우트 파일에 의한 지반보강과 강관에 의한 지반보강이 일체로 된 공법을 말한다.

본 공법은 대구경 강관보강 공법과 같이 장척 천공타설 전용기에 의해 고압의 경화재로 개량체를 조성하면서 천공하고, 동시에 중심부에는 보강재인 강관을 타설함으로써 터널 외주부에 아치쉘 구조를 구축하여 우산형의 보강영역을 형성하는 것이다. 또 공극이 많은 지반에서는 본 공법의 특징인 보강강관을 이용한 2차 주입에 의해 공극이 충전되므로 보다 확실한 개량을 하는 것이 가능하다.

또한 배토성을 고려하여 내관(로드)과 외관(보강강관)을 각각 반대방향으로 구동시키는 더블헤드 구조에 의해 천공타설 조성을 실시하므로 적용범위가 넓다. 그리고 대구경 강관보강 공법과 같이 장척 천공타설 전용기를 사용하기 때문에 대구경 강관보강 공법과의 병용이 가능한 것도 특징의 하나이다.

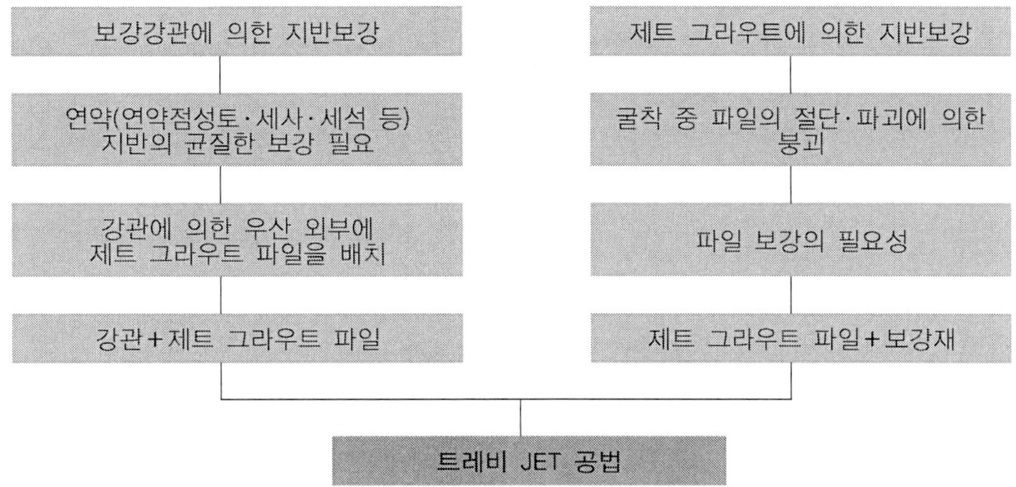

[그림 6-75] 트레비 JET 그라우팅 공법의 경위

트레비 JET 공법과 다른 종류의 공법과의 차이점은 다음과 같다.

- 천공하면서 조성할 수 있기 때문에 1 사이클로 시공할 수 있다.
- 강제로 지반을 개량하여 보강강관을 삽입시키기 때문에 보강효과가 높다.
- 2차 주입을 실시하므로 조성체 확보 신뢰성이 향상된다.
- 더블헤드 구동에 의해 천공타설 조성을 하기 때문에 배토가 쉽고, 내압 상승을 방지할 수 있다.
- 천공타설 전용기를 사용하기 때문에 계획길이를 확실하게 천공하여 조성할 수 있다.
- 보강강관은 12m 정도로 이음부가 없는 강관을 사용할 수 있기 때문에 작업효율이 높고, 강도손실은 없다.

• 두께가 두꺼운 강관을 사용할 수 있기 때문에 강성이 큰 개량지역을 조성할 수 있다.

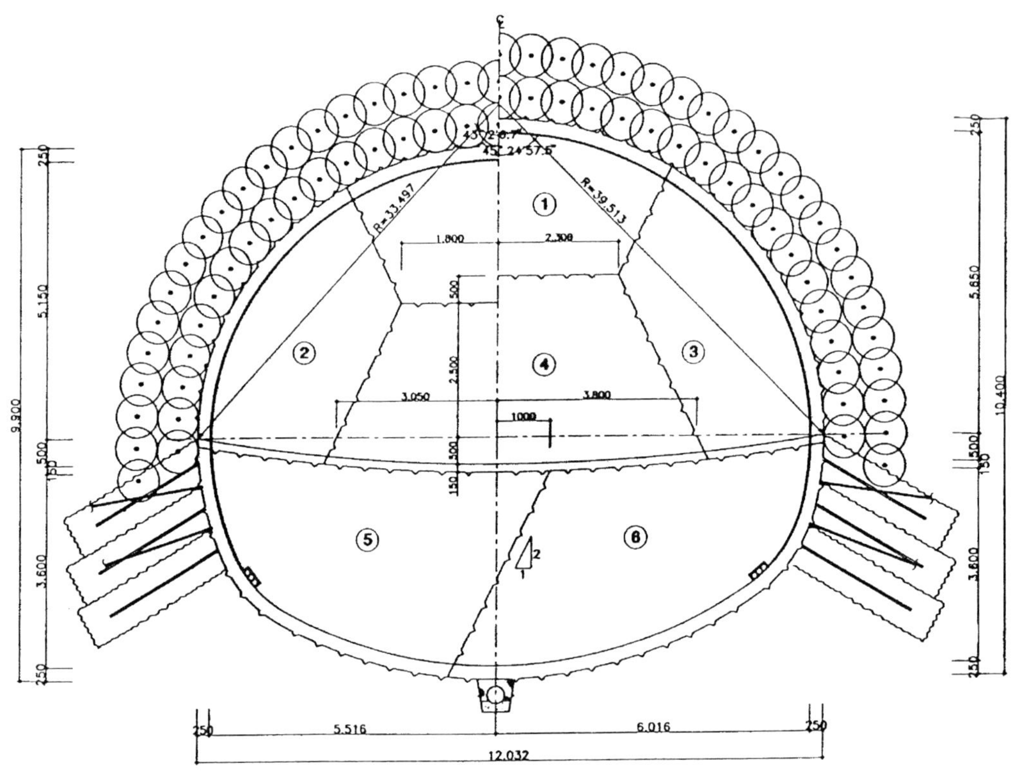

(a) 횡단면도

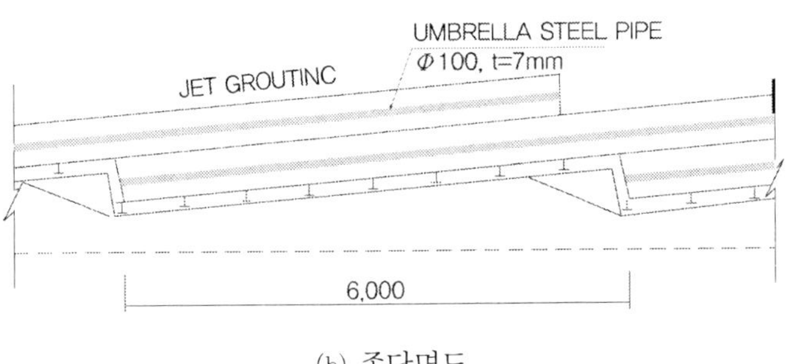

(b) 종단면도

[그림 6-76] 트레비 JET 그라우팅 적용 사례

본 공법의 설계 사례로는 서울지하철 ○－○공구 구간으로 터널 상부에 충적층 및 풍화토, 터널하부는 풍화암이 나타나는 구간에 적용하였다. 터널 상부는 도로이며 양측에 아파트가 인접하여 있어 토사 구간 굴착에 의한 지반침하의 우려가 있기 때문에, 차수효과가 높고 강성이 커서 충적층에서 효과가 우수한 트레비 JET 공법을 적용하였다. 횡단면 및 종단면도는 [그림 6-76]과 같다.

6.7.4 링컷 공법

링컷(ring cut) 공법은 굴진면의 자립성이 약한 지반에 대해 적용하며, 굴진면으로 작용하는 힘에 저항하기 위해 핵(core)을 남기는 방법이다. 핵의 길이는 보통 2~3m이고, 굴진면 숏크리트와 병행할 수 있다([그림 6-77] 참조).

6.7.5 굴진면 숏크리트 타설

미고결 지반이나 팽창성 지반과 같이 취약한 지반에서 1회 작업시간 사이에 지반이 약화되어 붕락이 예상되는 경우에 적용한다. 굴진면의 상황에 따라 굴진면에 두께 5cm 이상의 숏크리트를 타설하여 굴진면의 굴곡을 완화시켜 응력집중을 분산시키고, 암반의 절리에 따른 이동을 숏크리트의 전단저항력에 의해 막는 효과를 기대하는 것이다. 이 공법은 시공이 비교적 간편하며 특히 굴진면 지지효과가 크고, 장기간 굴착작업이 중단되는 경우 굴진면의 강도 약화를 방지시킬 목적으로 시공한다([그림 6-77] 참조).

6.7.6 굴진면 록볼트

팽창성 지반이나 굴진면의 자립성이 극히 불량한 지반에서 굴진면 이완방지 및 강화 대책의 하나로서 굴진면에 수직으로 록볼트를 설치하는 방법이다. 록볼트의 규격은 지반의 상황에 따라 설치개수와 설치빈도를 결정하며, 굴진면 일부 또는 전면에 설치할 것인지도 결정한다. 길이는 설치효과를 위해 보통 1회 굴진장의 3배 정도로 약 3~6m이다. 설치 빈도는 일반적으로 1~2m²당 1개를 설치하는 것이 바람직하다 ([그림 6-77] 참조).

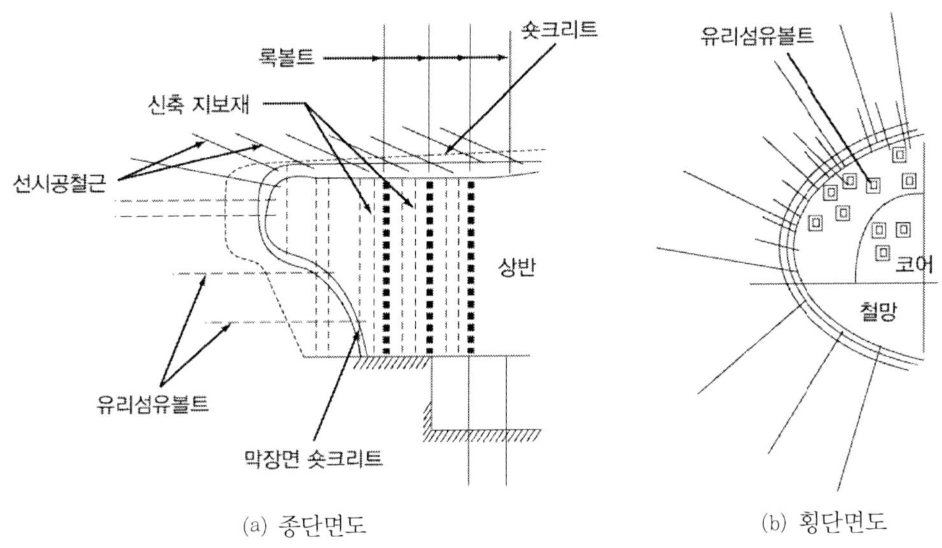

(a) 종단면도　　(b) 횡단면도

[그림 6-77] 굴진면 록볼트 설계 단면 및 시공순서 사례

6.7.7 약액 주입공법

가. 일반사항

터널 시공 중에 주변 구조물을 보호하고, 시공의 용이성 및 안정성을 도모하기 위해 지반에 응결제를 주입·고결시켜 지반의 강도를 증가시키기도 하고, 지반의 투수성

을 감소시키는 공법으로 지반특성과 주입목적에 맞도록 주입재료, 겔 시간(gel-time), 주입재 배합비율 등을 조정하여 지반개량 및 차수효과를 최대한 높여야 한다.

나. 공법의 목적 및 영향인자

약액 주입공법을 적용하고자 하는 목적은 다음과 같이 대별된다.

- 지반의 강도 증진 : 굴착에 따라 위험이 발생할 부분을 고결시킴으로써 공사를 용이하게 하고, 기초 지반의 지지력을 증대시키며, 터널 굴착 시 주변지반의 붕괴를 방지하고, 인접구조물 보호 및 지반 하중의 경감 등을 목적으로 한다.
- 지반의 지수성 증진 : 터널 굴착시의 지하수 유입을 억제하여 작업의 용이성을 증대시키고, 굴착에 따른 지하수위 저하를 방지하여 지반침하 및 주변환경을 보호한다.
- 지반의 압축성 개선 : 지반강화 및 차수성 증대에 의해 지반변형을 감소시키기 위한 목적으로 사용될 수 있다.

이 공법이 주입효과에 중요한 영향을 미치는 요인은 다음과 같다.

- 대상지반의 불균질성, 균열, 투수성 등 지반의 특성
- 주입재의 점성, 겔 시간(Gel-Time), 화학적 성질 등 재료의 특성
- 주입압력, 시공방법 등의 기술적 요소

따라서 여러 가지 주입재 및 주입방법의 특성을 파악하여 사용목적과 대상지반에 적합한 공법을 선정하고, 철저한 시공관리와 주입효과의 확인을 지속적으로 수행해야 한다.

다. 주입공법의 분류

주입공법은 실시시기, 주입재료, 주입방식, 주입공 수에 따라서 구분할 수 있다. 주입공법의 적용을 위한 기본적인 사항들은 관련문헌을 참조하기 바란다.

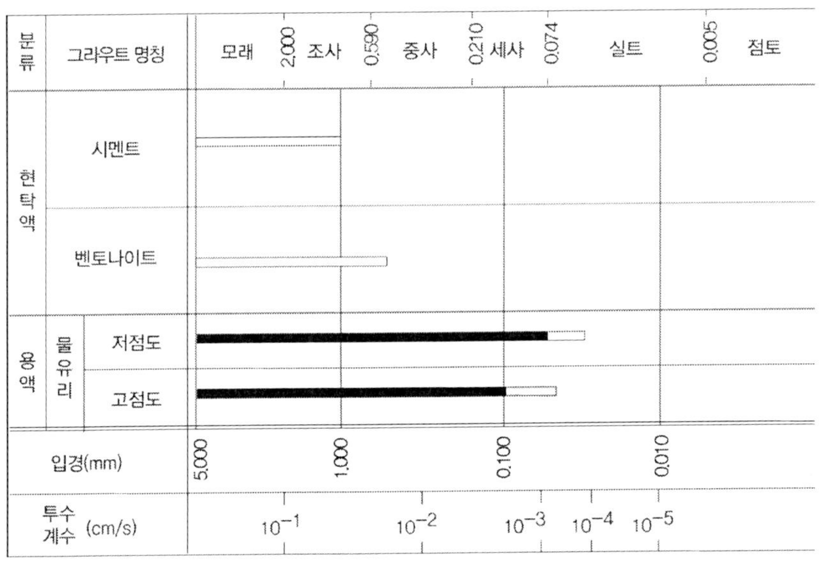

[그림 6-78] 일반적인 주입재별 침투성

참고로 주입재는 지반의 침투성을 고려하여 그 적용성을 평가해야 하는데, [그림 6-78]은 주입재와 토사지반의 침투성과의 일반적인 관계를 나타내고 있다. 그러나 암반에서는 주입재의 침투가 암반 블록사이의 절리면과 파쇄대를 따라 이루어지므로 암반에서의 침투성에 관한 향후 연구가 필요하다.

6.8 터널 방수

터널 굴착 후 발생하는 용수로 인한 터널 라이닝을 모든 침투수로부터 보호하고 터널 내부로 침투수가 유입하는 것을 방지하며, 터널 라이닝의 강도 저하, 균열 등을 방지하기 위해 방수 시트가 사용된다. 방수 시트는 다음과 같은 규격을 만족해야 한다.

- 재질은 KS F 4911에 따르며, ECB(Ethylene Copolymer Bitumen) 및 SHPVC(Super High Polyvinyl Chloride)을 사용한다.
- 두께 : 2.0mm 이상
- 인장 강도 : 16MPa 이상
- 신도 : 600% 이상
- 신내구성 및 산, 알칼리에 대한 저항성이 양호해야 함
- 인열 강도 : 6MPa
- 가열신축량 : 신장 시 2mm 이하, 수축 시 4mm 이하

시공 순서는 다음과 같다.

(1) 면 고르기

콘크리트나 숏크리트면 밖으로 돌출된 부분을 1차 복공 콘크리트나 숏크리트 면과 일치하도록 절단한 후 날카로운 면은 방수 시트에 영향이 없도록 정리한다. 숏크리트 면의 요철이 심할 때는 모르타르를 이용하여 요철 부위를 제거한다. 면 정리 시에는 용수처리도 동시에 행해야 한다.

(2) 배수유도 부직포 설치

면정리가 끝난 숏크리트 또는 콘크리트 표면에 [그림 6-79]와 같이 부직포를 시공하고, 그 위에 란델을 대고 네일 건(nail gun)으로 못을 박는다. 개착식 터널의 경우 부직포 없이 란델만을 부착시킨다.

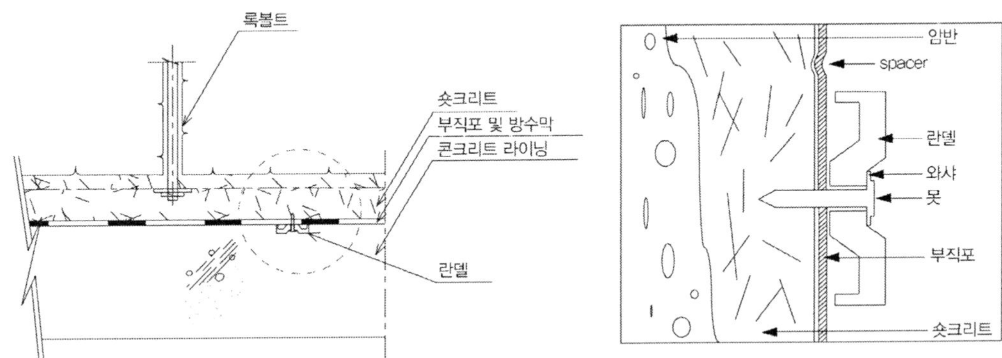

[그림 6-79] 부직포 설치도

(3) 배수유공관의 처리

하부 배수유공관 설치 시에는 토사입자의 영입을 방지하기 위해 측면 부직포와 하부에 부설한 부직포를 완전히 감싸준다.

(4) 방수 시트의 부착

방수 시트를 란델 위에 수동 열풍 접착기를 이용하여 열융착(열화 용융용접)시키거나 앵커를 이용하여 부착시킨다.

(5) 방수 시트의 접합

방수 시트와 시트의 접합은 열화 용융용접을 통해 부착시킨 후, 압축 공기로 접합 시험을 할 수 있도록 공기시험공을 만든다.

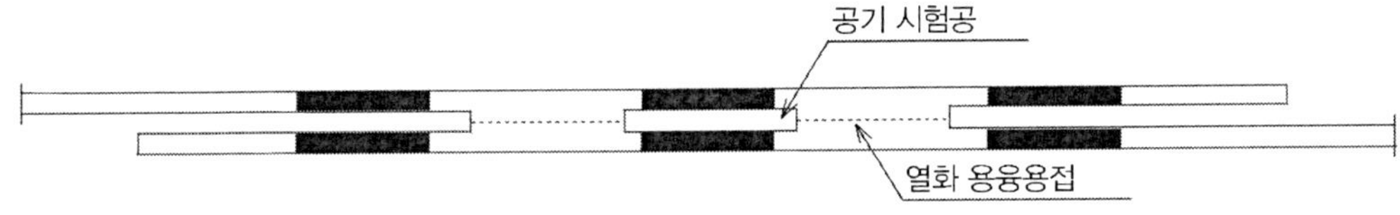

[그림 6-80] 방수 시트 이중 접합

(6) 콘크리트 접합부의 방수 시트 처리

콘크리트 접합부에는 [그림 6-81]과 같이 방수 시트를 이중으로 포설한다.

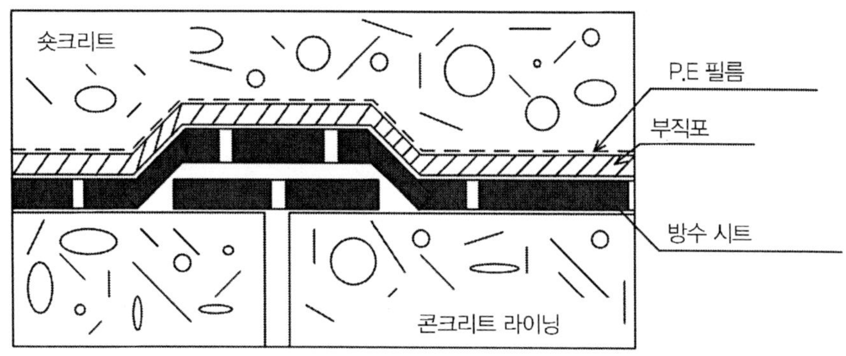

[그림 6-81] 콘크리트 접합부 방수 시트 설치도

(7) 방수 시트 손상부의 보수

방수 시트가 뚫어지거나 찢어진 부분은 방수 시트 조각을 덧대어 보수하고 진공검사기로 접합의 완전성을 확인한다.

[그림 6-82]와 [그림 6-83]은 각각 방수 시트의 시공 과정과 시공 후의 모습이다.

[그림 6-82] 방수 시트 시공

[그림 6-83] 방수 시트 시공 후

Chapter 07

계측

Chapter 07 계측

터널의 계측은 시공 후 장·단기적인 안정성의 평가와 함께, 설계 및 시공의 전 과정에서 나타날 수 있는 오류를 수정 보완하기 위해 반드시 필요한 사항이라고 할 수 있다. 본 장에서는 터널 계측의 목적과 원리, 그리고 일반적으로 시행되고 있는 계측의 종류를 설명한다. 아울러 4.1.2에서 기술한 '계측에 의한 설계의 피드백 과정에 적용될 수 있는 계측자료의 해석 및 평가기준'을 자세히 알아본다.

7.1 계측의 목적과 원리

터널 시공 중에 계측을 실시하는 것은 설계의 적정성을 검증하고 시공의 품질을 평가하는 데 매우 중요하다. 그리고 보통의 경우 계측에 오랜 시간이 소요되므로 계측 계획을 수립할 때 많은 경험과 주의가 필요하다. 터널 계측의 목적으로는 다음과 같은 사항들을 들 수 있다.

- 장·단기적인 터널의 안정성 평가
- 설계과정에서 추정된 암반의 물성 및 거동에 대한 검증
- 추가 보강 및 설계 수정을 위한 자료 획득
- 시공 결과에 대한 안전율 산정 및 최종 보강 또는 라이닝의 두께 결정
- 설계, 시공 결과에 대한 최종적인 평가

• 향후 경험적 설계 기법의 개선과 해석 자료 추정을 위한 기초자료 제공

일반적인 터널 계측의 범위와 분석과정을 나타내면 [그림 7-1]과 같다. 계측은 계측 장비를 설치하고 측정하는 것에 국한되지 않는다. 계측 결과를 분석하고 예측되지 못한 결과의 원인을 조사하기 위해서는 계측 지점의 지반 조건과 시공 과정, 기타 계측치에 영향을 미칠 수 있는 제반 현상들 등의 상세한 정보가 필요하다. 그러므로 계측자는 이에 유의하여 계측 당시의 상태를 가능한 한 자세히 기록하는 것이 필요하다. 실제로 이러한 상황의 기록을 등한시하여 계측 결과의 분석이 불가능하거나 오류를 범하는 경우도 많다.

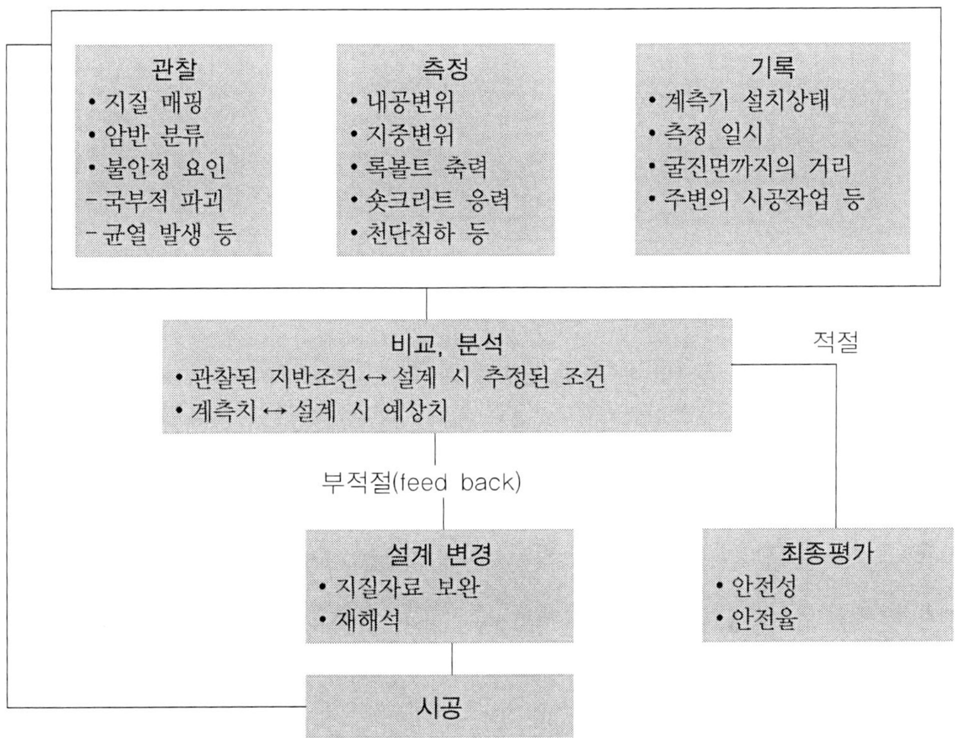

[그림 7-1] 터널 계측의 범위와 분석 과정

계측에서 가장 일반적이고 직접적으로 측정하는 물리량은 변위와 응력(또는 압력)이다. 변위는 경우에 따라서 절대변위와 상대변위를 측정하게 되며 통상적으로 터널 내에서 측정되는 내공변위나 지중변위들은 상대변위이다. 이를 절대변위로 환산하기 위해서는 자료의 분석 과정에서 별도의 기준점을 설정하여 다시 계산하는 과정이 필요하다. 보통 특수하게 고안된 정밀한 도구를 사용하여 실측하지만, 최근 광파측량기의 발달로 광학적으로 측정하기도 한다.

응력은 지압, 지보압, 지하수압 등의 항목이 측정되며 직접적으로 압력계를 사용하는 경우도 있다. 그러나 스트레인 게이지를 사용하는 로드셀(load cell) 방식에서는 로드셀의 변형률을 측정하고, 로드셀 재질의 탄성계수를 이용하며 다시 응력으로 환산한다. 이 외에도 가해지는 힘에 따라 주파수가 변하는 진동현 게이지를 이용하기도 한다.

계측은 대부분 시간의 경과에 따라 측정되므로 측정치의 변화속도에 따라 측정 빈도를 조절해야 하며 최초 측정 시에는 굴착 후 경과 시간도 기록한다.

7.2 변위 측정

터널의 변위계측에서는 보통의 경우 내공변위와 지중변위를 측정한다. 터널이 굴착되면 주변 암반에서 응력 재분포가 일어나면서 터널 내부에 변위가 발생한다. 내공변위는 이때 발생하는 터널 벽면의 변위를 말하며, 보통 마주보는 벽면의 상대거리 변화를 측정하게 된다. 지중변위는 터널 주위 암반 내에서 발생하는 변위를 말하며, 터널 벽면으로부터 암반 내부로 시추공을 천공하여 공 내에 측정기구를 삽입 고정시킴으로써 측정한다.

7.2.1 내공변위

내공변위는 터널의 양벽면, 벽면과 천반, 천반과 바닥 등 마주보는 두 점 간의 상대 변위를 측정하는 것이다. [그림 7-2]는 측정원리를 설명하는 것으로 일반적으로 (a)와 같이 터널 주벽을 따라 3~5개의 지점에 측정용 앵커를 그라우팅하여 고정시킨 후 측정한다.

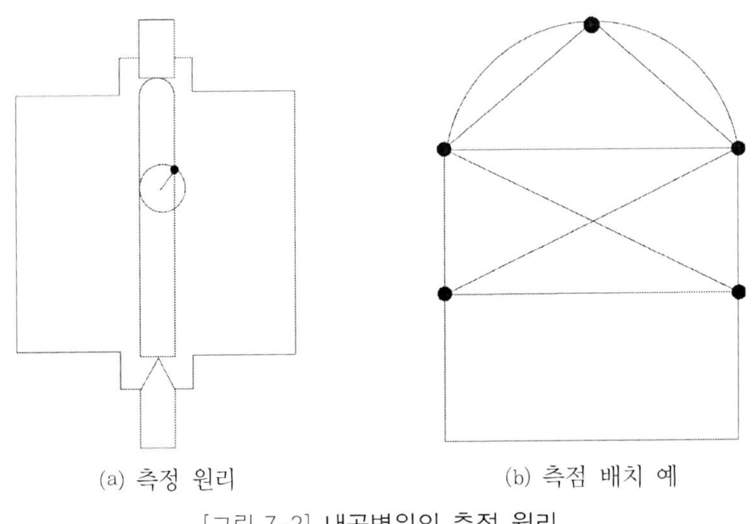
(a) 측정 원리 (b) 측정 배치 예

[그림 7-2] 내공변위의 측정 원리

[그림 7-3]은 가장 흔히 사용되는 내공변위계인 tape extensometer이다. 기기의 정밀도는 ±0.01mm이나, 실제 측정 오차는 측정자의 경험과 숙련도에 따라 다소 커진다. 내공변위는 측점에 앵커를 설치한 후 측정할 때마다 extensometer를 앵커에 연결하여 측정하므로 연결부의 상태, 테이프의 긴장 정도, 측정하는 사람 등에 따라 오차의 크기가 좌우된다. 특히 현장계측에서는 측정하는 사람에 따라 수치를 판독하는 습관이나 기준이 다를 수 있으므로 동일한 장기 계측일 경우 동일한 사람에 의해 계측을 수행하는 것이 필요하다. [그림 7-4]는 내공변위의 실측 예이다.

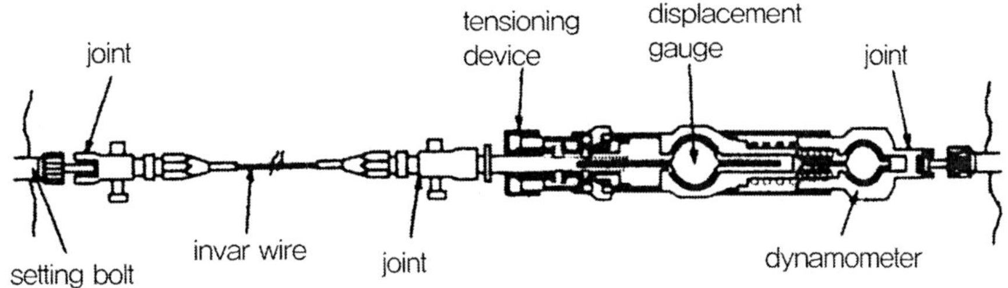

[그림 7-3] 내공변위계(tape extensometer)

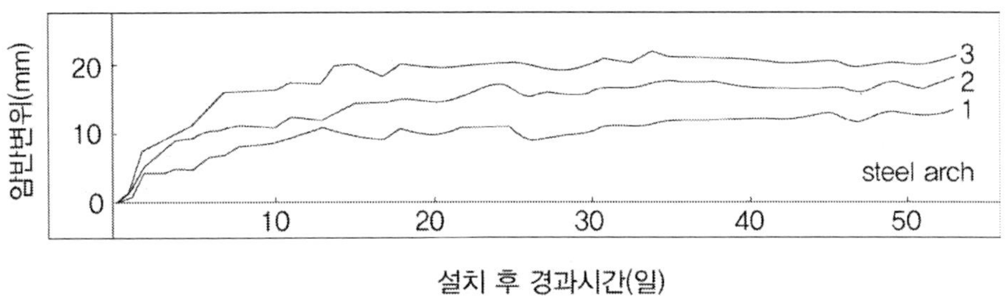

[그림 7-4] 터널 내공변위의 실측 예(이정인, 1986)

최근에는 측정 장비가 발달하여 앵커 대신 측점에 측량용 반사판을 부착하고, 광파기를 이용하여 내공변위를 측정하는 경우도 많다.

7.2.2 지중변위

지중변위는 터널 주변 암반 내부에서 발생하는 변위를 말하는 것으로, 터널 벽면으로부터 암반내부로 굴착된 시추공 내의 측점들에서 시추공 방향으로 발생하는 변위를 측정한다. [그림 7-5]는 지중변위와 지중변위계의 헤드를 이용하여 내공변위를 함께 측정할 수 있도록 계획된 터널의 계측 단면도이다.

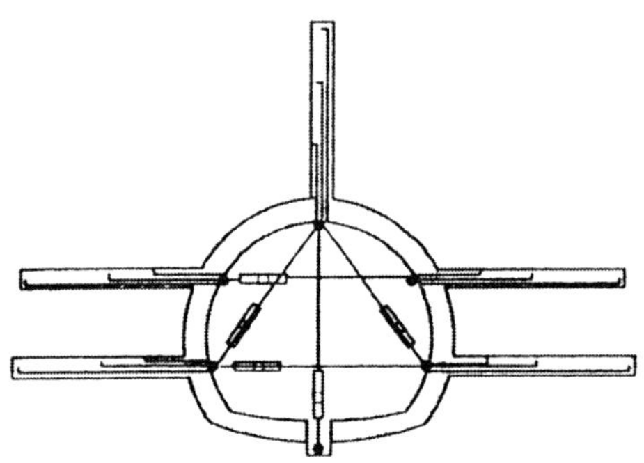

[그림 7-5] 지중변위와 내공변위 측정을 위한 계측 단면도

초기에는 시추공에 한 개의 측점을 설치할 수 있는 일점지중변위계(Single Point Borehole eXtensometer)가 사용되었으나 이후 여러 점을 측정할 수 있는 다점지중변위계(Multi-Point Borehole eXtensometer)가 개발되어 널리 사용되고 있다.

〈MPBX 전체 구조〉 ① brass rock anchor ② measuring rods
③ connecting tube ④ extensometer head

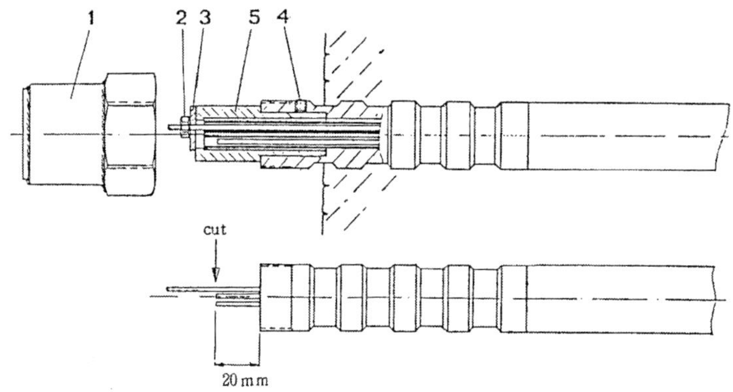

〈MPBX head 상세도〉 ① protective cap ② hexagonal nut
③ washer ④ fixing screw for head ⑤ extensometer head

[그림 7-6] MPBX의 구조

측정원리에 따라 [그림 7-6]과 같이 내부에 측정 막대가 들어 있는 가축성 튜브를 시추공 내부에 삽입하고 그라우팅한다. 그라우팅되어 공 속에 고정된 brass rock anchor에 연결된 막대(measuring anchor)의 끝은 공입구까지 돌출되어 있다. 튜브 속의 막대는 튜브와 분리되어 있으므로 공 입구에서 막대의 움직임으로 공 속에 고정된 앵커의 변위를 측정할 수 있다. MPBX는 이러한 막대를 한 공 속에 4~12개까지 설치할 수 있다.

[그림 7-7]은 시멘트 볼트로 지보된 소형 터널에서 MPBX에 의해 실측된 예이다.

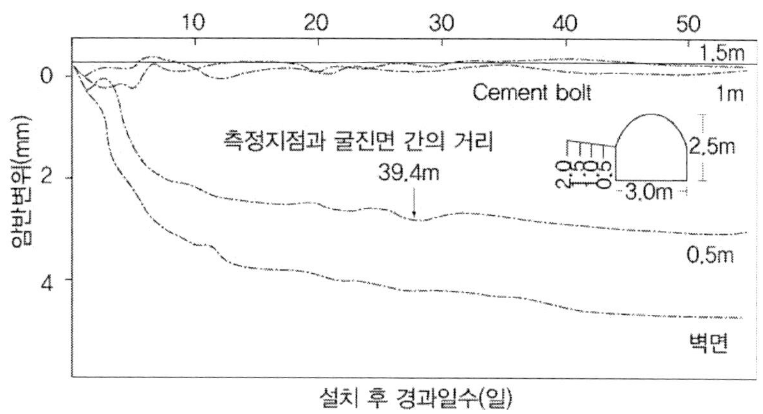

[그림 7-7] 지중변위의 실측 예(이정인, 1986)

7.3 응력 측정

터널 계측에서의 응력 측정은 주변 암반 내부의 응력 변화, 암반과 숏크리트 사이 또는 숏크리트 내부에 작용하는 응력 그리고 록볼트의 축력 등을 측정하는 것이다.

7.3.1 지중응력

지중응력의 변화를 측정하기 위해 진동현 게이지를 사용한 응력 측정기(vibrating wire stressmeter)가 널리 사용되고 있다. [그림 7-8]은 그 구조로서 시추공 내 측정 위치에 그라우팅을 설치하면 측정기 반경방향의 응력 변화를 측정할 수 있다. 따라서 측정하고자 하는 응력의 방향을 고려하여 설치용 시추공을 굴착한다.

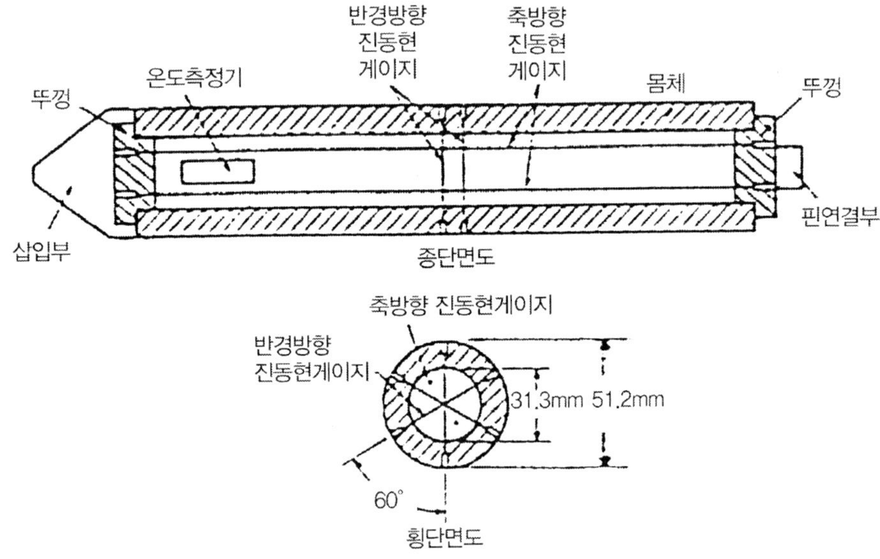

[그림 7-8] 진동현식 응력 측정기의 구조

진동현식 응력 측정기의 원리는 암반의 변형에 의하여 측정기의 몸체가 하중을 받아 변형하면 몸체에 연결된 진동현의 공진 주파수가 변하는 것을 이용한 것이다. 따라서 측정은 진동현의 공진 주파수이며, 공진 주파수의 변화량에 의해 진동현 양단의 상대변위를 계산할 수 있다. 그리고 상대변위와 암반의 탄성계수를 이용하여 응력으로 환산한다. 보통 진동현은 온도에 따라 공진 주파수가 변화하므로 [그림 7-8]과 같이 축방향으로 진동현을 설치하여 온도 보정에 사용한다.

굴착진행에 따른 응력의 변화를 측정하기 위해 굴진 작업 시 선진 시추공 속에 설치하는 경우도 많으며, 숏크리트 내의 응력변화를 측정하는 데에도 이용할 수 있다.

7.3.2 숏크리트 응력

시공 품질을 평가하고 설계의 적정 여부를 평가하기 위해서는 지보압을 측정하는 것이 필요하다. 터널 벽면에 타설된 숏크리트의 지보압을 측정하는 데에는 유압식 숏크리트 응력 측정기가 주로 사용된다. [그림 7-9]는 터널 벽면의 접선 방향으로 숏크리트 내부에 그리고 암반 벽면과 숏크리트의 접합부에 숏크리트 응력 측정기가 매설된 예를 나타낸 것이다.

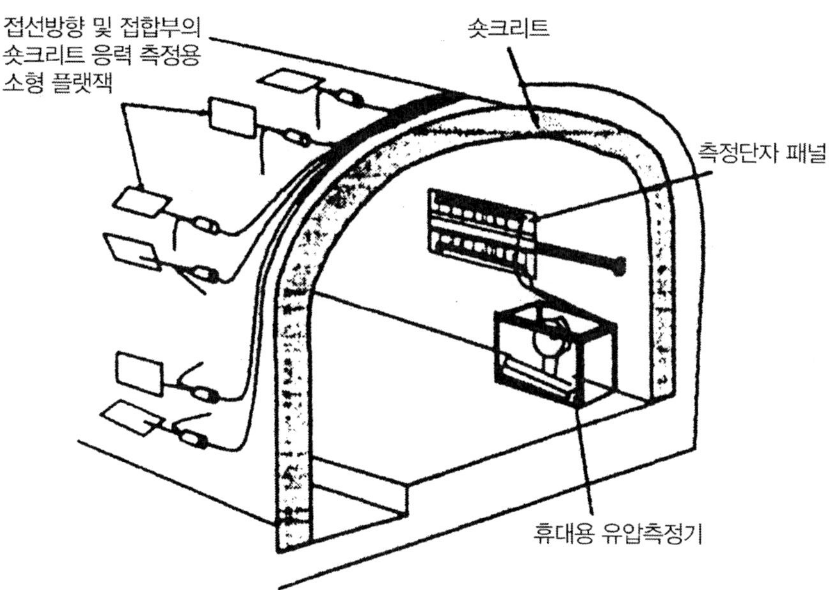

[그림 7-9] 유압식 숏크리트 응력 측정기의 설치 형태

숏크리트 응력 측정기는 소형 플랫 잭(flat jack)과 플랫 잭 내부의 유압 변화를 전기적으로 변환하는 박막형 변환기(diaphragm transducer), 그리고 변화된 전기 신호를 읽는 측정기로 구성되어 있다. 플랫 잭에 사용되는 유체는 설치된 지점의 변형성을 고려하여 선택해야 한다. 잭이 너무 강하여 매설부의 변형을 반영하지 못하면 과도한 압력이 작용하고 있는 것으로 해석되며, 약한 경우에는 압력이 제대로 측정될 수 없다. 따라서 잭의 변형성은 매설부와 유사할수록 정확한 측정이 이루어질 수 있다. 잭에서 발생한 유체압은 박막형 변환기에 의해 전기적인 신호로 변환된다.

숏크리트 내부에 작용하는 응력은 한 단면 내에서도 위치에 따라 크기의 변화가 많으므로 설치 위치는 지질 구조나 수치 해석 등에 의해 분석된 결과를 이용하여 가장 큰 응력 집중이 예상되는 부분을 중심으로 설치하는 것이 좋다.

7.3.3 록볼트 축력

암반에 변위가 발생하고 록볼트가 이를 구속하기 시작하면 볼트에는 인장력이 걸린다. 이때 록볼트가 지보재로서 적절히 작용하고 있는지 또는 설치 간격이나 길이가 적당한지의 여부는 록볼트에 작용하는 힘의 크기를 측정함으써 판단할 수 있다. 록볼트의 축방향으로 작용하는 힘의 분포를 측정하기 위해서는 [그림 7-10]과 같은 측정용 록볼트인 measuring anchor를 사용한다.

측정용 록볼트는 측정을 목적으로 설치되었다고 하더라도 일반 록볼트와 같이 지보재로서의 역할을 하며, 다만 그 내부에 볼트의 축방향 변형을 측정할 수 있는 장치가 있다는 것이 다르다. 내부 구조는 MPBX와 유사하다. 볼트 축력은 설정된 각 점의 내부에 연결된 측정 막대의 이동길이를 측정한 후 얻어진 각 점들 간의 상대변위와 볼트 재질의 탄성계수를 이용하여, 구간별로 작용하는 응력을 계산할 수 있다.

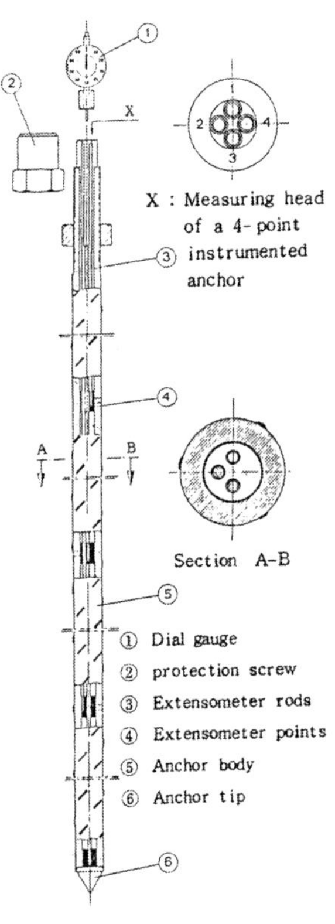

[그림 7-10] 측정용 록볼트의 구조

7.4 계측자료의 해석과 평가

현장 계측자료는 그 특성상 오차가 포함될 가능성이 높다. 이는 현재의 지식으로는 예측하고 정량화할 수 없는 수많은 요인들이 복합적으로 반영된 결과라고 할 수 있다. 이러한 경우 일반적으로 많은 수의 자료를 통계적으로 처리함으로써 결과의 신뢰도를 높이는 것이 바람직하나 현장 계측에서는 시간이나 비용의 문제로 이 또한 어려움이 많다.

따라서 계측자료를 해석하고 그 결과를 평가하는 것은 매우 힘든 과정이며, 특히 터널의 안정성을 평가하는 데 일률적인 기준을 적용하는 것은 적절하지 않다고 할 수 있다. 여기서는 이러한 전제하에서 일반적인 평가 개념에 대해 논하기로 한다.

가. 변위량

측정된 변위가 컴퓨터를 이용한 안정성 해석의 결과에서 예측한 탄성적인 범위를 초과할 경우, 불안정 상태가 존재할 수 있다. 이때, 해석에 사용된 탄성계수가 현장 실측치가 아닌 경우 판단에 오류가 있을 수 있다.

변위량을 터널 안정성 평가 수단으로 사용하고자 할 때에는 지중변위 측정을 통한 암반의 이완대 범위를 산정하는 것이 좋다. 이완대의 범위는 지보설계에서 사하중의 높이와 비교될 수 있고, 지보 시공 구간에서의 이완대 발생은 그 정도에 따라 불안정 상태를 판단할 수 있는 근거가 된다.

나. 변위속도

굴착 후 초기 단계에서 안정화되는 정도를 판단하고자 할 때에는 유사한 조건의 지질 및 지보가 설치된 단면들에서의 변위 발생 속도를 비교하는 것이 유용하다. 변위가 발생하는 속도는 굴착 후 시간이 경과함에 따라 지수적으로 감소하며, 0에 가까운 값이 되면 안정화된 것으로 판단한다. 경험적으로 폭이 넓은 터널에서 굴착 후 약 3~6개월 경과 후 변위속도가 0.001mm/일이면 안정한 상태를 나타내며, 0.1mm/일 정도는 과도하여 추가적인 지보 대책이 필요하다.

다. 지보재의 허용 변위량

발생된 변위량은 지보재의 허용치를 초과하지 않아야 한다. 이는 변형에 의한 파괴를 의미하는 것으로, 터널에서 암반 블록 간의 상대 변형이 1.2~2.5mm를 초과하면 숏크리트에 균열이 발생하며, 길이 7m의 비충전식 인장 록볼트는 변위가 50mm에 이르면 파괴된다(Cording, 1974). 보통 이러한 현상은 암반 변형에 대한 지보의 억제력이 부족할 때 발생하므로 역시 추가적인 보강이 필요하다고 할 수 있다.

부록

터널 설계

Chapter 01 터널 설계를 위한 지반조사

1.1 지반조사

지반조사는 과업대상 지역의 지반정보를 얻기 위해 수행하는 기존 자료 분석, 현장답사, 시험굴 조사, 물리탐사, 사운딩, 시추 조사, 원위치시험, 실내시험 등 제반조사 및 시험을 포함한다.

1.1.1 지반조사 목적

건설공사 대상 지반의 지층분포와 토질, 암석 및 암반 등 지반의 공학적 특성을 명확히 파악하여 구조물의 계획, 설계, 시공 및 유지 관리 업무를 수행하는 데 필요한 제반지반정보를 제공하고, 건설재료원의 적합성 및 매장량을 확인하기 위해 실시한다.

1.1.2 지반조사 상세목적

- 구조물에 적합한 기초의 형식과 기초의 심도결정
- 기초의 지지력 평가
- 구조물의 예상 침하량 평가

• 기초의 잠재적인 문제점 파악
• 지하수위 결정
• 토류구조물에 작용하는 토압 평가
• 기초지반 변화에 따른 시공방법 평가

지반조사를 실시하는 과정에서 반드시 포함되어야 할 사항은 토층의 두께와 분포상태, 지하수 위치와 지하수 관련된 특성, 토질시험을 위한 흙시료 채취 등이다.

1.1.3 지반조사의 순서

지반조사는 지반조사계획을 [그림 1-1]과 같이 수립하고, 다음과 같은 순서에 의하여 수행한다.

계획 단계(예비조사) → 설계 단계(본조사) → 시공 단계(보완조사) → 유지관리 단계(특정조사)

각 단계별 목적은 다음과 같다.

(1) 예비조사는 개략적인 지반특성을 파악하는 것이 목적이다.

• 사전조사 : 기존자료, 현장답사
• 광역조사 : 위성영상, 지질조사

(2) 본조사는 지층의 분포, 공학적인 특성 등 설계정수를 파악하기 위해 수행하는 조사이다.

• 물리탐사 : 지표물리탐사
• 시추조사 : 수직, 경사, 수평, 방향제어 시추
• 현장시험 : 토사층, 암반층 적용
• 실내시험 : 토질 및 암석물성, 역학시험
• 성과분석 : 구간별 구조물별

(3) 보완조사를 수행하여 설계의 적정성을 확인해야 한다.

(4) 주변환경 변화로 구조물의 안전에 문제가 있다고 판단되는 경우 그 원인을 규명하고, 보수·보강대책을 수립하기 위해 특정한 지반조사를 수행한다.

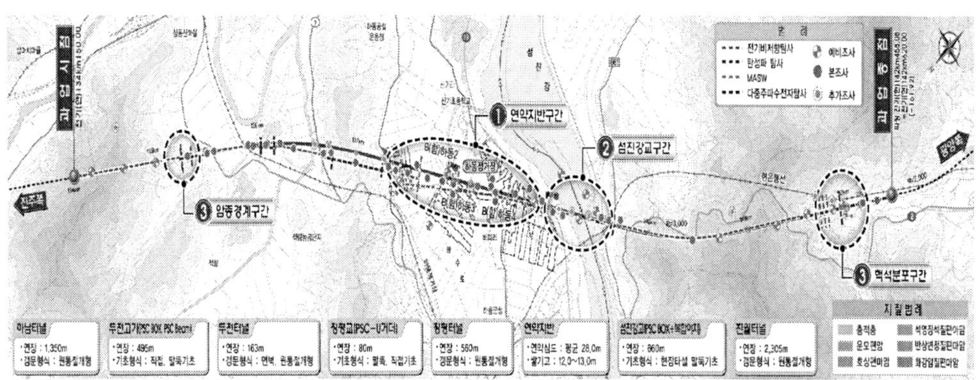

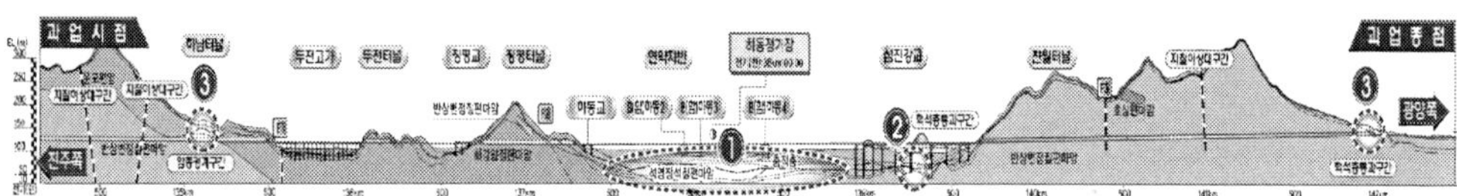

[그림 1-1] 조사계획 수립 예

1.1.4 지반조사 방법

(1) 사전조사

① 입찰안내서 분석 : 설계세부사항에 관한 지침서

② 기본계획 또는 원안설계도서 검토 : 설계 목적, 방향 숙지, 기본설계, 대안설계 개선사항 도출

③ 기존자료 분석 : 지질도폭, 인근현장사례, 기존참고문헌

(2) 현장답사

① 현황조사 및 파악, 선형답사, 각종 지장물 파악
② 광역지질조사 : 위성영상 및 음영기복도 분석으로 지형 및 선구조 분석

(3) 지표지질조사

노두조사, 지표불연속면 조사 등을 수행하여 지질도 작성

(4) 지반조사 결과의 설계 활용

① 터널 설계 활용 : 갱문위치, 굴착공법, 지보패턴, 보강공법, 방·배수공법, 발파공법, 터널 안정성 해석
② 교량기초 설계 활용 : 기초형식, 기초안정성 해석
③ 연약지반 설계 활용 : 연약지반 개량공법 선정
④ 토공 및 비탈면 설계 활용 : 비탈면 계획, 안정성해석, 보강공법, 굴착공법, 쌓기재료 선정

1.2 지표지질조사

사업지역 일대 지표상의 흙과 암석 등의 지반분포 특성, 단층, 습곡, 절리 등 지질구조의 발달상태 등을 파악하여 지질도를 작성하고, 전체적인 사업 계획에 영향을 줄 수 있는 지질 재해의 가능성을 검토하기 위해 수행한다.

1.2.1 지표지질조사 수행 시 준비사항

(1) 지형도 구매

사업지역 내의 지형 파악

(2) 지질도폭 숙지

사업지역 내의 암종 및 구조선 발달상황 파악

(3) 위성사진 및 DEM(Degital Elevation Model) 분석

① 구조선의 분석, 단층대 및 파쇄대의 위치 파악
② 산계, 수계, 식생 및 노두 위치 파악

1.2.2 대표적 지질구조

(1) 단층

지각 중에 생긴 틈을 경계로 하여 그 양측의 지괴가 상대적으로 전이하여 생긴 틈

① 단층대 : 평행한 몇 개의 단층이 발달되어 있는 상태
② 단층각력(암) : 단층이 미끄러질 때 생성된 각력(rubble)이 고화되어 만들어진 암석
③ 단층점토(비지) : 단층이 미끄러질 때 암석이 돌가루로 부서져 점토 물질로 변한 것
④ 단층조선 : 단층이 미끄러질 때 양쪽 단층면 상에 생성된 긁힌 줄

(2) 절리

마그마나 용암이 고결될 때에는 수축이 일어나므로 그 중에 틈이 생기게 된다. 신선한 암석에서는 이러한 틈이 잘 보이지 않으나 풍화를 받으면 틈에 따라 풍화가 먼저 진행되므로 쉽게 관찰된다. 이러한 틈을 절리라 한다. 절리의 종류는 다음과 같으며 대표적인 사례는 [그림 1-2]와 같다.

① 주상절리 : 기둥모양의 절리로 현무암 등에서 자주 관찰됨
② 판상절리 : 상재하중이 제거되어 응력이 소실될 때 대체로 지표면에 평행하게 발달
③ 방상절리 : 60°~90°의 두 방향으로 발달하며 심성암에서 발달
④ 불규칙절리 : 완전한 형태가 없이 나타나는 절리로 일반적으로 석회암, 규암 등에서 나타남

(a) 주상절리－현무암

(b) 판상절리－안산암

(c) 방상절리－화강암

(d) 불규칙절리－석회암

[그림 1-2] 절리의 종류별 형상

(3) 엽리

변성암의 특성으로 암석이 재결정 작용을 받아 판상의 광물이 평행하게 배열되면서 평행구조로 나타나는 것을 지칭한다. 세립질 암석이 압력을 받았을 경우 생기는 엽리구조를 편리라 한다. 편리란 조산운동의 과정에서 암석에 압력이 가해지면서 압력에 직각방향으로 무색광물과 유색광물이 교대로 뚜렷한 줄무늬를 이루는 것을 말한다. 또한 편리조직 또는 조립질 암석이 압력을 받아 생기는 엽리구조를 편마상 조직이라고 한다.

1.2.3 절리 조사방법

(1) **선조사** : 가장 일반적인 방법으로 노두의 연속성이 좋은 경우 사용

(2) **조사창** : 노두가 불규칙할 때 또는 전체적인 특성을 조사할 경우

(3) **사진 3D 레이저 스캐닝** : 접근이 어려운 노두를 조사할 수 있는 장점이 있으나 반드시 현장조사를 통해 확인하고 추가적인 특성을 확인해야 함

(a) 조사선 조사

(b) 조사창 조사

(c) 사진 3D 레이저 스캐닝

[그림 1-3] 절리 조사 방법

1.2.4 절리 조사요소

- 방향성 : 주향과 경사로 표시
- 간격 : 같은 절리군에 속하는 절리 간 간격
- 연속성 : 면적이나 규모를 의미
- 거칠기 : 프로파일게이지로 측정
- 벽면강도 : 슈미트해머 타격에 의한 조사가 일반적임
- 간극 : 불연속면 사이의 간격을 의미
- 충전물 : 간극을 채우는 물질

(a) 방향성 측정

(b) 프로파일링

(c) 벽면강도 측정

[그림 1-4] 절리 조사

1.2.5 자료처리(Dips, Risk)

- 절리군의 방향성 분석은 Dips 프로그램을 이용하여 분석
- 간격, 연속성, 거칠기, 벽면강도, 간극은 확률통계분석 프로그램을 이용하여 분석

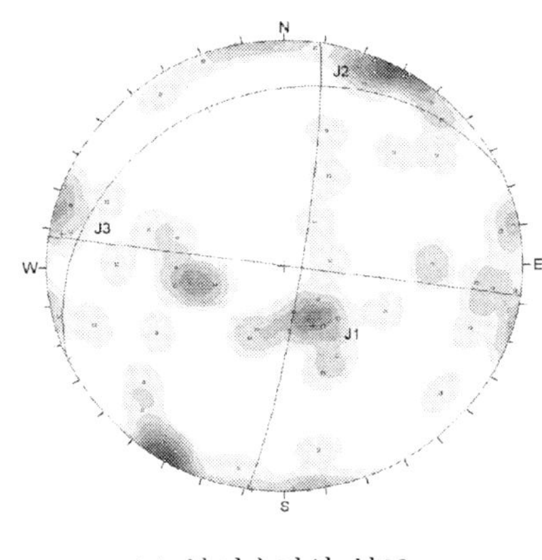

(a) 불연속면의 분포

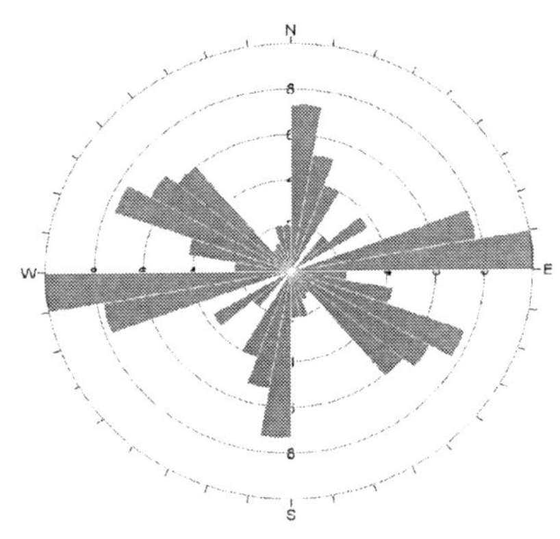

(b) 주절리 빈도수

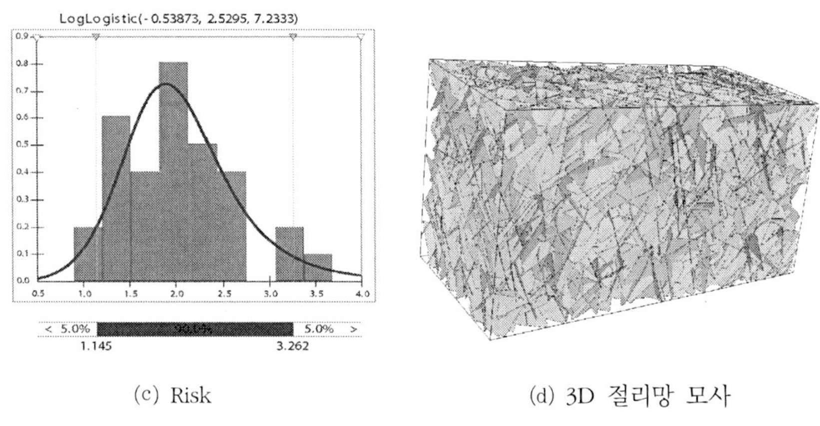

(c) Risk (d) 3D 절리망 모사

[그림 1-5] 절리 측정자료의 처리

1.2.6 자료의 이용

- 정리된 절리군 방향성 자료들을 Dips를 이용하여 가능한 파괴유형을 결정할 수 있음
- 이러한 불연속면 특성은 3D 절리망 생성이나 지하수 모델링 등에 이용

1.3 시추조사

1.3.1 시추조사의 목적

시추조사는 설계에 필요한 제반자료를 제공하고 지반의 분포 상태 및 기반암의 분포상태를 파악하기 위해 실시한다. 시추조사 시 채취되는 시료는 교란시료(disturbed sample)와 불교란시료(undisturbed sample)로 구분한다. 시추공은 투수시험, 지하수위 조사, 각종 물리검층, 탄성파 탐사, 공내시험 등에 이용될 수 있으며 각종 계측기기를 매설할 수도 있다.

1.3.2 시추방식에 따른 분류

시추방식에 따라 시추조사 방법을 [표 1-1]과 같이 분류할 수 있다.

[표 1-1] 시추방식에 따른 분류

시추종류	특징	굴진방법	지층판정방법	적용토질	용도
변위식 시추 (Displacement Boring)	가장 단순한 시추로 케이싱을 사용하지 않음	선단을 폐쇄한 샘플러를 동적 또는 정적으로 관입. 샘플링 시에는 선단을 개방하여 관입	관입량에 대한 타격수 또는 압입하중을 측정	공벽이 붕괴되지 않는 점성토 및 사질토	개략조사 및 정밀조사
수세식 시추 (Washing Boring)	장치가 간단하고 경제적	경량비트의 회전 및 시추수의 분사로 굴진, 슬라임은 순환수로 배제	관입 또는 비트 회전저항, 순환 배제토 확인	매우 연약한 점토 및 세립 내지 중립의 사질토	개략, 정밀, 보충조사 및 지하수 조사
충격식 시추 (Percussion Boring)	깊은 시추공법 중에서 가장 긴 역사를 가짐	중량의 비트를 낙하하여 파쇄굴진. 슬라임은 베일러 또는 샌드펌프로 주기적으로 배제	굴진속도 또는 배제토, 일반적으로 지층경계 판정이 곤란	토사 및 균열이 심한 암반, 연약점토 및 느슨한 사질토는 부적당	일반적인 지하수개발, 전석·자갈층의 관통, 불교란 시료 채취는 부적합
회전식 시추 (Rotary Boring)	굴착 시 이수 사용, 지반교란 적음, 코어채취 가능, 신속	비트회전으로 지반을 분쇄하여 굴진, 이수에 의한 공벽안정, 슬라임은 순환 이수로 배제, 코어 채취 가능	굴진속도 또는 순환 배제토, 수동식의 경우에는 레버 감각	토사 및 암반 등 거의 모든 지층	정밀, 보완조사, 암석 코어 채취에 최적. 지하수 관측에는 부적합
오거식 시추 (Auger Boring)	인력 및 기계 방식, 가장 간편한 보링, 시료는 교란됨	오거를 회전하면서 지중에 압입 굴진. 주기적으로 오거를 인발하여 샘플링	채취된 시료의 관찰	공벽붕괴가 없는 지반, 연약하지 않은 점성토 및 점착성이 다소 있는 토사	얕은 지층의 개략, 정밀조사. 동력식은 보충조사에 적합

1.3.3 시추장비

시추 장비에 따라 [그림 1-6]에 나타낸 것과 같이 원동기식과 유압식으로 분류된다.

(a) 원동기식 시추장비

(b) 유압식 시추장비

[그림 1-6] 원동기식 시추장비와 유압식 시추장비

1.3.4 시추주상도 작성

시추조사에서 회수한 토질시료나 코어 관찰 결과, 굴진과정 중 특이사항, 지하수 분포 상태를 종합하여 시추주상도를 작성한다. 시추주상도는 지반상태를 분석하고 설계를 실시하는데 근간이 되는 자료이므로 조사과정에서 얻은 모든 결과를 분명하고 정확하게 기재해야 한다.

1.3.5 흙의 분류

흙시료의 입자크기와 상태에 따라 [표 1-2]와 같이 분류하며, 토층의 생성 메커니즘에 따라 [표 1-3]과 같이 분류한다.

[표 1-2] 흙의 입자 크기와 상태에 따른 분류

구분	토립자의 육안적 판별과 일반적인 상태	손으로 쥐었다 놓음		습윤상태에서 손가락으로 끈모양으로 꼴 때
		건조상태	습윤상태	
모래 (Sand)	• 개개 입자의 크기가 판별될 수 있는 입상을 보임	• 덩어리지지 않고 흐트러짐	• 덩어리지나 가볍게 건드리면 흐트러짐	• 끈모양으로 꼬아지지 않음
실트질 모래 (Silty Sand)	• 입상이나 실트, 점토가 섞여 약간의 점성이 있음 • 모래질의 특성 우세	• 덩어리지나 가볍게 건드리면 흐트러짐	• 덩어리지며 조심스럽게 다루면 부서지지 않음	• 끈모양으로 꼬아지지 않음
모래질 실트 (Sandy Silt)	• 적당량의 세립사와 소량의 점토를 함유하며 실트 입자가 50% 이상	• 덩어리지며 만지면 쉽게 부서져 가루가 됨	• 덩어리지며 자유롭게 다루어도 부서지지 않음 • 물을 부으면 서로 엉킴	• 끈모양으로 꼬아지지 않으나 작게 끊어지고 부드럽고 약간의 점성이 있음
실트 (Silt)	• 세립사와 점토 함량이 극소량이고 실트 입자 함량이 80% 이상	• 덩어리지며 자유롭게 만져도 부서지지 않음 • 부서지면 밀가루와 같은 감촉	• 덩어리지며 자유롭게 만져도 부서지지 않으며 물에 젖으면 엉킴	• 완전히 꼬아지지는 않으나 작게 끊어지는 상태로 꼬아지고 부드러움
점토 (Clay)	• 건조되면 아주 딱딱한 덩어리의 상태로 됨 • 건조상태에서 잘 부서지지 않음	• 덩어리지며 자유롭게 만져도 부서지지 않음	• 덩어리지며 자유롭게 만져도 부서지지 않으며 찰흙 상태로 됨	• 길고 얇게 꼬아짐 • 점성이 큼

[표 1-3] 토층의 생성 메커니즘에 따른 분류

토의 종류	생성 메커니즘
풍화토	• 암석이 풍화되어 그 자리에 남아 있는 것 • 물리적, 화학적 풍화작용에 의해 생성
붕적토	• 흙, 물, 얼음, 돌 부스러기 등이 높은 곳에서 낮은 곳으로 이동 후 퇴적되어 형성된 지층 중력의 직접적인 작용에 의해 생성
충적토	• 유수에 의해 운반되어 퇴적된 후 형성된 지층
매립토	• 인위적으로 운반되어 형성된 지층

1.3.6 토질의 기재방법

흙의 상태에 대한 기재내용은 토질분류, 연경도, 상대밀도, 함수상태, 색조 등이며, 다음과 같은 방법에 의하여 그 결과를 시추주상도에 기록한다.

가장 널리 이용되는 통일분류법에 의한 토질의 분류 및 기호는 [표 1-4]와 같다.

[표 1-4] 통일분류법에 의한 토질의 분류

토질의 종류		제1문자	토질의 속성	제2문자	구분
조립토	자갈(gravel)	G	입도 분포 양호. 세립분 거의 없음	W	조립토
	모래(sand)	S	입도 분포 불량. 세립분 거의 없음	P	
세립토	실트(silt)	M	세립분의 12% 이상 함유. A선 아래 소성지수 4 이하	M	
	점토(clay)	C	세립분 12% 이상 함유. A선 위, 소성지수 7 이상	C	
	유기질의 실트 및 점토	O	압축성 낮음(low compressibility) WL≤50	L	세립토
유기질토	이탄(peat)	Pt	압축성 높음(high compressibility) WL≥50	H	

그 외 입자 크기에 따른 분류, 상대 밀도 및 연경도, 함수비, 색조 등에 따른 기술방법은 [표 1-5]에서 [표 1-8]을 참조한다.

[표 1-5] 쇄설성 퇴적물의 입자 크기에 따른 분류

호박돌(Boulder)	>300mm	모래	0.06~2mm
왕자갈	150~300mm	실트	0.002~0.06mm
자갈	2~150mm	점토	<0.002mm

[표 1-6] 상대밀도 및 연경도에 따른 기술

조립토(모래, 자갈)		세립토(점토, 실트)	
관입저항치(N치)	상대밀도	관입저항치(N치)	연경도
4 이하	매우 느슨(very loose)	2 이하	매우 연약(very soft)
5~10	느슨(loose)	3~4	연약(soft)
11~30	보통 조밀(medium dense)	5~8	보통 견고(medium stiff)
31~50	조밀(dense)	9~15	견고(stiff)
51 이상	매우 조밀(very dense)	16~30	매우 견고(very stiff)
		31 이상	고결(hard)

[표 1-7] 흙의 함수상태에 따른 기술

함수비(%)	함수상태	함수비(%)	함수상태
0~10	건조(dry)	30~70	젖음(wet)
11~30	습윤(moist)	71 이상	포화(saturated)

[표 1-8] 흙의 색조에 따른 기술

색	밝기	담					암				
	색도	분홍	홍		황	갈		감람	녹		회
	색조	분홍색	적색	황색	갈색	감람색	녹색	청색	백색	회색	흑색

1.3.7 암석의 기재방법

암반의 상태에 대한 기재내용은 암질, TCR, RQD, 색조, 풍화상태, 강도, 불연속면의 간격 및 절리면 거칠기 등이며, 그 결과를 시추주상도에 기록한다.

(1) TCR(Total Core Recovery) : 시추 시 굴진한 길이에 대한 코어의 길이 합을 백분율로 표시한다. 코어 회수율이라고도 한다.

$$TCR = \frac{\text{코어 길이의 합}}{\text{전체 시추장}} \times 100(\%)$$

(2) RQD(Rock Quality Designation) : 시추 시 굴진한 길이에 대한 10cm 이상의 코어의 길이 합을 백분율로 표시한다. 올바른 측정방법을 [그림 1-7]에 도시하였다.

$$RQD = \frac{10cm\ \text{이상의 코어 길이의 합}}{\text{전체 시추장}} \times 100(\%)$$

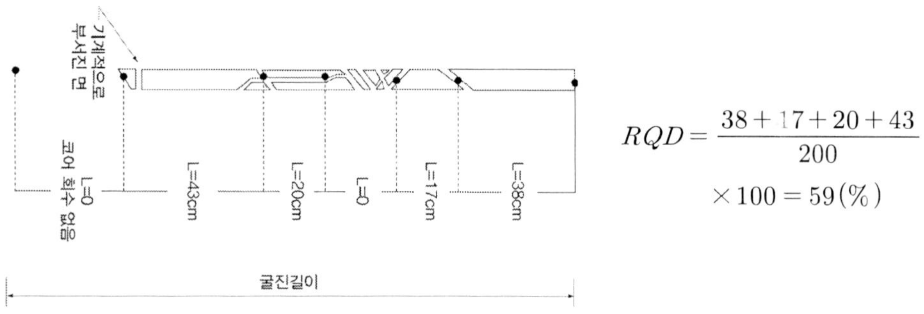

$$RQD = \frac{38+17+20+43}{200} \times 100 = 59(\%)$$

[그림 1-7] RQD 측정 방법

[표 1-9] RQD와 암반의 질의 관계

RQD(%)	암반의 질	RQD(%)	암반의 질
25 이하	매우 나쁨	75~90	좋음
26~50	나쁨	91 이상	매우 좋음
51~75	보통	–	

[표 1-10] 암석 코어의 상태

코어의 형상	코어의 길이	형상 유지 정도
봉상	30cm 이상	원형 코어
장주상	10~30cm	원형 코어
단주상	5~10cm	대부분 원형 코어
암편상	5cm 이하	원형 아닌 코어가 우세
세편상	2.5cm 이하	코어의 형태가 남아 있음

[표 1-11] 암석의 색조

색	1	담			암			
	2	회색	갈색	황색	청색	녹색	흑색	분홍

[표 1-12] 풍화정도

기호	용어	설명
D-5	완전 풍화 (completely weathered)	암석전체가 완전풍화를 받아 흙으로 변화되었으나 모암의 원조직과 구조를 지니며 간혹 풍화를 받지 않은 암편을 함유한 상태
D-4	심한 풍화 (highly weathered)	암석 내부까지 풍화가 진행 중이며 점토물질이 협재되어 부분적으로 쉽게 부술 수 있는 상태
D-3	보통 풍화 (moderately weathered)	전 암석 표면에서부터 풍화가 진행 중이며, 색조는 변하였으나 손으로 부술 수 없는 상태
D-2	약간 풍화 (slightly weathered)	기반암 내 발달된 불연속면을 따라 미약한 풍화작용이 시작되고 있으나 암석 자체에는 아무런 풍화작용이 일어나지 않는 상태
D-1	신선(fresh)	풍화작용의 흔적이 없는 상태

[표 1-13] 강도

기호	용어	설명
S-5	매우 약함 (very weak)	손가락 또는 엄지손톱의 압력으로 눌러 으스러지는 정도
S-4	약함(weak)	해머로 눌러 으스러지는 정도
S-3	보통 강함 (moderately strong)	1회의 약한 해머 타격으로 쉽게 깨지며 모서리가 으스러지는 정도
S-2	강함(strong)	1~2회의 강한 해머 타격으로 깨지거나 모서리가 각이지는 정도
S-1	매우 강함 (very strong)	여러 번의 강한 해머 타격으로 패각상의 조각으로 깨지며 각이 날카로운 정도

[표 1-14] 불연속면의 간격(spacing)

기호	용어	Joint 간격	비고
F-5	매우 심한 균열(highly fractured)	5cm 이하	불연속면 간격의 최댓값, 최솟값, 평균값을 주상도에 수록
F-4	심한 균열(fractured)	6~10cm	
F-3	보통 균열(moderately fractured)	11~20cm	
F-2	약간 균열(slightly fractured)	21~100cm	
F-1	괴상(massive)	101cm 이상	

[표 1-15] 절리면 거칠기(roughness)

구분	계단형(stepped)	파동형(undulating)	평면형(planar)
거침(rough)			
완만(smooth)			
경면(slickensided)			

[표 1-16] RMR 분류에 의거한 불연속면 표현

절리군의 수와 경사	주절리 및 부절리의 수와 경사
주절리 및 부절리의 발달상태	절리의 종류
	절리의 간격
	절리의 틈새 / 충전물 유무 및 두께
	절리면의 풍화 정도
	절리면의 거칠기

[표 1-17] 불연속면의 항목별 분류기준

포괄적 판단		매우 거친 표면, 불연속적인 분리가 없음, 신선한 모암	약간 거친 표면, 이격 <1mm, 약간 풍화된 벽면	약간 거친 표면, 이격<1mm, 많이 풍화된 표면	평활면 또는 충전물 <5mm, 두께 또는 이격 1~5mm 연속적	연한 충전물, >5mm 두께 또는 이격 >5mm 연속적
개별적 판단	연속성	<1m	1~3m	3~10m	10~20m	>20m
	간격	>2m	0.6~2m	20~60cm	6~20cm	<6cm
	틈새	없음	<0.1mm	0.1~1.0mm	1~5mm	>5mm
	거칠기	매우 거침	거침	약간 거침	평활	미끄러짐
	충전물	없음	단단한 충전물		연한 충전물	
			<5mm	>5mm	<5mm	>5mm
	풍화도	신선	약간 풍화	풍화	심한 풍화	분해

[표 1-18] 터널부 주상도 기재사항

항목	기재 예
1. 지층명	연암
2. 심도	10.0~15.0m
3. 암종	흑운모 화강암
4. 색	담홍색
5. 풍화 정도	신선~약간 풍화
6. 강도	강함~보통 강함
7. 균열 정도	약간 균열~심한 균열
8. 코어 회수상태	암편~장주상 코어
9. 입자의 구조	세립질~중립질 입자
10. 응력이완대 유무	단층대 발달, 파쇄대 발달 유무
11. 지하수 영향 정도	암표면 변질 여부
12. 기타 특이사항 주절리 수, 방향성 부절리 수, 방향성 불연속면 종류 불연속면 틈새 충전물 종류 충전물 양 면모양 / 거칠기	암종경계, 코어 유실 여부 2set(030/70, 190/40) random 절리 0.1~1.0mm 단단한 점토 >5mm planer/rough

시 추 주 상 도

19매중 1

건 명	진주~광양 복선화 제5공구 노반건설공사		시추공번	TB-2	구 분	하남터널
발 주 처	한 국 철 도 시 설 공 단	위 치	전기(현)134km650.00 (우6.0m)		좌 표	X : 176517.1091 Y : 271846.6902
조 사 일	2005. 2. 12 ~ 2. 25	시추표고	297.5m		시추심도	GL(-), 188.0 m
시추방법	회전수세식	지하수위	GL(-), 43.2 m		케 이 싱 심 도	GL(-), 9.0 m
시 추 자	임 민	작 성 자	설재순	시추장비 OP-300	시추공경	NX

심도 (m)	표고 (m)	두께 (m)	주상도	지층명	색조	통일분류	현 장 관 찰 기 록	암질 TCR (%)	RQD (%)	D	S	F	절리간격 형상	최대	최소	평균	시료형태 및 심도	투수계수 / 표준관입시험
1	296.5	1.0		붕적층	암갈색	GP	*붕적층(0.0~1.0m) -ø4.0cm이내 변성퇴적암류 암편 및 실트질 모래 -암갈색 -습윤										⊠	50/28
2 2.2	295.3	1.2		풍화토층	황갈색	SM	*풍화토(1.0~2.2m) -실트질 모래로 분해됨, 모암구조로 형성 -황갈색 -심한~완전 풍화, 매우 조밀, 습윤										⊠	50/18
3							*연암(2.2~9.9m) -변성퇴적암류의 연암 -황갈색~담회색 -약간~심한 풍화, 강함~매우 약함 -약간~매우 심한 균열	35	0	4	4~5	5	C.L	3	-	-		
4							*심도 : 2.2~3.2m -매우 심한 파쇄대 - 코아 회수율 저조	90	13	3	3~4	5	C.L	13	1	4		
5				연	황갈		*심도 : 3.2~4.2m -Random 절리 · 5cm간격, <2.0mm간극, 평면형/환만 · 절리면 풍화되어 <2.0mm실트질 모래 협재 -10~20°의 편마구조 발달	92	29	3	3~4	3		18	1	6		

[그림 1-8] 터널부 시추주상도의 예

Chapter 02

터널 설계를 위한 암반 분류

2.1 암반 분류의 목적

- 암반거동에 영향을 주는 중요한 요소 확인
- 암반을 비슷한 거동의 그룹 (암질별) 분류
- 각 암반의 등급특성을 이해하기 위한 기초자료 제공
- 각 현장 암반조건에서 얻은 경험을 다른 현장에 관련하여 응용
- 공학적 설계에 정량적인 자료와 함께 가이드라인 제시

2.2 암반 분류 방법 및 활용

대표적인 암반 분류 방법은 RMR 분류법과 Q 시스템이 있으며, 본문 4.2절을 참조하기 바란다. 여기서는 활용방법에 대해서만 기술하기로 한다.

2.2.1 Rock Mass Rating(RMR) 분류법의 활용 – RMR 분류 시트

[표 2-1] RMR 분류를 위한 분류 시트의 예

공번	심도(m)			일축압축 강도(MPa)	일축압축 강도(kg/cm^2)		RQD(%)		절리간격(cm)	
				평가	평가	점수	평가	점수	평가	점수
E56	42.0	~	43.0	41.0	418	5	88	18	8	8
E56	43.0	~	44.0	41.0	418	5	58	12	8	8
E56	44.0	~	45.0	41.0	418	5	45	9	10	8
E56	45.0	~	46.0	41.0	418	5	41	8	10	8
E56	46.0	~	47.0	41.0	418	5	82	17	10	8
E56	47.0	~	48.0	48.0	489	5	83	17	15	8
E56	48.0	~	49.0	48.0	489	5	91	19	15	8
E56	49.0	~	50.0	66.4	677	7	95	19	15	8
E57	47.0	~	48.0	61.6	628	6	93	19	50	12
E57	48.0	~	49.0	62.0	632	7	100	20	50	12
E57	49.0	~	50.0	57.2	583	6	98	20	50	12
E57	50.0	~	51.0	53.0	540	6	100	20	150	18
E57	51.0	~	52.0	59.0	602	6	100	20	150	18
E57	52.0	~	53.0	57.2	583	6	92	19	150	18

절리면 상태										지하수		RMR	등급
연속성		틈새		충전물		거칠기		풍화도					
평가	점수	평가	점수	평가	점수	평가	점수	평가	점수	평가	점수		
10~20m	1	1~5mm	1	hard filling <5mm	4	smooth	1	moderately weathered	3	wet	7	48	Ⅲ
10~20m	1	1~5mm	1	hard filling <5mm	4	smooth	1	moderately weathered	3	wet	7	42	Ⅲ
10~20m	1	1~5mm	1	hard filling <5mm	4	smooth	1	moderately weathered	3	wet	7	39	Ⅳ
10~20m	1	1~5mm	1	hard filling <5mm	4	slicken-sided	2	moderately weathered	3	wet	7	39	Ⅳ
10~20m	1	1~5mm	1	hard filling <5mm	4	slicken-sided	2	moderately weathered	3	wet	7	48	Ⅲ
10~20m	1	1~5mm	1	hard filling <5mm	4	slicken-sided	2	moderately weathered	3	wet	7	48	Ⅲ
10~20m	1	1~5mm	1	hard filling <5mm	4	slicken-sided	2	moderately weathered	3	wet	7	50	Ⅲ
10~20m	1	1~5mm	1	hard filling <5mm	4	slicken-sided	2	moderately weathered	3	wet	7	52	Ⅲ
1~3m	4	0.1 ~1.0mm	4	none	6	rough	5	slightly weathered	5	wet	7	68	Ⅱ
1~3m	4	0.1 ~1.0mm	4	none	6	rough	5	slightly weathered	5	wet	7	70	Ⅱ
1~3m	4	0.1 ~1.0mm	4	none	6	rough	5	slightly weathered	5	wet	7	69	Ⅱ
1~3m	4	0.1 ~1.0mm	4	none	6	rough	5	slightly weathered	5	wet	7	75	Ⅱ
1~3m	4	0.1 ~1.0mm	4	none	6	rough	5	slightly weathered	5	wet	7	75	Ⅱ
1~3m	4	0.1 ~1.0mm	4	none	6	rough	5	slightly weathered	5	wet	7	74	Ⅱ

2.2.2 Q 시스템의 활용(Q 시스템 시트)

[표 2-2] Q 분류를 위한 분류 시트의 예

항목	암반 분류			R.Q.D(%)		절리군수(J_n)		절리면 거칠기(J_r)	
공번	심도(m)			상태	R	상태	R	상태	R
TB-1	118	~	121	93	93	1+random	3	smooth planar	1
TB-1	121	~	124	100	100	massive	1	rough or irregular, planar	1.5
TB-1	124	~	127	100	100	1개	2	rough or irregular, planar	1.5
TB-1	127	~	130	100	100	1개	2	rough or irregular, planar	1.5
TB-1	130	~	133	100	100	1개	2	smooth planar	1
TB-1	133	~	136	100	100	massive	1	smooth undulating	2
TB-1	136	~	139	90	90	1개	2	smooth undulating	2
TB-1	139	~	142	100	100	1개	2	smooth undulating	2
TB-1	142	~	145	96	96	2+random	6	smooth planar	1
TB-1	145	~	148	89	89	2+random	6	smooth planar	1
TB-1	148	~	151	88	88	1+random	3	smooth planar	1
TB-1	151	~	154	98	98	2+random	6	smooth planar	1
TB-1	154	~	157	100	100	1+random	3	smooth planar	1
TB-1	157	~	158	96	96	1+random	3	slickensided planar	0.5

절리면서 변질 정도(J_a)		지하수에 의한 계수(J_w)		응력 저감계수(SRF)		Q 값	판정
상태	R	상태	R	상태	R		
불면화 광물 피복	2	보통 정도의 용수와 수압	0.66	낮은 응력, 지표부근	2.5	0.924	very poor
불면화 광물 피복	2	보통 정도의 용수와 수압	0.66	낮은 응력, 지표부근	2.5	1.232	poor
불면화 광물 피복	2	보통 정도의 용수와 수압	0.66	낮은 응력, 지표부근	2.5	0.627	very poor
표면 얼룩	1	건조 또는 소량의 용수	1	낮은 응력, 지표부근	2.5	5.400	fair
불면화 광물 피복	3	건조 또는 소량의 용수	1	낮은 응력, 지표부근	2.5	1.133	poor
불면화 광물 피복	3	건조 또는 소량의 용수	1	낮은 응력, 지표부근	2.5	1.800	poor
표면 얼룩	1	건조 또는 소량의 용수	1	중간 응력	2.5	36.000	good
표면 얼룩	1	건조 또는 소량의 용수	1	중간 응력	2.5	40.000	good
표면 얼룩	1	건조 또는 소량의 용수	1	중간 응력	2.5	6.400	fair
표면 얼룩	1	건조 또는 소량의 용수	1	중간 응력	2.5	5.933	fair
표면 얼룩	1	건조 또는 소량의 용수	1	중간 응력	2.5	11.733	good
표면 얼룩	1	건조 또는 소량의 용수	1	중간 응력	2.5	6.533	fair
표면 얼룩	1	건조 또는 소량의 용수	1	중간 응력	2.5	13.333	good
표면 얼룩	1	건조 또는 소량의 용수	1	중간 응력	2.5	6.400	fair

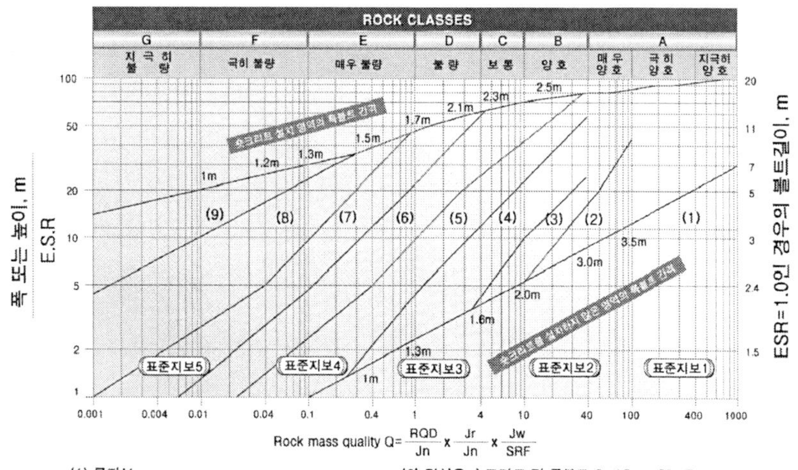

(1) 무지보
(2) 국지적 록볼트 sb
(3) 체계적 록볼트, B
(4) 체계적 록볼트
(비강화 숏크리트, 두께 4-10cm), B(+S)
(5) 강섬유 숏크리트 및 록볼트 5~9cm, Sfr+B
(6) 강섬유 숏크리트 및 록볼트 9~12cm, Sfr+B
(7) 강섬유 숏크리트 및 록볼트 12~15cm, Sfr+B
(8) 강섬유 숏크리트 및 록볼트 > 15cm
철재지보로 숏크리트 강화 및 록볼트, Sfr, RRS+B
(9) 캐스트 콘크리트 라이닝, CCA

[그림 2-1] Q 시스템을 이용한 영구지보산정에 사용되는 차트

2.2.3 미시추구간의 암반등급 추정

전기비저항 탐사 결과와 시추코어 암반등급 사이의 상관관계를 도출하여 [그림 2-2]와 같이 미 시추구간의 암반등급을 추정할 수 있다.

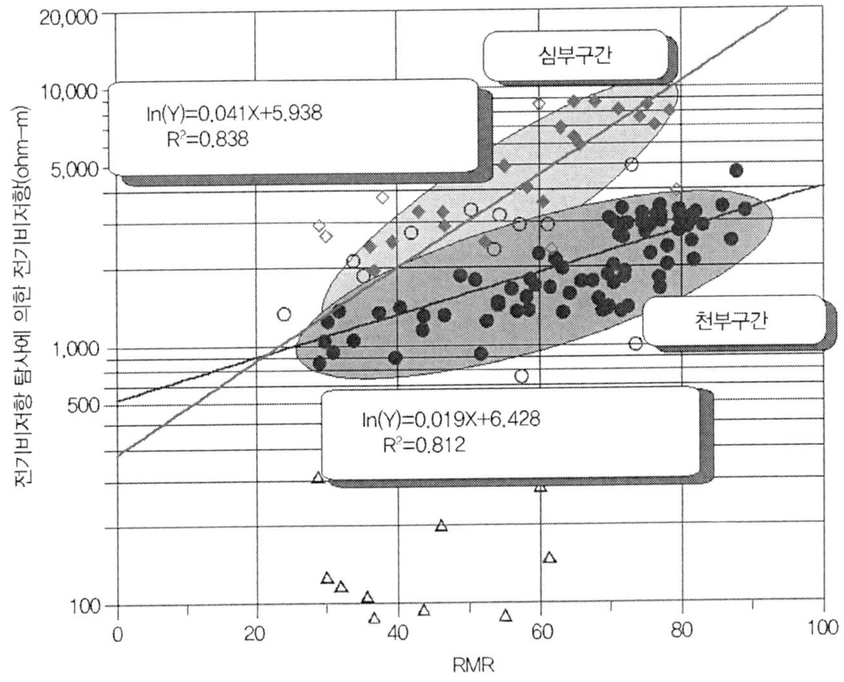

(a) 전기 비저항 탐사결과와 시추코어의 암반등급과의 상관관계 도출

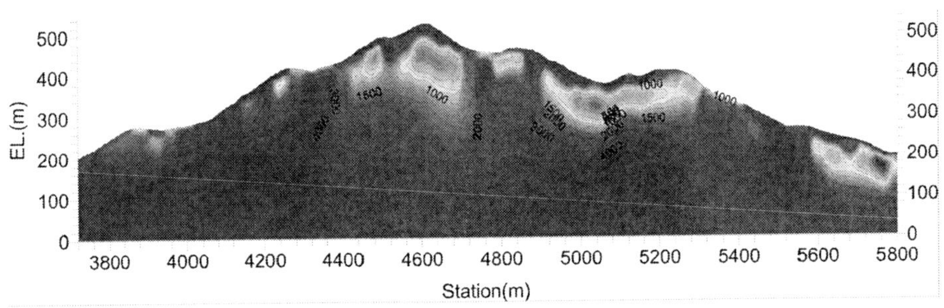

(b) 전기비저항 값의 분포도

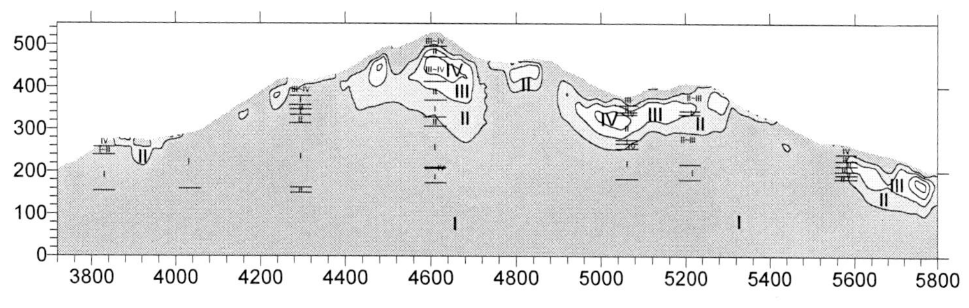

(c) 미시추구간의 암반등급

[그림 2-2] 미시추구간의 암반등급 추정 예

Chapter 03 지침설계 (Guided Design)

지침설계의 과정은 일련의 자유 해답식 문제에 대한 해답을 도출하기 위함이다. 이 방법은 문제의 해결에 역점을 둠으로써, 의사결정 과정에서 서로 다른 많은 의견과 수치들을 고려하고 절충하는 실제 현장의 경험에 근접할 수 있게 한다. 학생들은 지침설계에 따른 접근법에 의해 교과목 내의 지식을 얻게 될 뿐만 아니라 스스로 학습하고, 논리적으로 사고하며, 현명한 결론을 내리기 위해 필요한 정보를 수집하고, 자료를 판단하는 능력과 그들의 생각을 타인들에게 전달하는 능력을 배양하게 된다.

지침설계 개념은 의사결정과 판단으로 해답해야 하는 공학적 문제들이 단계별 해결 과정을 제공한다. 또한 문제들에 수많은 해답이 가능한 자유해답적 성격을 가진다는 것이 바로 지침설계의 원리이다.

채광과 터널 굴착을 위한 암석역학적 설계를 목적으로, 지침설계를 토목설계, 경암(금속)채광 및 석탄채광 등의 서로 다른 3가지 분야를 포함하는 넓은 의미의 '지하공동의 천반지보'라는 주제에 적용하기로 한다. 이러한 3가지 영역에서 천반 지보설계라는 주제를 다룸으로써 광산공학과 토목공학에서의 설계접근법과 비교가 가능하게 될 것이다. 목적 면에서 많은 유사성이 있음에도 불구하고 광산설계자와 토목설계자 상호 간의 지식교환이 이루어지지 않고 있다는 점에서 이것은 매우 중요하다. 천반 지보설계라는 주제는 그러한 비교를 위해 이상적이라고 생각한다.

이 장은 초급 엔지니어의 설계에 대한 이해와 실습을 돕기 위하여 『암석역학을 이용한 터널설계』(이정인 역)에서 발췌하여 수록하였다.

3.1 지보설계의 일반적 고려사항

Hoek & Brown(1980)은 지하 지보설계의 주된 목표는 암반이 스스로 지탱할 수 있도록 돕는 것이라고 강조하였다. 그들은 암-지보재 상호작용 분석에 대한 훌륭한 해설을 수많은 실제 사례와 더불어 제공하고 있다. 그뿐만 아니라, 지보 시스템의 주요 요소인 록볼트, 숏크리트, 와이어 메쉬 등을 사용할 경우 실제적인 면을 고려하기 위해 그들의 책을 꼭 참고해야 한다.

미육군 공병병과(U.S. Army Corps of Engineers, 1980), 미광무국(Lang & Bischof, 1981), 캐나다의 Ontario Hydro(1979), 노르웨이 지반공학연구소(NGI, 1979) 등과 같은 기타의 참고문헌들을 통해서도 볼트 길이나 설치 간격을 점검하는 데 유용한 일반적 경험법칙에 관한 정보를 얻을 수 있다. 이러한 법칙들은 다음과 같다:

(1) **최소 볼트 길이**: 다음의 항목 중에서 최댓값을 선택한다.

① 볼트 간격의 2배
② 암반의 평균 불연속면 간격에 의해 형성되는 위험하거나, 잠재적으로 불안정한 암반블록 너비의 3배
③ 폭이 6m 이하인 터널의 경우 볼트 길이는 폭의 1/2, 폭이 18m~30m인 경우 볼트 길이는 폭의 1/4, 폭이 6m~18m인 경우 볼트 길이는 3m~5m 범위에서 내삽으로 결정한다. 높이 18m가 넘는 공동인 경우, 측벽 볼트는 벽 높이의 1/5

(2) **최대 볼트 간격**: 2m

① 볼트 길이의 1/2
② 위험하거나 잠재적으로 불안정한 암반 블록 폭의 3/2
③ 간격이 2m 이상일 경우 체인링크나 용접 와이어 메쉬의 부착이 어려움

(3) **최소 볼트 간격**: 0.9m

불연속면의 간격이 좁고 공동의 폭이 비교적 큰 경우, 두 종류 볼트 패턴을 중첩하여 사용하는 것이 적합할 수 있다. 즉, 천반 지지를 위해서는 대용량의 긴 볼트를

사용하고, 촘촘한 절리간격 때문에 굴착면이 부서져 탈락하는 현상을 막기 위해 짧고 가는 볼트를 사용하는 것이다.

위의 경험적 법칙은 단지 일반적인 지침으로 고려되어야 한다. 왜냐하면 특정 지하공동에 적절한 지보 시스템은 암반의 성질, 현지암반의 응력장, 예상되는 하중의 변화, 안전규칙, 다른 지보재의 이용 가능성 및 비용 등의 여러 가지 요인에 의해 좌우되기 때문이다.

Hoek & Brown(1980)은 지보방법이 결정되면 암반 볼트의 배열을 공동 굴착단면과 구조적 특징에 중첩시켜 스케치하여 검토할 것을 권장하였다.

3.2 토목용 터널에서의 천단 지보설계

수로터널이 미국 동부에 있는 한 주요 도시에 건설되었다(Bieniawski, 1979; Blackey, 1979; Bieniawski, 1980). 이 터널의 기능은 강물의 범람을 다른 강 쪽으로 유도하여 홍수를 조절하는 것이다. 터널의 내경은 6.7m이고 입구와 출구까지의 길이는 약 2,800m 정도이다. 터널은 셰일과 현무암 지대를 관통하며, 지표로부터의 최대심도는 61m이다. 도시의 상업지역 아래에 위치한 이 터널은 역 사이펀 모양을 하고 있다. 출구 바닥은 입구 바닥보다 15.9m 더 낮고 경사는 약 0.6% 정도이다. 출구의 천장으로부터 지표까지 암반의 두께는 최소 약 15.3m 정도이다.

터널의 입찰가는 천공-발파의 의한 경우 3,337만 달러부터 TBM과 프리캐스트 라이닝을 이용하는 경우 2,325만 달러까지의 범위에 해당되었다. 1978년 기준의 TBM 굴착 입찰가로 계산하면 m당 비용은 8,303달러이었다.

3.2.1 터널 지질

노선을 따라 분포하는 암석은 주로 동쪽방향으로 경사진 적색 셰일/실트암이고, 현무암질 암맥들과 두 개의 단층이 존재하고 있다. 예비 조사를 통해 터널 노선을 따라 세 개의 주요한 지질대가 확인되었다(Blackey, 1979).

- 셰일 및 현무암 지대가 터널 전체의 88%를 차지한다.
- 파쇄암(블록상 및 층상) 지대, 23+10 지점과 31+10 지점 사이
- 두 개의 단층지대, 하나는 57+50 지점 가까이에 존재하고, 나머지 하나는 89+50 지점과 95+50 지점 사이에 존재한다.

층리와 절리의 주향은 대체로 터널 축(터널은 서쪽에서 동쪽으로 가는 방향)에 수직인 북/남 방향이다. 층리의 경사는 대체로 15~20°이며, 절리는 70~90°로 급경사를 이룬다. 셰일층에 존재하는 절리는 면이 거칠고, 대개 틈새가 작으며 방해석으로 채워져 있다.

터널 공사 전에 지하수위를 측정한 결과, 기반암 내의 피에조미터 수위는 터널 바닥면에서 상부로 47m 또는 58m 정도인 것으로 나타났다.

3.2.2 지질조사

다이아몬드 코어 드릴링과 시추 공내의 다양한 시험 및 탄성파 조사 등을 통해 부지조사를 수행하였다. 시추공 내 시험은 공내촬영, 수압시험, 피에조미터 설치, 관측정 설치, 양수시험 등이다.

29개 시추공에서 회수된 암반 코어들로부터 터널의 지질을 결정하였다. 이들 중 18개는 NX 크기(직경 54mm)였고, 11개는 직경이 100mm이었다. 10개의 시추공은 터널 깊이까지는 도달하지 않았다. 모든 코어는 코어배럴에서 빼내자마자 현장에서 사진촬영을 하였으며, 주상도 작성, 분류, 시험의 과정을 거쳤다.

불연속면의 방향과 암반구조를 확인하기 위해 15개 시추공에서 공내촬영이 수행되었다. 밀도, 일축압축강도, 삼축압축강도, 탄성계수, 포아송비, 함수율, 팽창성과 마모성, 탄성파 속도, 절리면강도 등을 결정하기 위해 터널내부, 터널의 천장 부근, 그리고 터널천장으로부터 터널 지름의 1/2 거리 내 지점의 코어 시험편을 총 21 곳에서 채취하였다. 그 결과는 [표 3-1]에 수록되어 있다.

원위치 초기응력 측정이 수직 시추공에서 수행되었으나, 15회의 시험 중 단지 3회만이 만족할 만한 결과를 보였다. 8회의 시험은 코어의 파손에 의해, 2회는 측정기 게이지의 미끄러짐에 의해, 나머지 2회는 장비의 작동 불량에 의해 결과를 얻는데 실패하였다. 측정된 수평응력은 3.1±0.9MPa 정도였다. 지하 36.6m 깊이에서 수직응력은 0.91MPa로 계산되었다. 이에 따라 수평/수직 응력비는 3.4로 나타났다.

3.2.3 암반 분류를 위한 입력자료

암반 분류를 위한 입력자료를 터널 노선에 따라 예상되는 모든 구조지역에 대해 수집하였는데, 터널 출구 측에서의 자료가 [그림 3-1]에 하나의 예로서 나타나 있다. 불연속면의 방향과 간격을 포함하여 분류자료 용지에 기입된 모든 자료들은 시추공에서 얻어진다. 이는 일반적인 코어 조사과정 외에 시추공 조사를 위한 공내촬영을 수행해야 가능하다.

Name of project : *Park River Tunnel* Site of survey : *Hartford, conn.* Conducted by : *G. A. N.* Data : *July 15, 1978*	STRUCTURAL REGION *23+10–7+10+*	ROCK TYPE AND ORIGIN *shale with interbedded snadstone*

DRILL CORE QUALITY R.Q.D.*		WALL ROCK OF DISCONTINUITIES
Excellent quality :	90 – 100%................	Unweathered...
Good quality :	75 – 90%..................	Slightly weathered.......................... V..........................
Fair quality :	50 – 75%........ V........	Moderately weathered..
Poor quality :	25 – 50%..................	Highly weathered..
Very poor quality :	< 25%......................	Completely weathered...
*R.Q.D. = Rock Quality Designation		Residual soil..

GROUND WATER		STRENGTH OF INTACT ROCK MATERIAL			
INFLOW per 10 m of tunnel length	litres/minute.............	Designation	Uniaxial compressive stenght, MPa	OR	Point-load strenght index, MPa
or		Very high :	Over 250...............		> 10............
WATER PRESSURE	kPa..................	High :	100 – 250...............		4 – 10............
or		Medium high ;	50 – 100........ V....		2 – 4............
GENERAL CONDITIONS (completely dry, damp, wet, dripping or flowing under low / medium or high pressure : *Dripping*		Moderate :	25 – 50......... V.....		1 – 2............
		Low :	5 – 25...............		< 1............
		Very low :	1 – 5...............		

SPACING OF DISCONTINUITIES		Set 1	Set 2	Set 3	Set 4
Very wide :	Over 2 m	....	....	....	....
Wide :	0.6 – 2 m	....	.... V.......	....	....
Moderate :	200 – 600 mm	.... V.......	....	....	....
Close :	60 – 200 mm	....	....	....	....
Very close :	< 60 mm	....	....	....	....

NOTE : These values are obtained from a joint survey and not from borehole logs.

STRIKE AND DIP ORIENTATIONS				
Set 1	Strike : .... *N23E*...... (average)	(from.... *N5E*.... to..... *N35E*......)	Dip : ..20..... (angle)	...... *SE*........... (direction)
Set 2	Strike : .... *N47E*......	(from... *N40E*... to..... *N60E*........)	Dip : ..20.....	...... *SE*...........
Set 3	Strike :	(from............. to.............)	Dip :	....
Set 4	Strike :	(from............. to.............)	Dip :	....

NOTE : Refer all directions to magnetic north

[그림 3-1] 입력자료 기록지, Park River 터널

CONDITION OF DISCONTINUITIES					
PERSISTENCE(CONTINUITY)		Set 1	Set 2	Set 3	Set 4
Very low :	<1 m	....	....	....	....
Low :	1-3 m	....	....	....	....
Medium :	3-10 m	....	....	....	....
High :	10-20 m	.... *V*.....	.... *V*.....	....	....
Very high :	>20 m	....	....	....	....
SEPARATION(APERTURE)					
Very tight joints :	<0.1 mm	....	....	....	....
Tight joints :	0.1-0.5 mm	....	....	....	....
Moderately open joints :	0.5-2.5 mm	.... *V*.....	.... *V*.....	....	....
Open joints :	2.5-10 mm	....	....	....	....
Very wide aperture :	>10 mm	....	....	....	....
ROUGHNESS(state also if surfaces are stepped, undulating or planar)					
Very rough surfaces :		....	....	....	....
Rough surfaces :		.... *V*.....	.... *V*.....	....	....
Slightly rough surfaces :		....	....	....	....
Smooth surfaces :		....	....	....	....
Slickensided surfaces :		....	....	....	....
FILLING(GOUGE)					
Type :		....	....	....	....
Thickness :		....	....	....	....
Uniaxial compressive strength, MPa		....	....	....	....
Seepage :		....	....	....	....
MAJOR FAULTS OR FOLDS					
several small fracture zones were found in core logs. Zones range from 100 mm to 0.3 m in thickness and occur between sta. 16+00-13+50.					
Describe major faults and folds specifying their locality, nature and orientations.					
GENERAL REMARKS AND ADDITIONAL DATA					
Random joints present					
NOTE : (1) For definitions and methods consult ISRM document: 'Quantitative description of discontinuities in rock masses.' (2) The data on this form constitute the minimum required for engineering design. The geologist should, however, supply any futher information which he considers relevant					

[그림 3-1] 입력자료 기록지, Park River 터널(계속)

[표 3-1] 암석 물성의 요약

암종	시험 회수	알축압축강도(MPa)	시험 회수	탄성계수(GPa)
세일	19	22.4~90.3 평균 53.5	7	1.38~34.5 평균 14.5
현무암	11	38.2~94.8 평균 70.8	9	6.14~68.9 평균 31.9
사암	2	64.5~65.8 평균 65.1	–	–

3.2.4 터널 설계상의 특징

터널을 서로 다른 3개 구역으로 나누어 설계를 실시하였고, 선택 입찰하도록 하였다.

- 3가지 범주의 암반 하중을 견딜 수 있도록 천공과 발파를 이용하여 두께가 가변적인 현장성형 라이너를 보강재로 사용하여 굴착되는 구간
- 강화 현장성형 라이닝으로 지보되는 TBM 굴착 구간
- 강화 프리캐스트 라이닝으로 지보되는 TBM 굴착 구간

암반 분류법에 의한 추천 지보패턴이 [표 3-2]에 수록되어 있다(Bieniawski, 1979).

[표 3-2] 추천 지보패턴의 상호비교

암반상태	지보 시스템	
	RMR 분류	Q-시스템
평균암질이 최상인 경우 : 구간 1, 2	RMR=72 8ft 간격의 10ft 길이 볼트를 천반에 국부적으로 설치+경우에 따라 2in, 두께의 숏크리트와 와이어 메쉬 설치	암반하중 : 0.5tsf Q=20 5-6ft 간격의 길이 9ft 비인장형 스폿 볼트
평균암질이 최악인 경우: 23+00~31+00 구간	RMR=37 5ft 간격의 길이 12ft 볼트와 와이어 메쉬 +5in 두께의 숏크리트	암반하중 : 1.1tsf Q=2.2 3ft 간격의 길이 9ft 비인장형 볼트+두께 1-2in.의 숏크리트
단층대 : 구간 3	RMR=16 2.5ft 간격의 길이 15ft 볼트와 와이어 메쉬 +8in 두께의 숏크리트	• 암반하중 : 2.7tsf Q=0.14 8-16in 두께의 보강 콘크리트+간격 3ft, 길이 9ft의 인장볼트 • 일차지보 : 와이어 메쉬와 함께 6-10in. 두께의 숏크리트

설계검증과 앞으로의 설계에서의 응용, 그리고 시공영향의 계측을 위해 터널계측이 계획되었다(Engels 등, 1981). 서로 다른 지질조건을 갖는 10개의 계측단면이 선정되었다. 이러한 계측단면에는 지표로부터 설치된 다점지중변위계(MPBX's)와 더불어 공극수압측정기, 록볼트 하중측정기, 내공변위 측정핀, 변형률게이지 등이 설치되었다. 또한 원위치초기응력 측정도 시도되었다.

계측단면은 프리캐스트 라이너를 이용하는 TBM 시공계획을 바탕으로 자료를 최대한 얻을 수 있도록 배치되었다. 프리캐스트 라이너는 최악의 지질조건(터널의 약 10%)에 대비하여 설계되었으나, 터널의 전 구역에 사용되었으므로 실제로는 터널의 대부분 구간에 과도한 보강량이 설계되었다고 볼 수 있다. 계측 프로그램의 목적은 설계 시 가정된 사항을 확인하고, 앞으로의 설계를 위해 더욱 정밀한 계산을 수행하기 위한 것이었다.

3.2.5 시공

프리캐스트 라이너를 이용하는 방식에 가장 많은 입찰지원이 몰렸고, 이중 수용 가능한 7개 입찰 중에서 5개의 입찰가 범위가 2,324만 8,185달러에서 2,855만 1,497달러까지였다. 천공-발파 방식의 최고 입찰가는 3,3374만 4,140달러였다(Blackey, 1979).

터널은 수직구로부터 경사를 거슬러 굴진되었다. 수직구가 완성된 후 천공-발파 굴착방식으로 단면 7.9×7.9m인 터널이 약 72m 정도 굴진되어 U자 형태의 공동을 형성하였다. 천공-발파 구간에서의 터널 천반에는 1.2~1.5m 간격으로 3m 길이의 전면 접착형 레진볼트를 설치하고 숏크리트를 추가하여 지보하였다.

천공-발파 구간이 완성된 후에 터널 전단면 굴착기(TBM)가 이미 굴착된 터널에서 조립되어, TBM을 이용한 터널 굴진이 시작되었다. 여기에서의 TBM은 시애틀의 Robbins 사가 제작한 회전식 경암용 실드(shield) TBM인데, 이것을 이용하여 직경 7.4m의 터널을 굴착할 수 있다. 임시지보와 최종 라이닝은 4조로 구성된 프리캐스트 콘크리트라이너 링을 이용하였고, 이때 라이너 링은 굴착면으로부터 후방 10~11m 정도에 위치한 테일 실드(tail shield)에서 설치되었다.

라이너 링을 구성하는 4개의 세그먼트는 각각 두께가 22.9cm, 폭이 약 1.8m 정도였다. 라이너 링이 완성되었을 때 터널의 내경은 6.7m이었다. 스펀지 고무로 제작된 O-링이 라이너 링들 사이에 설치되었고, 네오프린패드 개스킷과 유압식 시멘트 밀폐제가 세그먼트들 사이에 사용되었다(Engels 등, 1981).

3.3 지침설계 문제

위에서 거론한 지질학적, 공학적 자료에 근거하여 50m 터널 구간을 설계하라. 설계할 구간은 터널 수직구의 위치 변동에 따른 확장 구간이다. 이 구간은 수직구 근처에 위치하고 있기 때문에 고도가 지표보다 20m 낮다.

다음 과제들을 수행하라

1. 암반 상태를 분류하라.
   (a) RMR
   (b) Q 시스템
2. 천공-발파의 경우에 대한 암반하중을 위의 방법에 의하여 계산하라.
3. 암반 상태에 따른 자립폭 및 최대가능 폭을 결정하라.
4. 암반의 무지보 자립시간, 암반의 변형계수, 마찰각 및 점착력을 추정하라.
5. 1에서 명시된 방법에 따라 터널지보 형태를 결정하라.
6. 최종 라이닝을 결정하라.
7. 항목 1부터 6까지의 결과를 서로 비교하기 편하도록 도표화하라.
8. 굴착방법을 추천하고 지보방법을 결정하라.
9. 대상 터널 구간의 비용을 추정하라.
10. 지보재 및 계측장비의 배치를 보여주는 터널 단면을 도시하라.

[풀이]

항목 1. 암반상태의 분류

(a) 암반공학적 분류법(RMR)

- 무결암 강도, $\sigma_c = 50\text{MPa}$
  점수=4
- 시추코어 상태, RQD=55~85% ; 평균 72%
  점수=13
- 불연속면의 간격 : 50mm~0.9m
  점수 : 10
- 불연속면의 상태 : 0.8mm~1.1mm까지 이격, 약한 풍화, 거친 표면
  점수 : 25
- 지하수 : 물방울이 떨어지는 정도, 수압은 낮음, 분당 25~125L의 지하수 유입
  점수 : 4
- 기본 RMR : 4+13+10+25+4=56(불연속면의 방향에 따른 보정 전)
- 불연속면의 방향 : 주향은 터널 축에 수직, 경사는 20°
  보통 정도의 방향, 보정치 : −5
  보정된 RMR=56−5=51
- RMR=51, 3등급에 해당 : 보통 정도의 암반

(b) Q 시스템

- RQD=72%(평균)
- $J_n = 6$, 2개 절리군과 산발적 절리
- $J_r = 1.5$, 거친 평면상의 절리
- $J_a = 1.0$, 변질되지 않은 절리면, 벽면에 얼룩이 보임
- $J_w = 0.5$, 대량의 지하수 유입 가능성
- SRF=1.0, 중간 정도의 응력, $\sigma_c/\sigma_1 = 50/3.1 = 16.1$

$$Q = \frac{RQD}{J_n} \times \frac{J_r}{J_a} \times \frac{J_w}{SRF} = \frac{70}{6} \times \frac{1.5}{1} \times \frac{0.5}{1} = 8.75$$ 보통 정도의 암반

요약:

분류법	결과
RMR	51 보통 암반
Q	8.75 보통 암반

항목 2. 암반하중

- 천공-발파 터널직경: 7.4m+0.6m 여굴=8.0m
- 셰일 밀도: 2,660kg/m^3

[표 3-3] 분류법에 따른 암반하중

RMR=51	Q=8.75
$h_p=(100\text{-}51)B/100=3.92\text{m}$ $P=\gamma h_p=0.102\text{MPa}$	절리군의 수 3개 미만 $P=2J_n^{1/2}Q^{-1/3}(3J_r)$ $=2(6)^{\frac{1}{2}}(8.75)^{\frac{-1}{3}}(3\times1.5)$ $=0.528\text{MPa}$

항목 3. 자립폭 및 최대가능 폭: RMR과 Q 분류치에 의함

[표 3-4] 폭 대 무지보 자립시간

	RMR=51	Q=8.75(ESR=1.6)
자립 폭	2.4m[RMR chart]	7.6m[2×ESR(1.6)×Q(8.75)$^{0.4}$]
최대가능 폭	11m[RMR chart]	70m[Q-chart]

항목 4: 무지보 자립시간, 변형계수 및 c, ϕ 값

- RMR=51, 폭=8m
- 무지보 자립시간: 대략 70시간 또는 3일
- Q 값으로부터 환산한 RMR=15logQ+50=15×log8.75+50=64.1
- Q로부터 환산한 RMR에 의한 무지보 자립시간: 약 7,000시간 또는 약 300일

- $E = 2RMR - 100 = 2GPa$
- $E = 10 \times Q^{1/3} = 10 \times (8.75)^{1/3} = 20.6GPa$
- $c = 5 \times RMR_{basic} = 5 \times 56 = 280kPa$
- $\phi = 0.5 \times RMR + 5 = 0.5 \times 51 + 5 = 30.5^{\circ}$

항목 5. 지보형태 추천

[표 3-5] 분류법에 따른 지보형태 추천

RMR	천공과 발파 : 길이 3.5m, 간격 1.5m의 록볼트를 천장부 및 측벽에 체계적으로 설치, 천장부는 와이어 메쉬 설치, 천장부에 50~100mm 두께, 측벽부에 30mm 두께로 숏크리트 타설
Q 시스템	천공과 발파 : 시스템 볼팅, 설치간격 1.8m, 길이 $L = \frac{2+0.15B}{ESR} = \frac{2+0.15 \times 8}{1.6} = 2.0m$ 숏크리트 필요 없음, 버림 숏크리트만 타설

항목 6. 최종 라이닝

100mm 두께의 강섬유보강 숏크리트(항목 8 참조)

항목 7. 항목 1~6 결과의 도표

[표 3-6] 항목 1-6 결과의 도표

항목	RMR	Q
세일의 암질	51(보통)	8.75(보통)
암반하중의 높이	3.92m	적용불가
암반하중	102kPa	528kPa
무지보자립시간	약 3일	약 300일
지보	1.5m 간격으로 3.5m 길이의 볼트, 50~100mm 두께의 숏크리트와 와이어 메쉬	1.8m 간격으로 2.0m 길이의 볼트, 버림숏크리트만 타설

두 방법 모두 보통암으로 분류되나, Q 값을 RMR 값으로 환산하여 구한 무지보 자립시간은 Q분류에서 100배로 나타났다. 가장 큰 차이점은 지보설계에서 볼 수 있는데, RMR은 터널의 용도에 따른 지보체계의 변화(ESR)를 고려하지 않으므로 다소 과지보설계를 추천함을 알 수 있다.

항목 8. 굴착 방법

프리스플리팅 발파, 50m의 짧은 터널구간에 대해서는 TBM 굴착이 경제적이지 못하다. 따라서 강섬유 보강 숏크리트를 최종 라이닝으로 사용할 수 있다. 이것은 구조적, 수리적 관점에서 수용될 수 있을 것이다.

항목 9. 추정 경비

이 터널의 1978년도 입찰가는 천공-발파에 의한 경우 $11,220/m, TBM 굴착의 경우 $8,300/m 정도였다. 1978년도에서 1984년까지의 인플레이션은 30%이다. 1만 1,220달러의 비용은 현장성형 콘크리트 라이닝 비용을 포함한 것이다. 최종 라이닝으로서 강섬유 보강 숏크리트를 사용한다면 이 비용을 절감할 수 있다.

천공-발파에 의한 50m 구간의 추정 공사비용	
$9,500/m(1978년 기준)×50m	$475,000
인플레이션에 의한 증가 비용 : 30%	$142,500
운영비 등	$60,000
관리비	$22,500
50m 구역에 대한 총비용	$700,000

항목 10 : 터널 단면([그림 3-3] 참조)

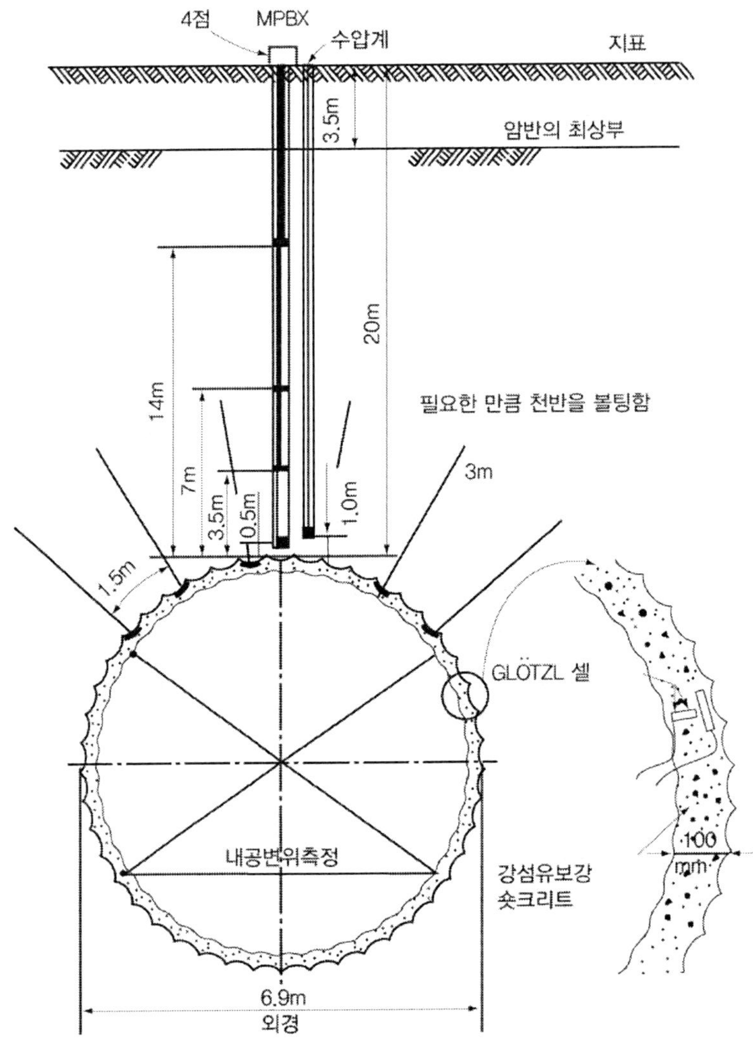

[그림 3-2] 터널의 지보와 설치된 계측기기

Chapter 04 클리노 컴퍼스 측정방법 해설

4.1 클리노 컴퍼스의 종류

현재 우리나라에서 널리 사용되는 클리노 컴퍼스의 종류와 특성을 [표 4-1]에 정리하여 나타냈다.

[표 4-1] 클리노 컴퍼스의 종류와 특성

클리노 컴퍼스(Clino compass) Showa Sokki, co.	
	• 가장 널리 사용되는 제품으로 덮개를 경사면에 붙일 수 있어 경사(dip) 및 경사방향(dip drection)을 쉽게 읽을 수 있는 장점이 있다. • 측면을 경사면에 붙이면 주향방향 및 주향각을 직접 읽을 수 있다. • 본 제품을 기준으로 주향 및 경사 읽는 방법 서술한다.
브런턴 컴퍼스(Brunton compass)	
	• 경사 방향은 쉽게 볼 수 있으나 수포계를 조절하여 경사를 맞춤으로 인해 경사각 읽기가 어렵다. • 나침반의 자침이 혼동될 경우도 있다.

클리노메터(Clinometer)	
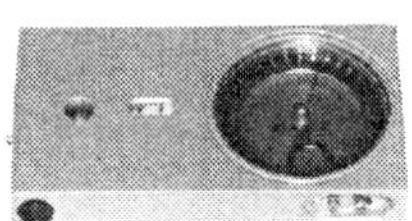	• 측면을 경사면에 붙이면 주향방향 및 주향각을 직접 읽을 수 있다. • 덮개가 없으므로 경사방향을 측정할 때는 나침반 속의 'N' 글자가 몸 쪽으로 오도록 잡고 경사면에 붙여 측정한다. • 경사각은 클리노메터를 절리면에 세워 붙여서 읽을 수 있다.
SILVA 컴버스(compass, 15TDCL)	
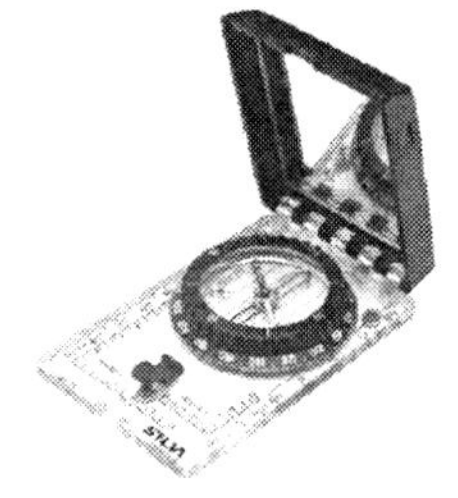	• 광업협동조합에서 구매 할 수 있는 컴퍼스로 상세 정보는 알 수 없다.

4.2 측정방법

(1) 둔각에 대한 경사(dip)와 경사방향(dip direction)을 읽는 방법

① 클리노 컴퍼스 설치방법

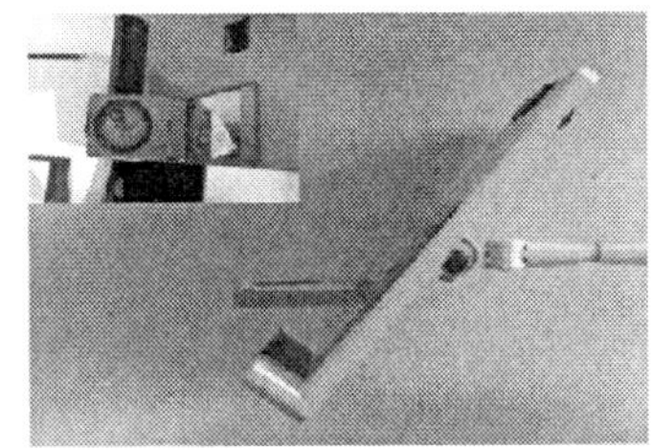

[그림 4-1] 클리노 컴퍼스 설치방법

• [그림 4-1]과 같이 절리면이 발쪽으로 오는(뒤로 누운) 경우, 클리노 컴퍼스를 펴서, 그 경사면에 부착하고 나침반면의 수포계를 조절하여 수평하게 유지시킨다.
• 이때 클리노 컴퍼스는 둔각을 유지하며, 높은 위치일 경우 고정침을 눌러 고정시키고 읽을 수 있다.

② 경사각 읽는 방법

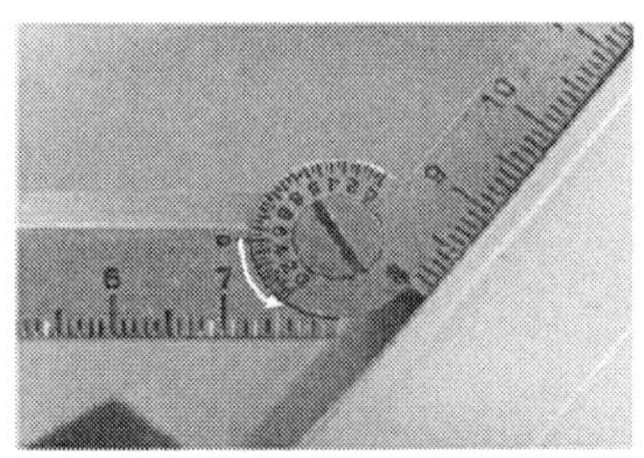

[그림 4-2] **경사각 읽는 방법**

- [그림 4-2]와 같이 암반 절리면에 붙인 덮개판과 수평으로 펼친 나침반의 측면에 보이는 경사각을 읽으면 된다(둔각의 경우 바깥쪽).
- 사진의 경우 50°이다.

③ 경사방향 읽는 방법

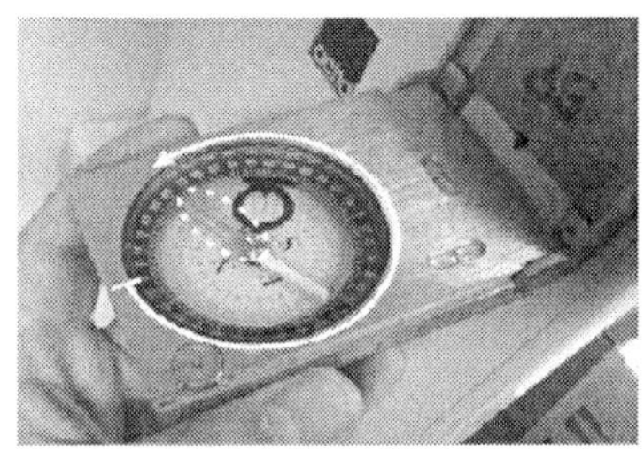

[그림 4-3] **경사방향 읽는 방법**

- [그림 4-3]과 같이 나침반으로부터 파란색 지침은 진북을 가리키는 방향이고, 경사방향을 읽을 때는 클리노 컴퍼스의 'N'을 기준으로 하여 시계반대방향(E방향)으로 파란 자침까지 각도를 읽으면 된다.
- 사진의 경우 296°이다.

※ 주향방향 및 주향각은 현장조사 후 환산해야 함.

④ 기재 방법

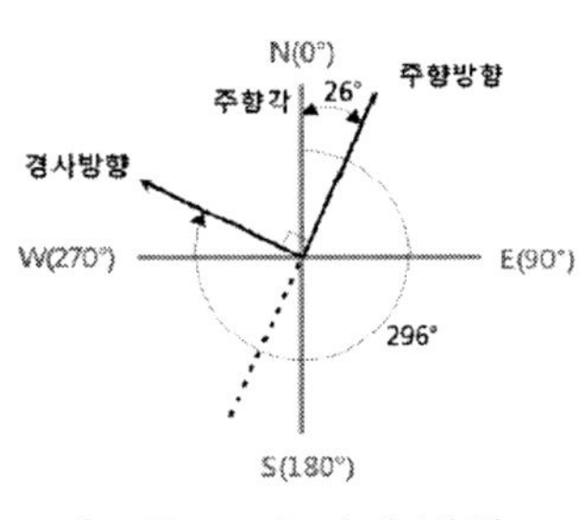

[그림 4-4] **기재 방법**

- 현장기재 방법 : 상기의 측정된 순서로 경사(dip)/경사방향(dip direction)으로 기재한다(예 50/296).
- 실내 환산방법

ⓐ 방위표시는 클리노 컴퍼스와 달리 ㄴ우측이 동쪽(E)이 된다.

ⓑ 측정된 경사방향을 시계방향(E방향)으로 돌려 중심에서 선을 그으면 경사방향이 된다([그림 4-4]에서는 NW).

ⓒ 그 선의 직각방향으로 선을 그었을 때 'N'을 기준으로 'E W'선상의 위쪽으로 지나가는 선이 주향방향이고 그 각이 주향각이다.

ⓓ 상기 주향 및 경사의 기재 : 50/296 → N26E/50NW

(2) 예각에 대한 경사(dip)와 경사방향(dip direction)을 읽는 방법

① 클리노 컴퍼스 설치 방법

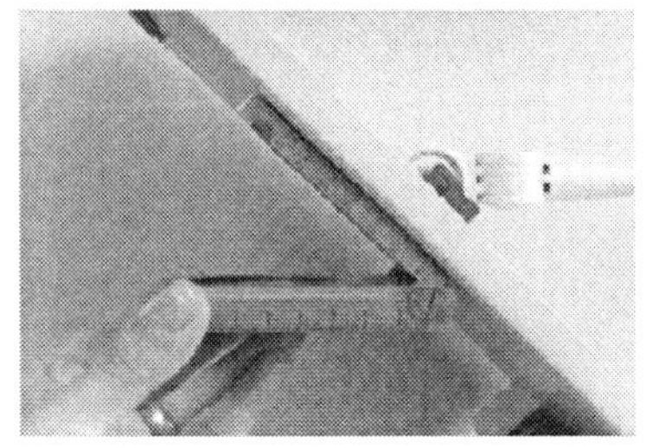
[그림 4-5] 클리노 컴퍼스 설치 방법

- [그림 4-5]와 같이 절리면이 발에서 멀어지는(앞으로 숙인) 경우, 클리노 컴퍼스를 접어서 그 경사면에 부착하고 나침반 면의 수포계를 조절하여 수평하게 유지시킨다.
- 이때 클리노 컴퍼스는 예각을 유지하며, 높은 위치일 경우 반사거울을 이용하거나 고정침을 눌러 고정시키고 읽을 수 있다.

② 경사각 읽는 방법

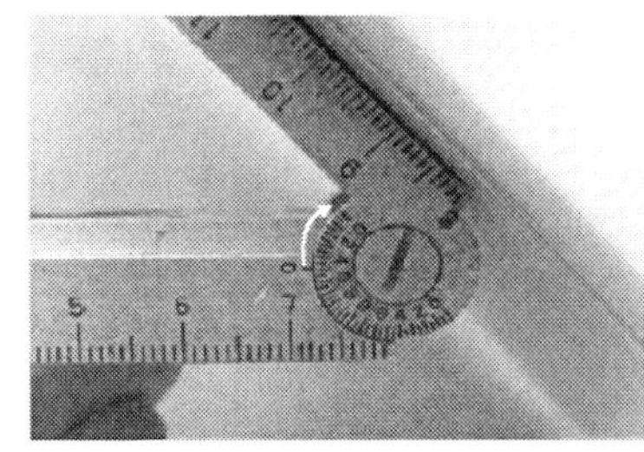
[그림 4-6] 경사각 읽는 방법

- [그림 4-6]과 같이 암반 절리면에 붙인 덮개판과 수평으로 펼친 나침반의 측면에 보이는 경사각을 읽으면 된다(예비각의 경우 안쪽).
- 사진의 경우 50°이다.

③ 기재 방법

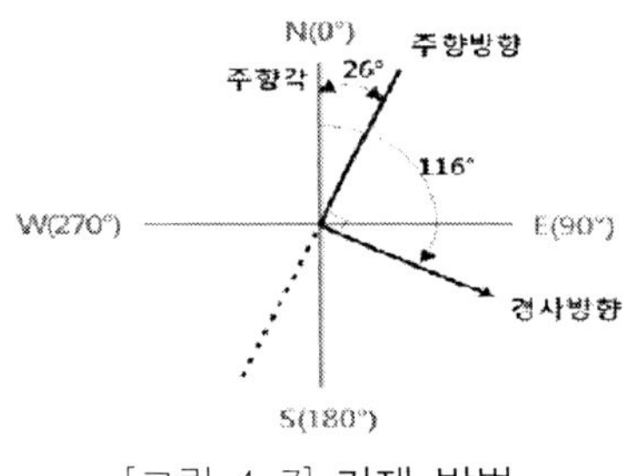

[그림 4-7] 기재 방법

- 현장기재방법 : 상기의 측정된 순서로 경사(dip)/경사방향(dip direction)으로 기재한다(예 50/116).
- 실내환산방법

ⓐ 방위표시는 클리노 컴퍼스와 달리 우측이 동쪽(E)이 된다.
ⓑ 측정된 경사방향을 시계방향(E방향)으로 돌려 중심에서 선을 그으면 경사방향이 된다(그림 4.7에서는 SE).
ⓒ 그 선의 직각방향으로 선을 그었을 때 'N'을 기준으로 EW선상의 위쪽으로 지나가는 선이 주향방향이고 그 각이 주향각이다([그림 4-7]에서는 주향방향 NE, 주향각 26°).
ⓓ 상기 주향 및 경사의 기재 : 50/116 → N26E/50SE

Chapter 05 DIPS 간편 사용법

5.1 개요

암반사면에서 안정성을 평가하기 위해 가장 중요한 요소는 불연속면과 사면의 경사이다. 이러한 사면의 안정성을 평가하기 위해 평사투영망을 이용한 해석이 이루어져 왔는데 DIPS는 이러한 평사투영망을 PC에서 손쉽게 작성, 해석, 출력할 수 있도록 만든 프로그램이다. FLAC이나 UDEC으로 더 자세하게 수치해석을 할 수 있지만 DIPS는 현장에서 간단하게 바로 암반사면을 평가할 수 있다는 장점이 있다.

DIPS의 기능으로는 암반사면에서 일어날 수 있는 전도, 평면, 쐐기 파괴를 확률로써 예측할 수 있고, Q-시스템을 이용한 암반 분류도 할 수 있다.

5.2 목표

측정한 dip/dip-direction 값을 이용하여 절리군을 분석하고, 그 결과를 Q-시스템의 암반 분류에 적용할 수 있도록 한다.

5.3 DIPS 이용방법

(1) DIPS 인스톨 후 DIPS 실행한다.

(2) 새 글을 클릭하여 측정한 dipdip−direction 데이터를 삽입한다.

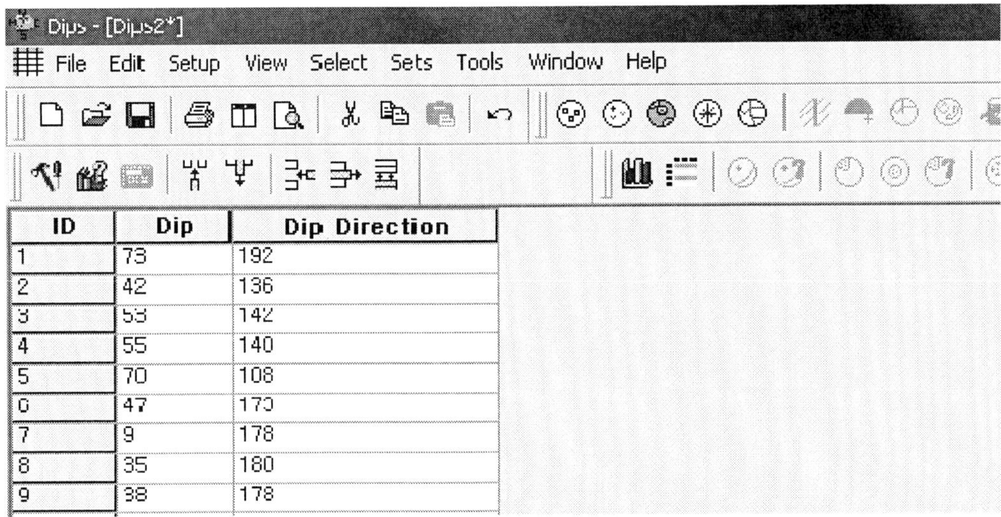

ID	Dip	Dip Direction
1	73	192
2	42	136
3	53	142
4	55	140
5	70	108
6	47	173
7	9	178
8	35	180
9	38	178

(3) pole plot → Overlay Contour → Contour legend

① view → pole plot 또는 에서 를 선택한다.

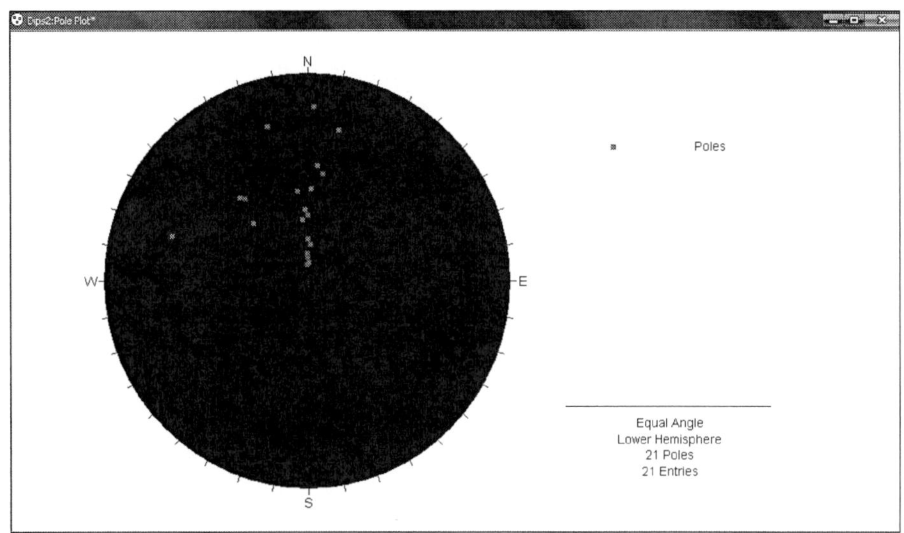

② view → Overlay Contour 선택. 또는 을 선택한다.

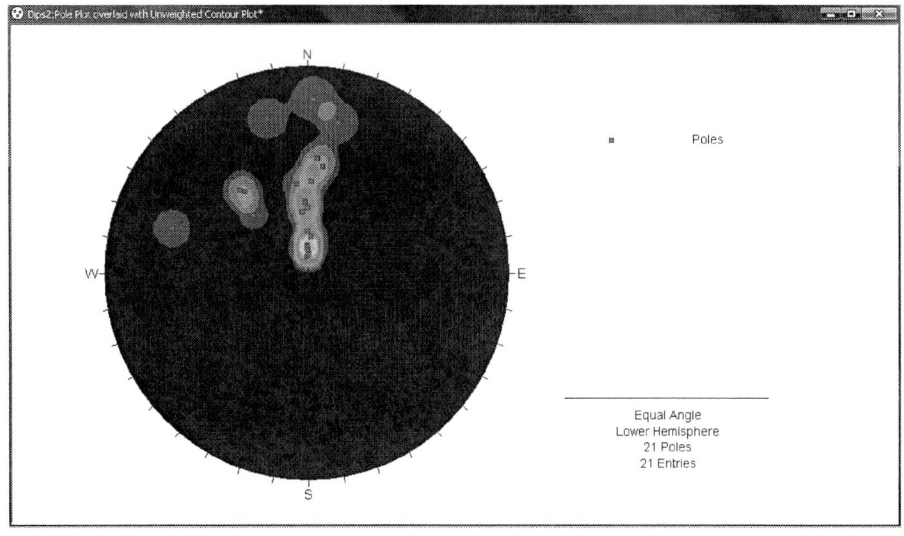

③ veiw → Contour legend 선택한다.

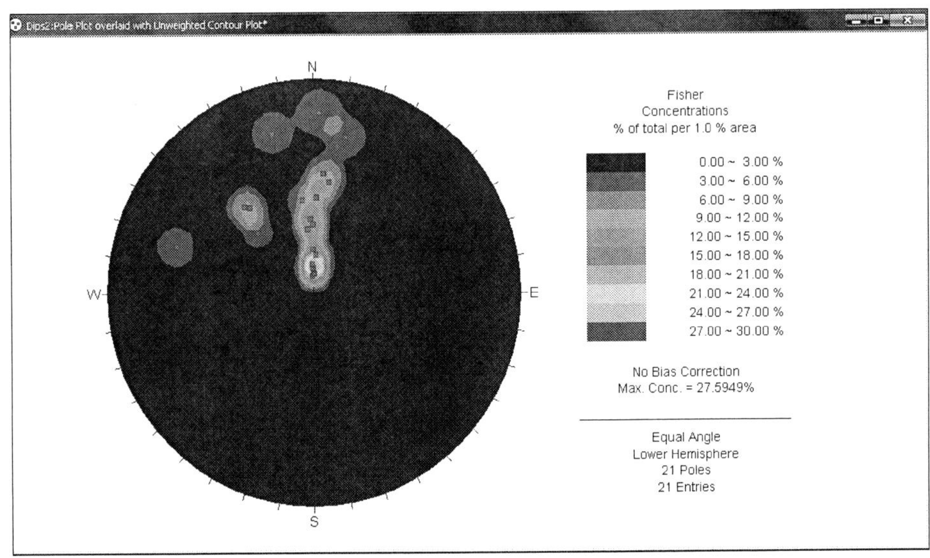

(4) Setup → Stereonet Options → Equal Area → Fisher → OK

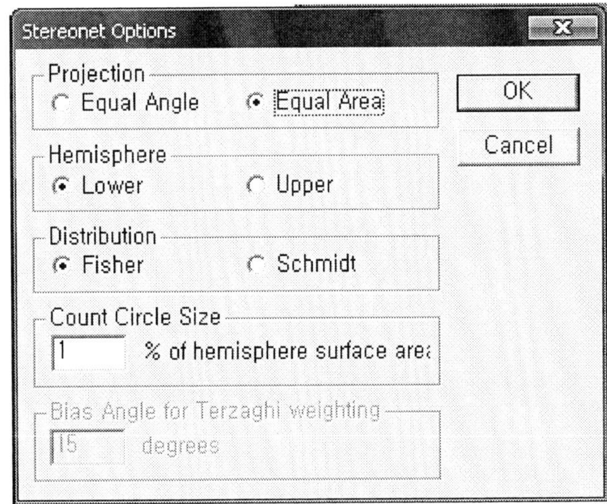

(5) Setup → Job control → Quantity column → Traverse

① Setup → Job control 선택하면 아래와 같은 창이 뜬다.

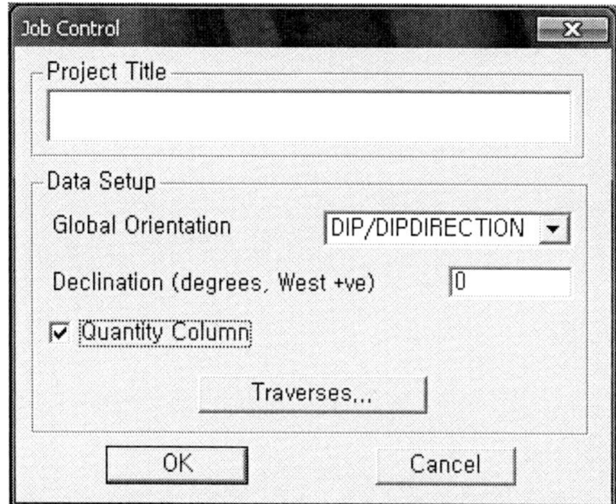

② Quantity column을 선택한 뒤 Traverses를 선택한다.

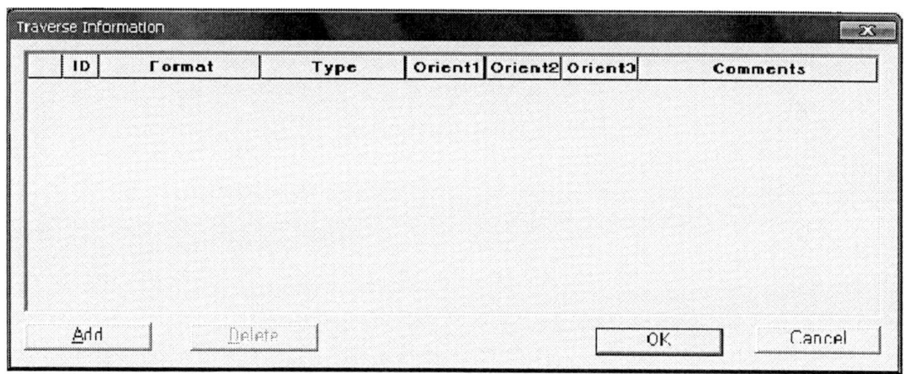

③ Add 선택 후 Format 결정 → Orient 1/Orient 2 값 입력 → OK

- Orient 1 : 0°
- Orient 2 : 시추공의 경우(trend/plunge)는 (0/90°), 사면의 경우 사면의 방향값을 입력한다.

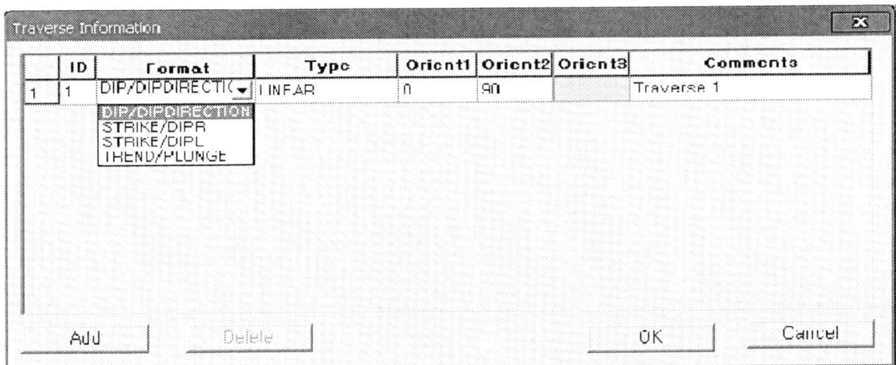

④ OK 이후, Quantity cell 안의 '1'을 Traverse에 복사하여 붙인다.

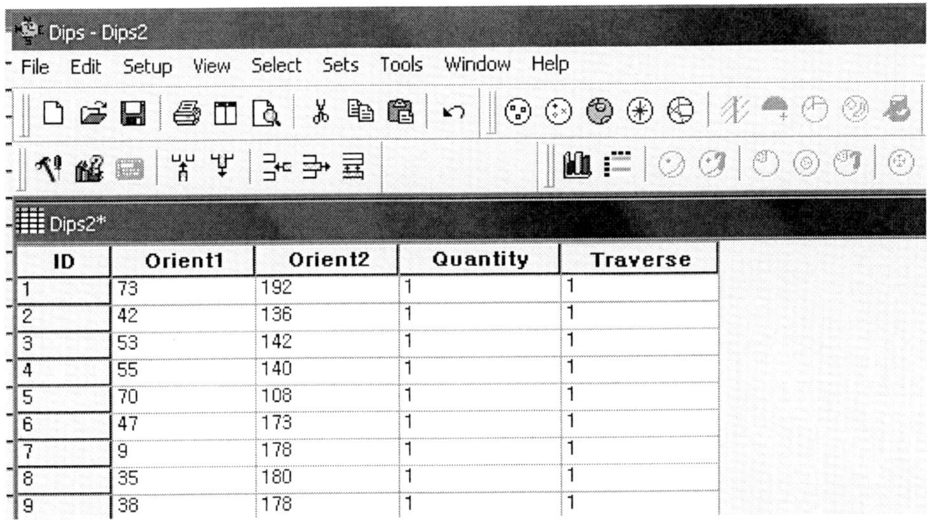

ID	Orient1	Orient2	Quantity	Traverse
1	73	192	1	1
2	42	136	1	1
3	53	142	1	1
4	55	140	1	1
5	70	108	1	1
6	47	173	1	1
7	9	178	1	1
8	35	180	1	1
9	38	178	1	1

(6) Terzaghi Weighiting( )을 클릭하면 아래와 같이 countour가 변화는 것을 볼 수 있다.

Terzaghi 보정은 해줄 수도 있고 하지 않아도 된다. Terzaghi 보정을 해주는 이유는 자료에 대한 가중치를 주어 조사 중에 일어나는 절리에 대한 보정을 해주는 것이다. 값은 sanline에 대한 절리와의 각을 넣어주면 된다.

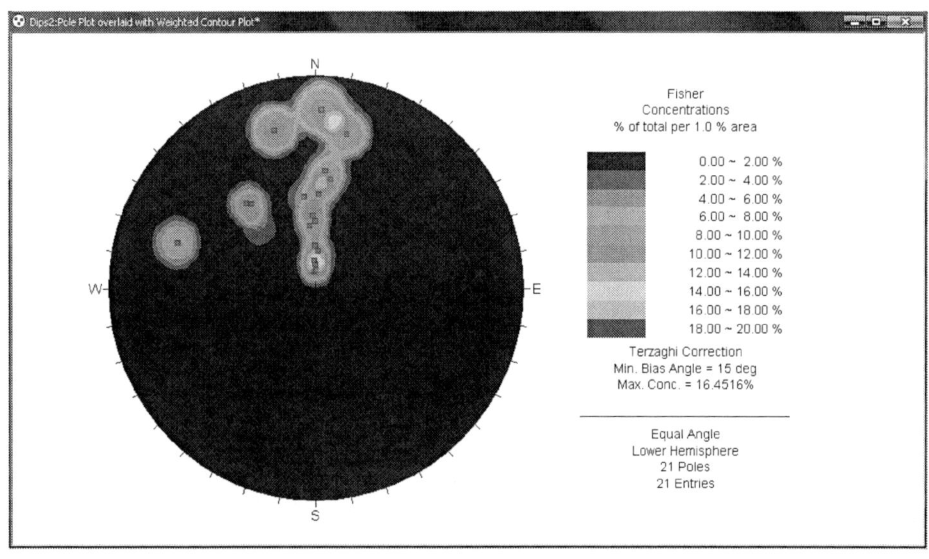

(7) 우측하부의 Trend / Plunce 을 클릭→ Dip / Dip Direction 로 변환한다.

(8) Add Set(window) → 절리군을 영역으로 설정 → OK

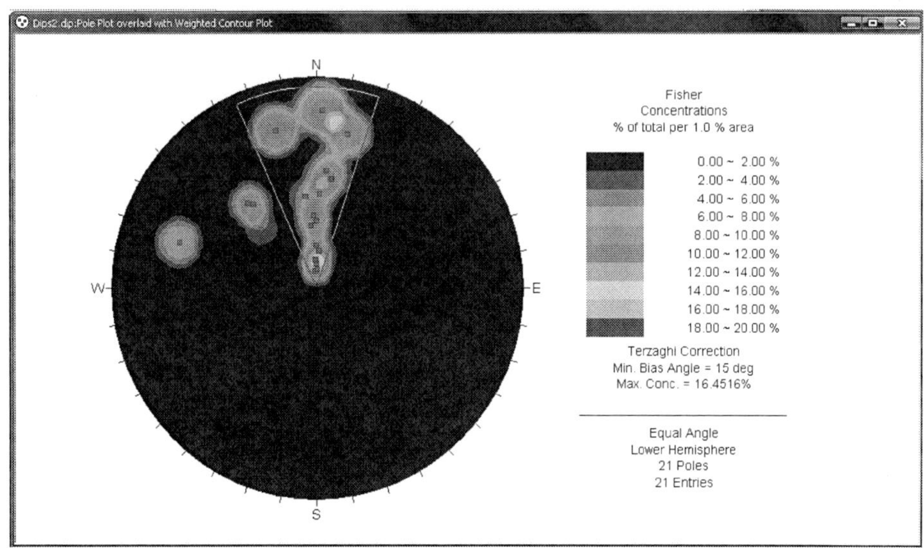

Add set의 First corner, Second corner는 Add set Menu에서 사용자가 설정한 범위로 입력되어 대표 절리 방향성이 결정되는 부분으로 방향성 값은 임의로 넣지 않아도 된다. 즉, 범위만 설정해 주면 된다.

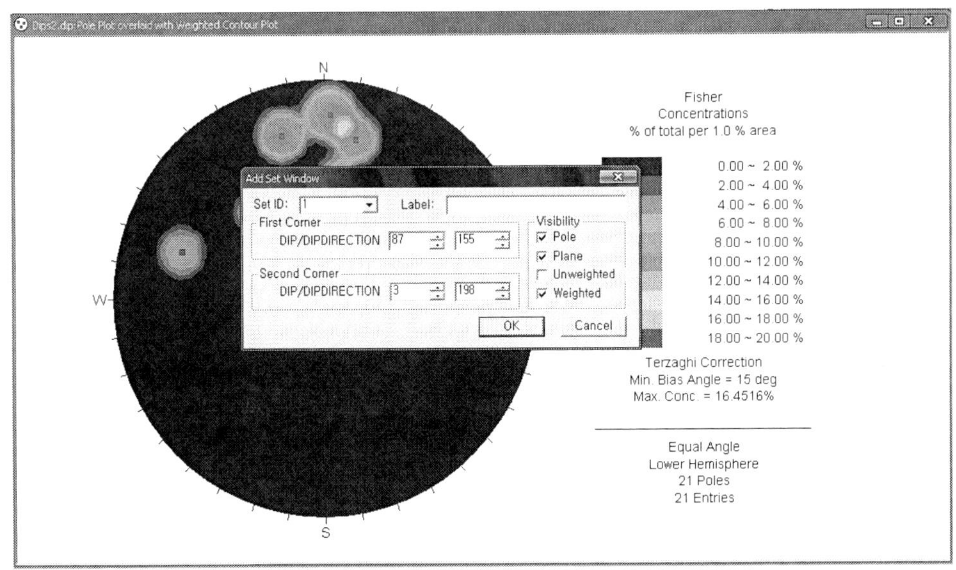

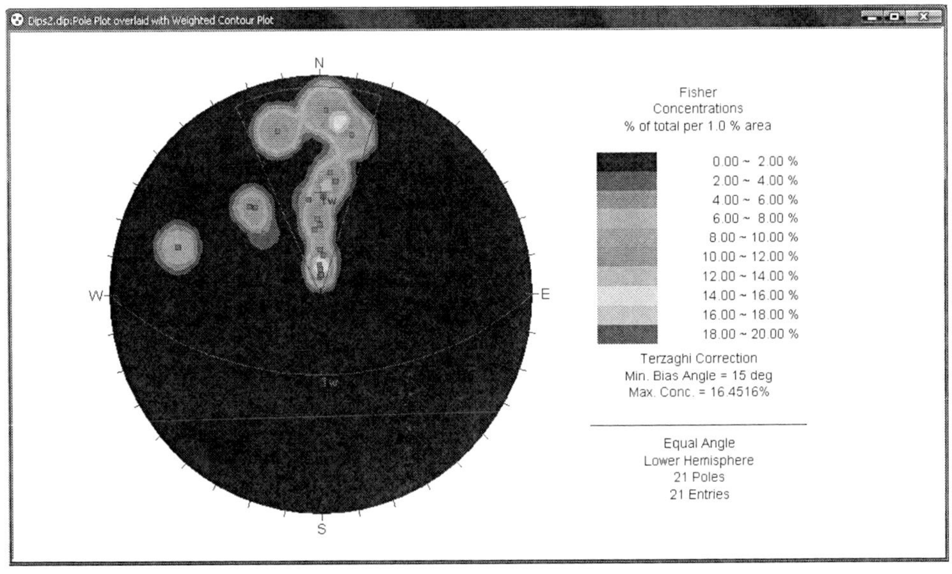

다른 절리군에 대해서도 위의 과정을 반복적으로 실시한다.

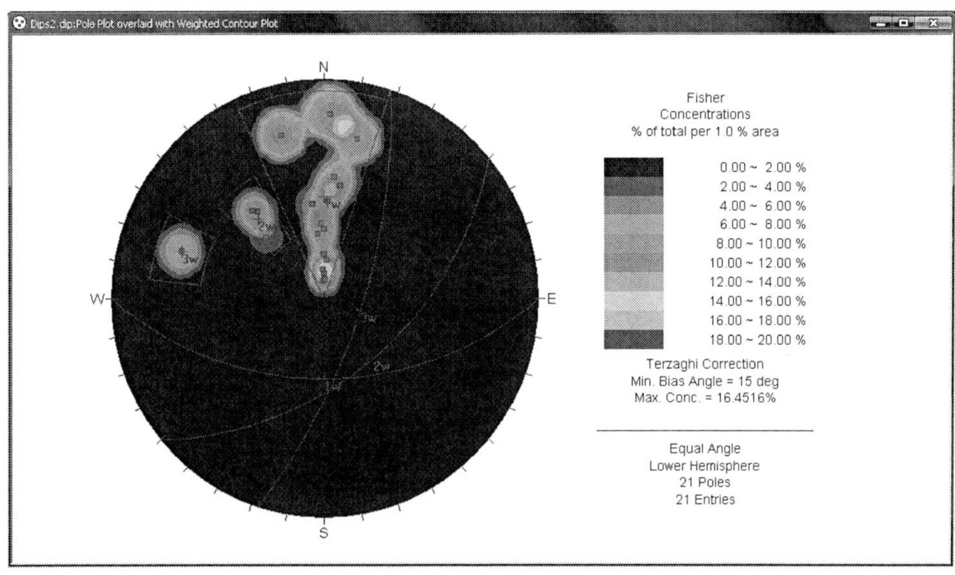

(9) File → Info Viewer 클릭한다.

Add set(window)으로 설정한 절리군 및 Fisher's K에 대한 정보가 표시된다.

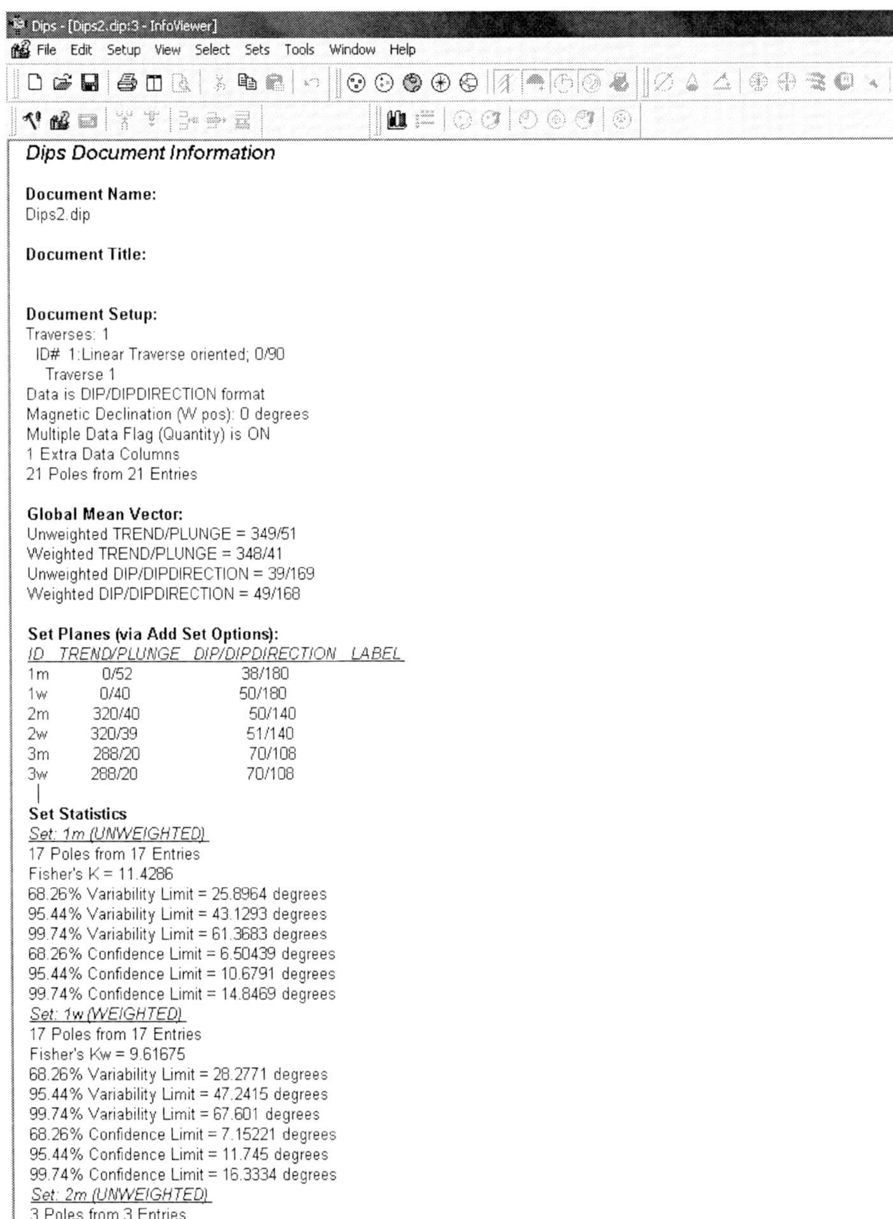

Dips - [Dips2.dip:3 - InfoViewer]

File Edit Setup View Select Sets Tools Window Help

Dips Document Information

Document Name:
Dips2.dip

Document Title:

Document Setup:
Traverses: 1
ID# 1:Linear Traverse oriented; 0/90
Traverse 1
Data is DIP/DIPDIRECTION format
Magnetic Declination (W pos): 0 degrees
Multiple Data Flag (Quantity) is ON
1 Extra Data Columns
21 Poles from 21 Entries

Global Mean Vector:
Unweighted TREND/PLUNGE = 349/51
Weighted TREND/PLUNGE = 348/41
Unweighted DIP/DIPDIRECTION = 39/169
Weighted DIP/DIPDIRECTION = 49/168

Set Planes (via Add Set Options):

ID	TREND/PLUNGE	DIP/DIPDIRECTION	LABEL
1m	0/52	38/180	
1w	0/40	50/180	
2m	320/40	50/140	
2w	320/39	51/140	
3m	288/20	70/108	
3w	288/20	70/108	

Set Statistics
Set: 1m (UNWEIGHTED)
17 Poles from 17 Entries
Fisher's K = 11.4286
68.26% Variability Limit = 25.8964 degrees
95.44% Variability Limit = 43.1293 degrees
99.74% Variability Limit = 61.3683 degrees
68.26% Confidence Limit = 6.50439 degrees
95.44% Confidence Limit = 10.6791 degrees
99.74% Confidence Limit = 14.8469 degrees
Set: 1w (WEIGHTED)
17 Poles from 17 Entries
Fisher's Kw = 9.61675
68.26% Variability Limit = 28.2771 degrees
95.44% Variability Limit = 47.2415 degrees
99.74% Variability Limit = 67.601 degrees
68.26% Confidence Limit = 7.15221 degrees
95.44% Confidence Limit = 11.745 degrees
99.74% Confidence Limit = 16.3334 degrees
Set: 2m (UNWEIGHTED)
3 Poles from 3 Entries

Add set에서 얻어진 대표 절리 방향성으로 Terzaghi 보정을 하였으면 1w를 사용하면 된다.

⑽ 절리군에 대한 정량적인 분석을 하고자 한다면 Rosette plot을 이용한다.

view → Rosette plot을 선택하거나 를 선택한다.

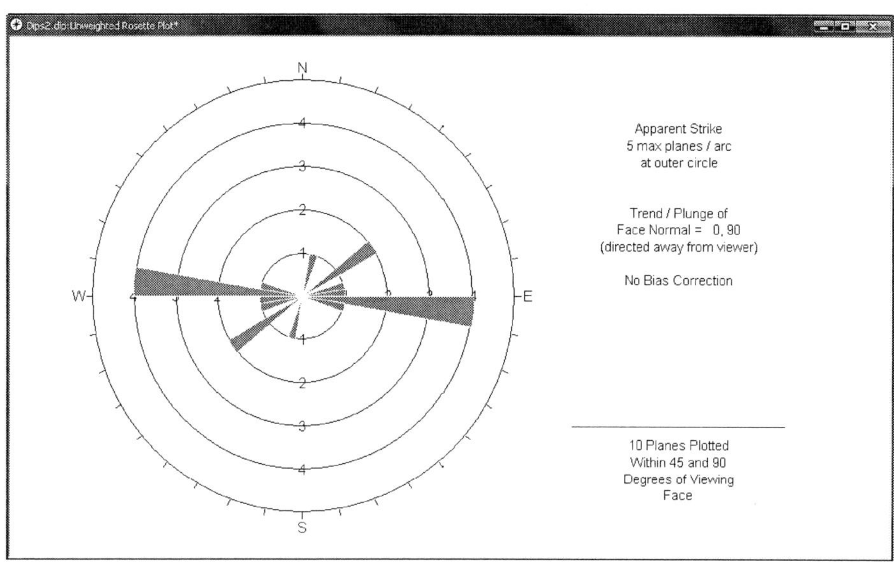

Chapter 06 터널 설계 보고서 작성 가이드

아래 1~10항은 각 조별로 주어진 암석 코어를 이용하여 암반을 공학적으로 분류하고, 11~14항은 개인별로 터널의 제원(용도, 폭 등)을 설정하여 필요한 지보량과 계측 항목 등을 설계하시오.

WORK BOOK 차례

(1) 코어 샘플 박스(core sample box) 전경(조별) 사진
(2) 심도별 절리면 실측 스케치
(3) RQD 산정
(4) 절리 방향성 측정
(5) 거칠기 측정
(6) 시추주상도 작성
(7) 절리군 분석
(8) RMR를 이용한 요소별 산정 결과
(9) Q 분류를 이용한 요소별 산정 결과
(10) 암반에 대한 분류 결과의 종합적 판정 및 고찰
(11) 설계 대상 터널의 제원 설정
(12) 암반 분류 결과를 이용한 필요 지보량의 산정
(13) 지보 설치 후 예상되는 터널 단면도
(14) 터널 시공 중 또는 시공 후 실시할 수 있는 계측 설계도 작성

(1) 코어 샘플 박스(core sample box) 전경(조별) 사진

예

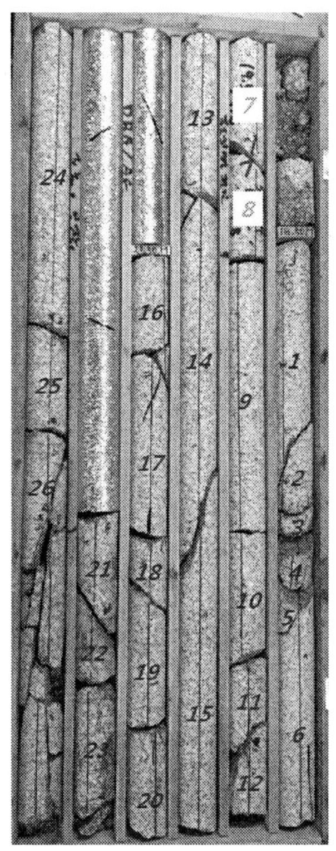

[그림 6-1] core sample box

- 심도 : 18.32~24.32
- 오른쪽 위에서부터 코어번호를 1,2,3, …, 26으로 구분
- 코어 대체부분(스펀지)에 임의로 절리를 그려 가정

(2) 심도별 절리면 실측 스케치

[설명]

시추 심도에 따라 각 절리면에 ID를 부여한 후 절리면의 위치, 방향, 특성 등을 실측 스케치

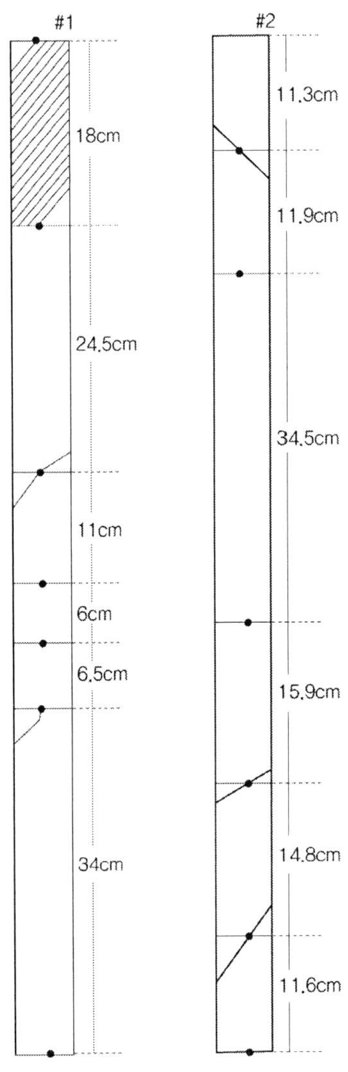

- $RQD = \frac{169.5}{200} \times 100 = 84.75\%$

  $\fallingdotseq 85\%$
- #1core에서 처음 18cm 부분은 풍화로 인해 분자(10cm 이상의 NX 코어)에 더해 주지 않음
- 1m를 20cm로 하며 1 : 5로 축소하여 스케치
- 코어의 길이는 코어 중심선을 기준으로 하여 측정

(3) RQD 산정

[설명]

- RQD의 정의 : 시추 시 굴진한 길이에 대한 10cm 이상의 코어의 길이 합을 백분율로 표시

$$RQD = \frac{10cm \text{ 이상의 코어 길이의 합}}{\text{전체 시추장}} \times 100(\%)$$

- 각 절리의 심도별 RQD 값을 구한다.

예

심도(부터~까지, m)	RQD(%)
19.5～21	98
21～22.5	81

[기재 양식]

심도(부터~까지, m)	RQD(%)

(4) 절리 방향성 측정

[설명]

- 기준 방향을 N으로 하고 시추공의 굴착방향은 수직으로 가정한다.
- 각 절리면의 방향성을 측정하여 표로 작성한다.

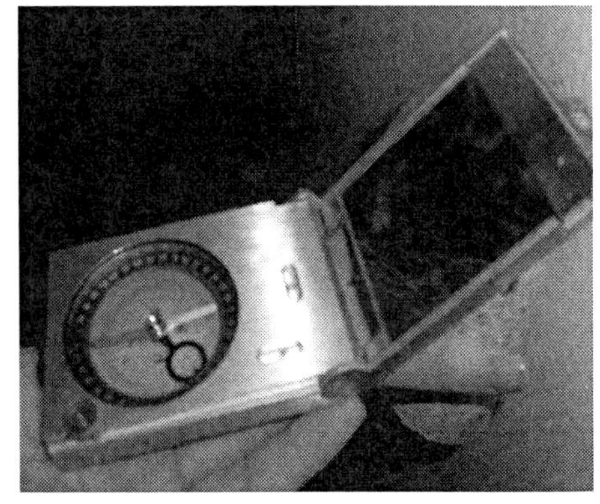

클리노 컴파스

경사 방향, 경사 측정

- 각 절리면의 경사, 경사방향을 기록한다.

예

절리면 ID	심도(m)	경사방향	경사
8	19.75	35	180
9	19.83	38	178

[기재 양식]

절리면 ID	심도	경사방향	경사

(5) 거칠기 측정

[설명]

- 거칠기 산정과정을 단계별로 구분하여 기록한다(과정사진 포함).
- 프로파일 게이지를 이용하여 절리면 거칠기를 측정한다.

- 양식에 프로파일 게이지를 올려놓고 그린다.

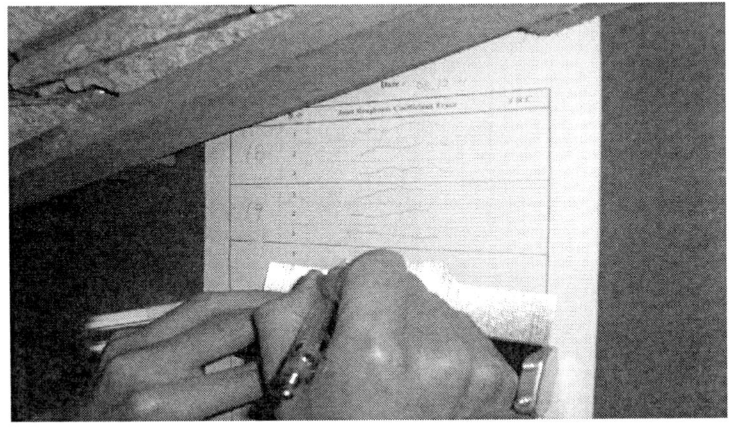

• 아래 JRC 등급표를 이용하여 JRC 값을 추정한다.

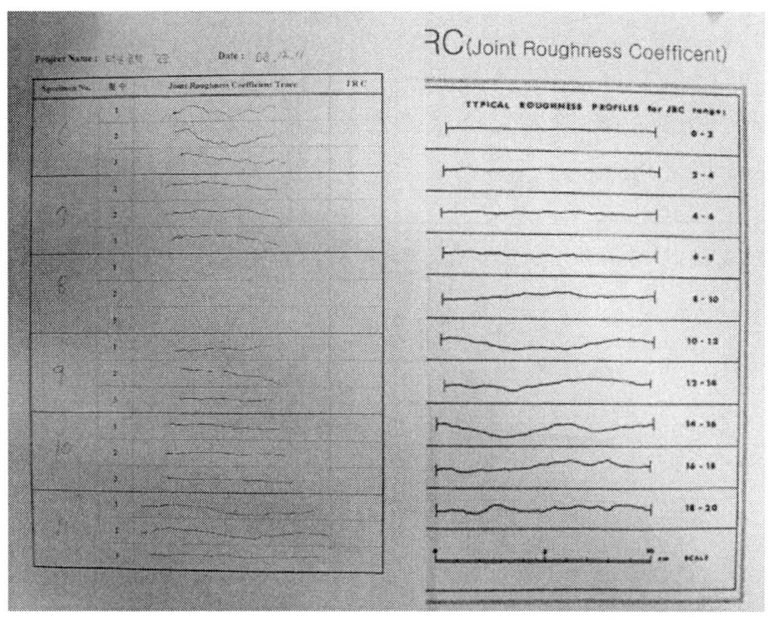

예

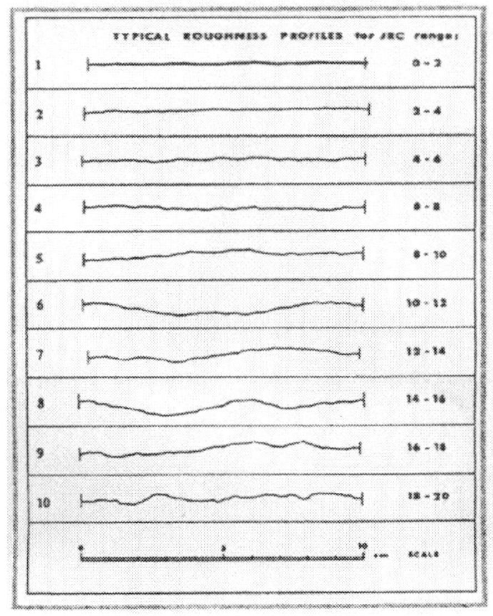

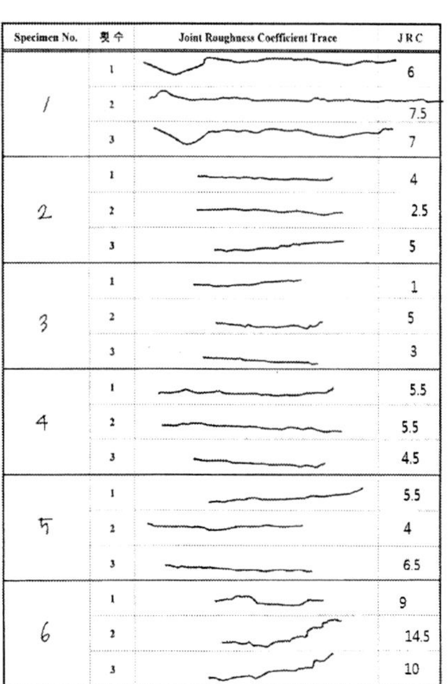

Specimen No.	횟수	Joint Roughness Coefficient Trace	JRC
1	1		6
	2		7.5
	3		7
2	1		4
	2		2.5
	3		5
3	1		1
	2		5
	3		3
4	1		5.5
	2		5.5
	3		4.5
5	1		5.5
	2		4
	3		6.5
6	1		9
	2		14.5
	3		10

[기재 양식]

Specimen No.	횟수	Joint Roughness Coefficient Trace	JRC

(6) 시추주상도 작성

[설명]

- 시추조사에서 회수한 토질시료나 코어 관찰 결과, 굴진과정 중 특이사항, 지하수 분포상태를 종합하여 시추주상도를 작성한다.
- 시추주상도는 지반상태를 분석하고 설계를 실시하는데 근간이 되는 자료이므로 조사과정에서 얻은 모든 결과를 분명하고 정확하게 기재해야 한다.

• 기재 항목

항목	기재(예)
1. 지층명	연암
2. 심도	10.0~15.0m
3. 암종	흑운모 화강암
4. 색	담홍색
5. 풍화정도	신선~약간 풍화
6. 강도	강함~보통 강함
7. 균열정도	약간 균열~심한 균열
8. 코어 회수상태	암편~장주상 코어
9. 입자의 구조	세립질~중립질 입자
10. 응력이완대 유무	단층대 발달, 파쇄대 발달 유무
11. 지하수 영향 정도	암표면 변질 여부
12. 기타특이사항 주절리 수, 경사 부절리 수, 경사 불연속면 종류 불연속면 틈새 충전물 종류 충전물 양 면모양 / 거칠기	암종경계, 코어 유실 여부 2set(70, 90) random 절리 0.1~1.0mm 단단한 점토 >5mm planer/rough

예

시 추 주 상 도

19매중 1

건 명	진주~광양 복선화 제5공구 노반건설공사		시추공번	TB-2	구 분	하남터널
발 주 처	한 국 철 도 시 설 공 단	위 치	전기(현)134km650.00 (우6.0m)		좌 표	X : 176517.1091 Y : 271846.6902
조 사 일	2005. 2. 12 ~ 2. 25	시추표고	297.5m		시추심도	GL(-), 188.0 m
시추방법	회전수세식	지하수위	GL(-), 43.2 m		케 이 싱 심 도	GL(-), 9.0 m
시 추 자	임 민	작 성 자	설재순	시추장비 OP-300	시추공경	NX

심도 (m)	표고 (m)	두께 (m)	주상도	지층명	색조	통일분류	현 장 관 찰 기 록	암질 TCR (%)	암질 RQD (%)	암질 D	암질 S	암질 F	절리간격 형상	절리간격 최대	절리간격 최소	절리간격 평균	시료형태 및 심도	투수계수 / 표준관입시험
1	296.5	1.0		붕적층	암갈색	GP	*붕적층(0.0~1.0m) -ø4.0cm이내 변성퇴적암류 암편 및 실트질 모래 -암갈색 -습윤										⊠	50/28
2 2.2	295.3	1.2		풍화토층	황갈색	SM	*풍화토(1.0~2.2m) -실트질 모래로 분해됨, 모암구조로 형성 -황갈색 -심한~완전 풍화, 매우 조밀, 습윤										⊠	50/18
3							*연암(2.2~9.9m) -변성퇴적암류의 연암 -황갈색~담회색 -약간~심한 풍화, 강함~매우 약함 -약간~매우 심한 균열	35	0	4	4~5	5		3	-	-		
4							*심도 : 2.2~3.2m -매우 심한 파쇄대 - 코아 회수율 저조	90	13	3	3~4	5	C.L	13	1	4		
5				연	황 갈		*심도 : 3.2~4.2m -Random 절리 · 5cm간격, <2.0mm간극, 평면형/완만 · 절리면 풍화되어 <2.0mm실트질 모래 협재 -10~20°의 편마구조 발달	92	29	3	3~4	3	C.L	18	1	6		

[기재 양식]

시 추 주 상 도

조사일	2008.12.11	팀명	2조	작성자	
시추공번	STB4(3)	시추심도	18.39~24.25m	시추공경	NX

심도(m)	두께(m)	주상도	색조	관찰기록	RQD(%)	절리간격				시료형태 및 심도
						형상	최대	최소	평균	

(7) 절리군 분석

[설명]

- 절리면들의 방향 측정 결과를 자료로 DIPS prgm를 사용하여 절리 분석한다.
- DIPS PRGM 정의 : 평사투영법 해석을 손쉽게 작성, 해석, 출력할 수 있는 프로그램이다.
- 입력자료는 별도로 기록한다.
- 절리군 분석 결과를 기록한다.

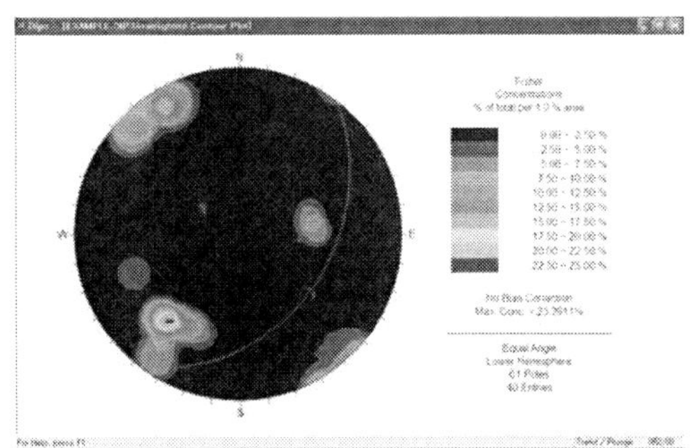

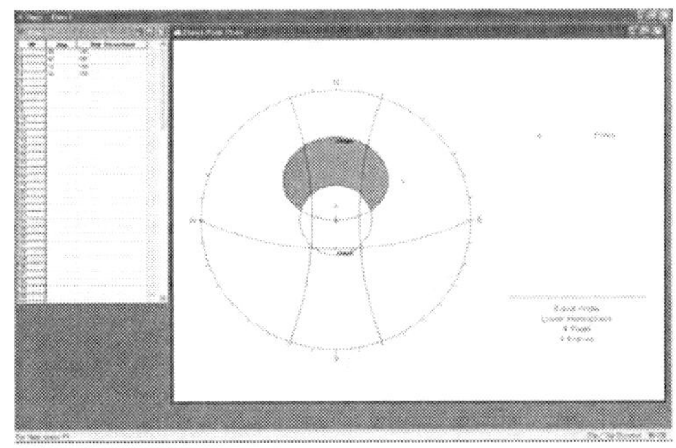
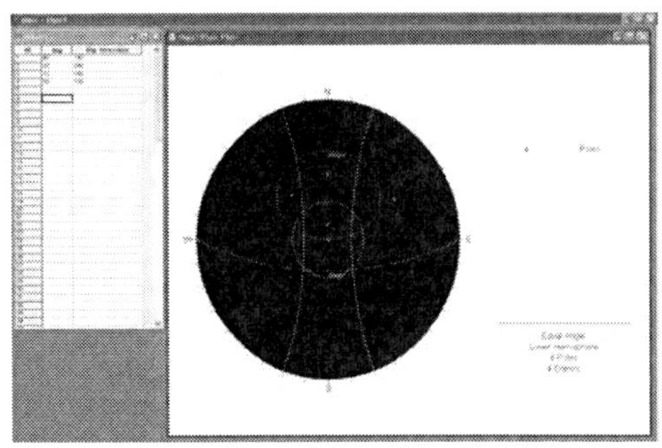
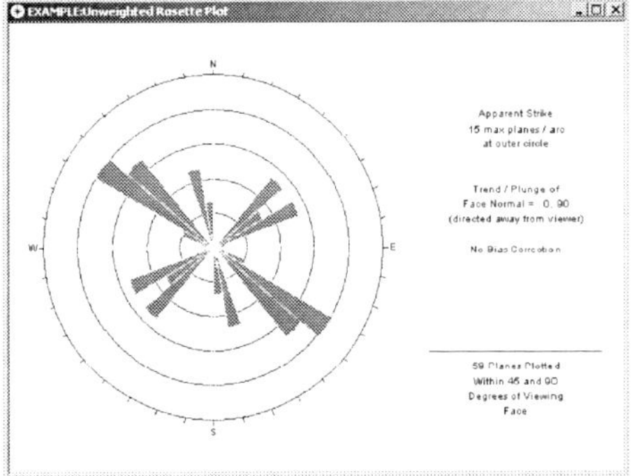

DIPS program 자료

예

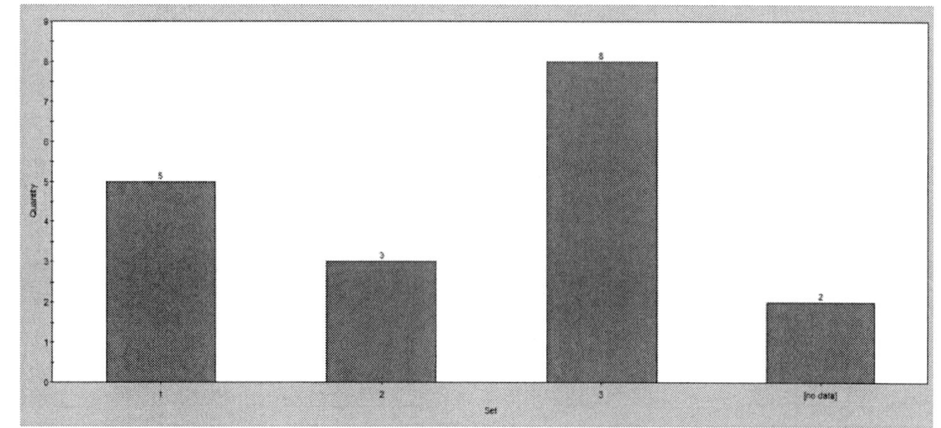

- 절리군은 3개이다. 다시 말하면 '3방향의 절리군'으로 분류되었다. 절리군의 구체적인 방향성을 보면 다음과 같다.

  set 1 : 116/070

  set 2 : 206/053

  set 3 : 288/037
- 어느 군에도 속하지 못한 절리로 인해 '3방향의 절리군과 산발적인 절리'로 분류될 수도 있지만, 군에 속하지 못한 절리는 2개일 뿐만 아니라 dips에서 또 다른 방법으로 절리군을 분석해보면 set 1에 소속될 수도 있으므로 '3방향의 절리군'로 확신하였다.
- set 1과 3은 주향은 비슷하나 경사가 다르므로 추후 이를 이용하여 터널의 굴진방향을 고려할 수 있다.

(8) RMR을 이용한 요소별 점수 산정

[설명]

- RMR 분류 시트를 이용하고 그 값들은 앞에서 측정한 결과를 기재한다.
- 나머지 알 수 없는 값들은 조사결과를 이용하여 합리적으로 추정한다. 이 때 추정한 값은 '추정'이라고 표기한다.

예

공번	심도(m)			일축압축강도(Mpa)	일축압축강도(kg/cm^2)		RQD(%)		절리간격(cm)	
				평가	평가	점수	평가	점수	평가	점수
STB4 (3)	18.0	~	19.5	41.0	418	5	54.67	10	15.33	8
STB4 (3)	19.5	~	21.0	41.0	418	5	98	20	29.8	10
STB4 (3)	21.0	~	22.5	41.0	418	5	81	15	121.5	15
STB4 (3)	22.5	~	24.0	41.0	418	5	87	15	24.25	10
STB4 (3)	24.0	~	24.25	41.0	418	5	–	–	–	–

절리면상태										지하수		RMR	등급
연속성		틈새		충전물		거칠기		풍화도					
평가	점수	평가	점수	평가	점수	평가	점수	평가	점수	평가	점수		
10~20	1	0.1-1.0	1	없음	6	매끄러움	1	중간풍화	3	Wet	7	42	Ⅲ
10~20	1	0.1-1.0	1	없음	6	매끄러움	1	중간풍화	3	Wet	7	54	Ⅲ
10~20	1	0.1-1.0	1	없음	6	매끄러움	1	중간풍화	3	Wet	7	54	Ⅲ
10~20	1	0.1-1.0	1	없음	6	약간거침	3	중간풍화	3	Wet	7	51	Ⅲ
10~20	1	0.1-1.0	1	없음	6	거침	5	중간풍화	3	Wet	7	28	Ⅳ

(9) Q 분류를 이용한 요소별 산정

[설명]

- Q 분류 시트를 이용하고 그 값들은 앞에서 측정한 결과를 기재한다.
- 나머지 알 수 없는 값들은 각자가 값을 가정한다.

예

항목	암반 분류 심도(m)			RQD(%)		절리군 수(Jn)		절리면 거칠기(Jr)	
공번				상태	R	상태	R	상태	R
STB4(3)	18.0	~	19.5	54.67	55	3개	4	매끄러운 파상절리	1.5
STB4(3)	19.5	~	21.0	98	98	1개	2	매끄러운 파상절리	1.5
STB4(3)	21.0	~	22.5	81	81	1개	2	매끄러운 파상절리	1.5
STB4(3)	22.5	~	24.0	87	87	1개	2	부드러운 파상절리	2.0
STB4(3)	24.0	~	24.25	-	-	1개	2	거칠거나 불규칙한 파상절리	3.0

절리면 변질 정도(Ja)		지하수 관련 계수(Jw)		응력저감계수(SRF)		Q 값	판정
상태	R	상태	R	상태	R		
변질되지 않은 절리	1.0	건조 또는 소량의 용수	1.0	중간 응력	2.5	8.25	Fair
변질되지 않은 절리	1.0	건조 또는 소량의 용수	1.0	중간 응력	2.5	29.4	Good
변질되지 않은 절리	1.0	건조 또는 소량의 용수	1.0	중간 응력	2.5	24.3	Good
변질되지 않은 절리	1.0	건조 또는 소량의 용수	1.0	중간 응력	2.5	34.8	Good
변질되지 않은 절리	1.0	건조 또는 소량의 용수	1.0	중간 응력	2.5	-	-

(10) 암반에 대한 분류 결과의 종합적 판정 및 고찰

[설명]

RMR 분류와 Q 분류 결과를 종합하여 암반에 대한 종합적 평가 결과를 고찰 기술한다.

예

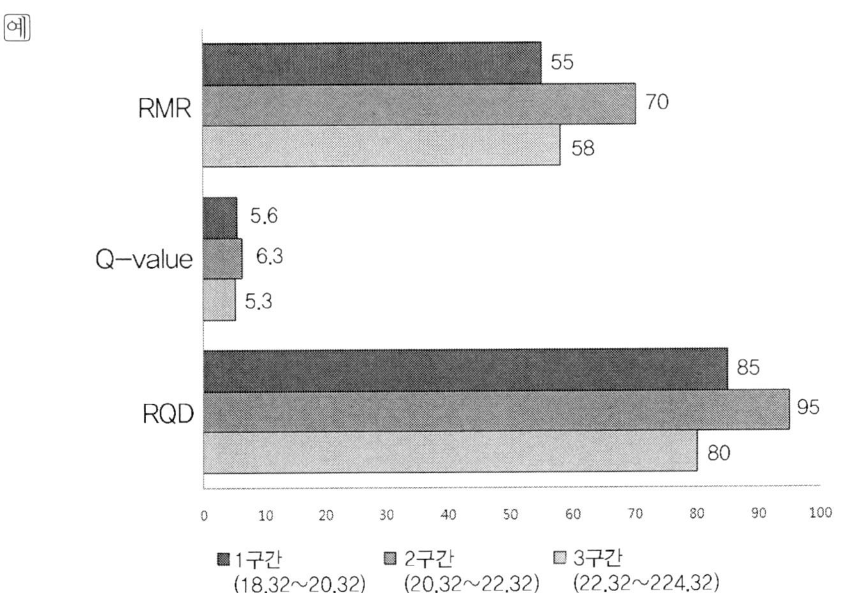

RMR 값을 통해서는 보통 또는 양호한 암반으로, Q-시스템을 통해서는 보통의 암질을 가진 암반으로, RQD를 통해서는 양호한 암반으로 판정된다.

(11) 설계 대상 터널 제원의 설정

[설명]

터널의 폭(span), 높이, 형상 등을 설정한다.

예
- 터널의 용도 : 광산터널
- 터널의 폭 : 10m
- 터널의 높이 : 8m

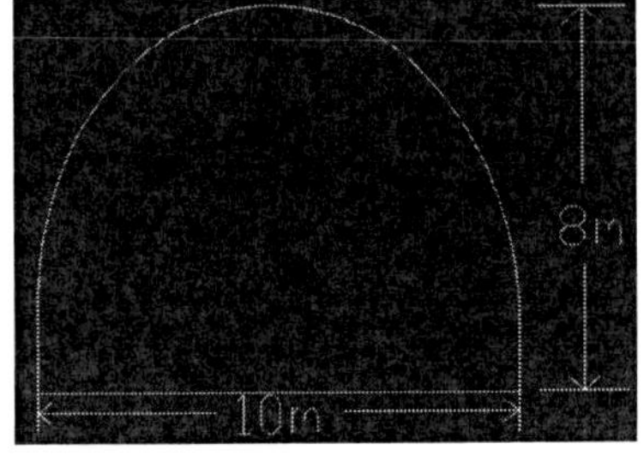

⑿ 암반 분류 결과를 이용한 필요 지보량의 산정

예 • 2구간의 코어를 터널의 암반으로 가정하였다.
• 측벽부 지보 수준의 결정을 위해 Q 값을 보정해야 한다.

[표 6-1] 측벽부 지보 수준의 결정을 위한 Q 분류치의 보정

천반부 지보 결정을 위한 Q 분류치, Q_{roof}	측면부 지보 결정을 위한 보정 Q 분류치, Q_{wall}
<0.1	$1.0 \times Q_{roof}$
$0.1 < Q_{roof} < 10$	$2.5 \times Q_{roof}$
>10	$5.0 \times Q_{roof}$

터널 구간 암반의 Q 분류치는 0.1과 10 사이에 해당하므로 측벽부의 Q 분류치는 천반부의 Q 값에 2.5를 곱해 주어야 한다.

[표 6-2] 터널의 암반 분류 결과

	RMR	Q-value
터널 - 천반부	70	6.3
터널 - 측벽부	70	15.75

터널 크기와 Q-chart를 이용하여 지보설계

(13) 지보 설치 후 예상되는 터널 단면도

예

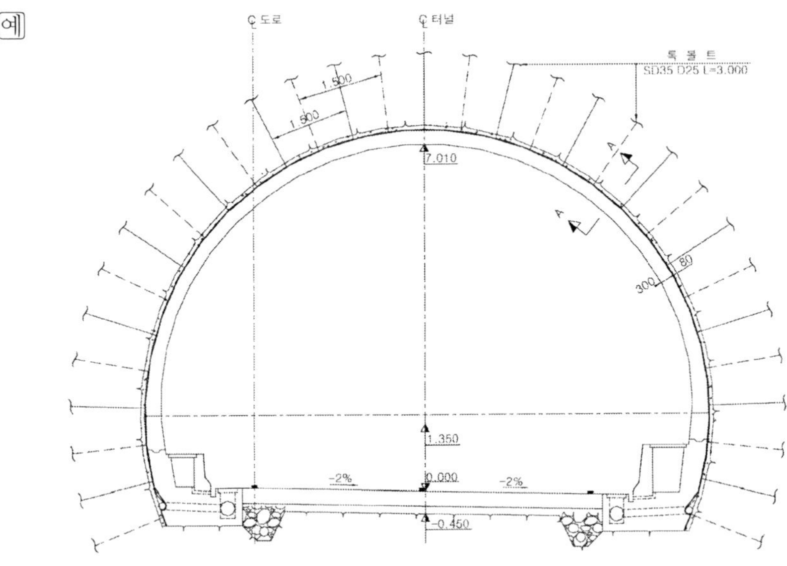

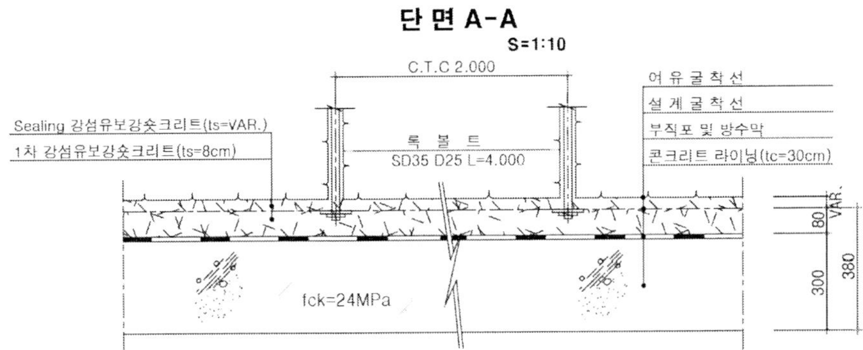

3⒁ 터널 시공 중 또는 시공 후 실시할 수 있는 계측 설계도 작성

예

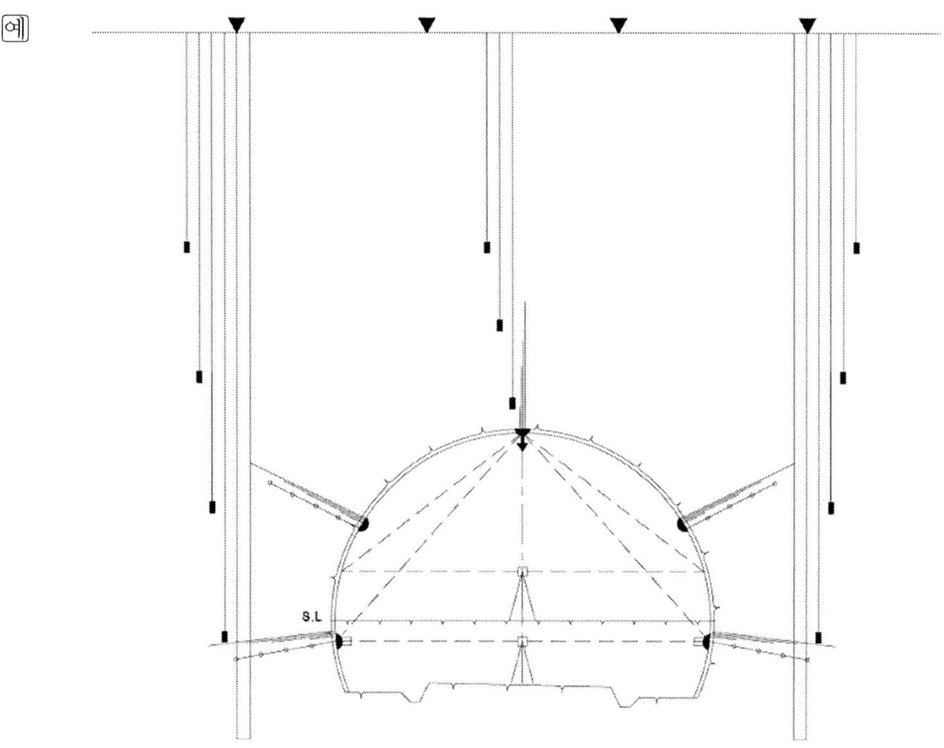

범례			
↓	천단 침하 측정		지중 수평변위 측정
	내공 변위 측정		지중 침하 측정
	지중 변위 측정	▼	지표면 침하 측정
	숏크리트 응력 측정		록볼트 축력 측정

Chapter 07 여러 가지 터널의 레이아웃(layout)

(1) 철도터널 단면

① 단선

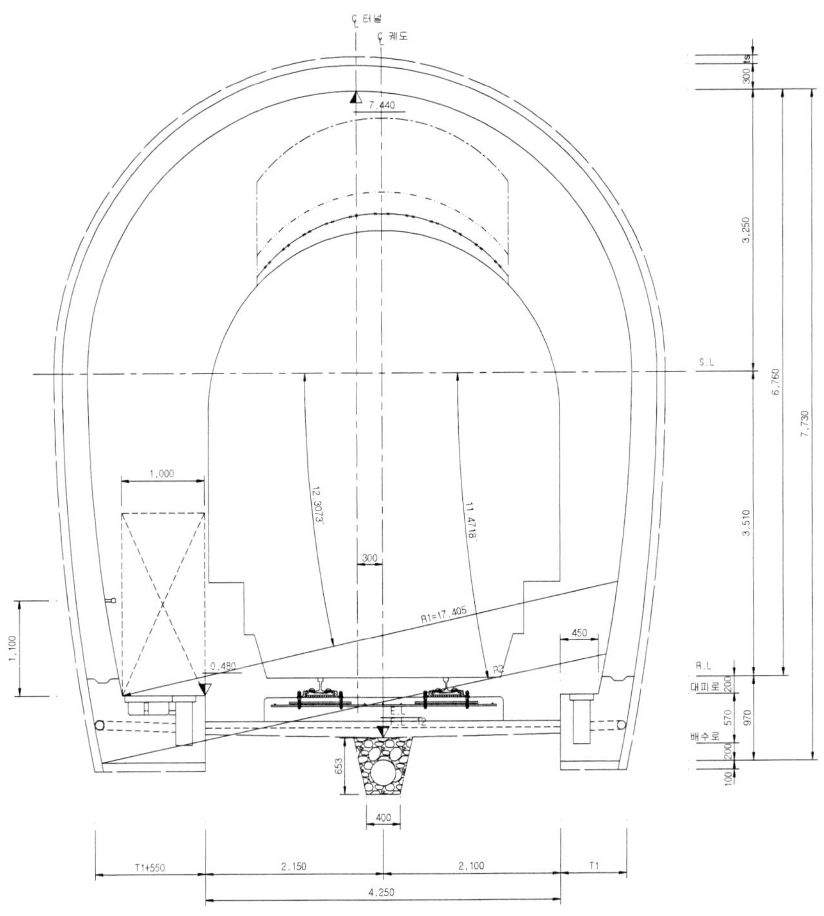

② 복선

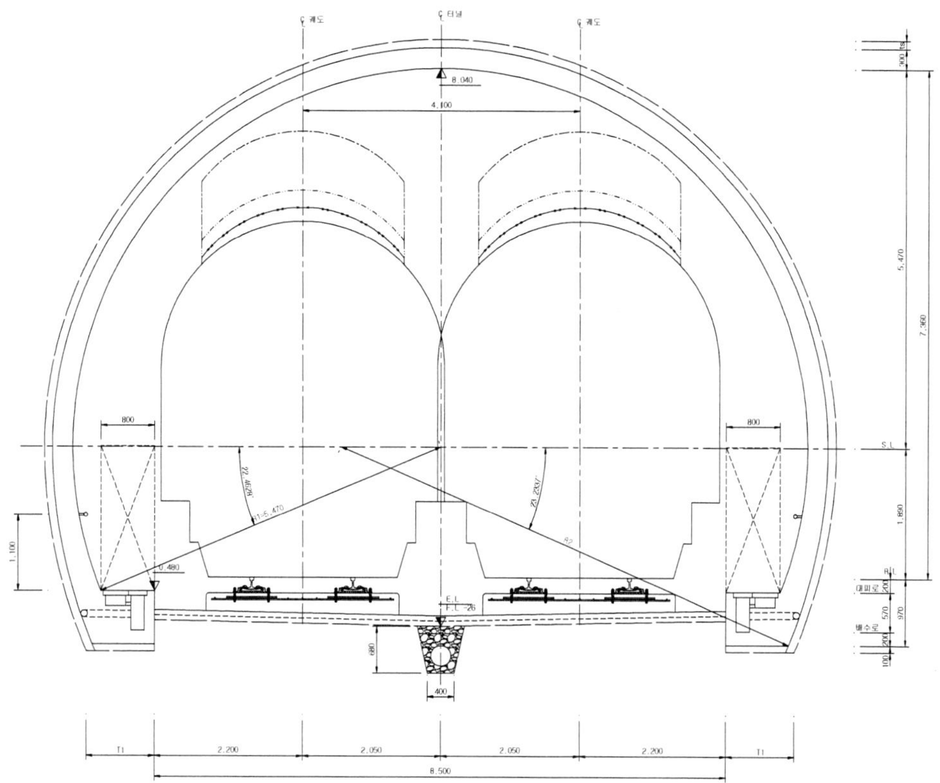

(2) 고속철도터널 단면

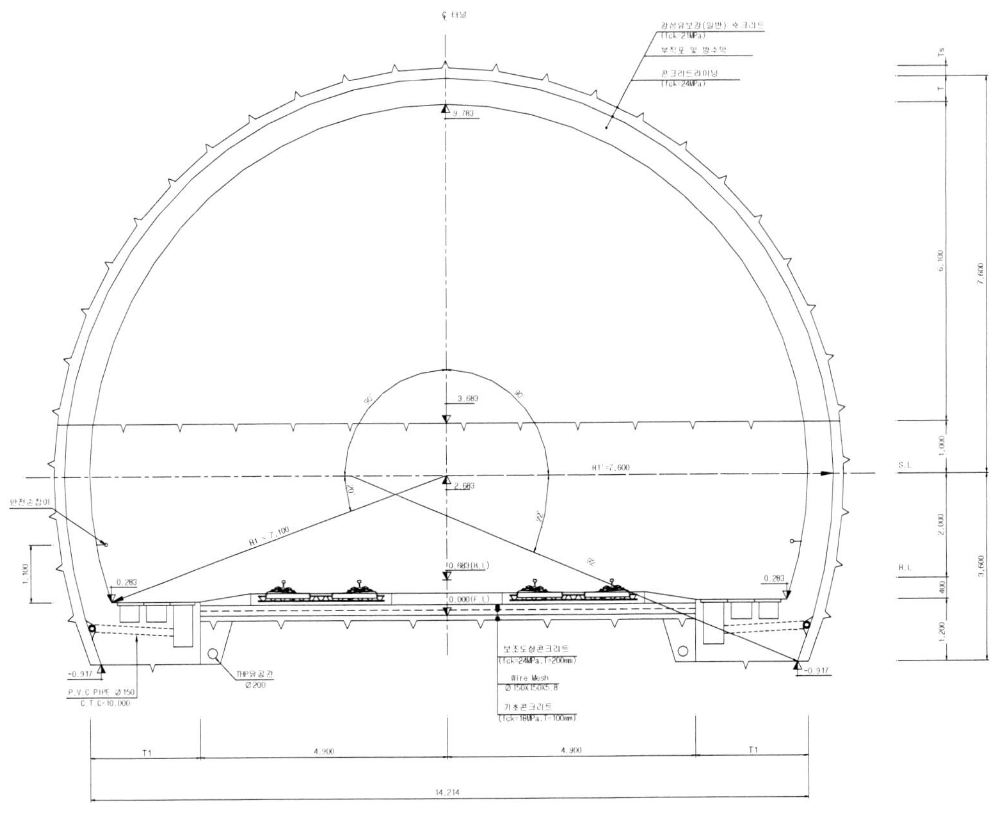

(3) 도로터널 단면

① 2차로

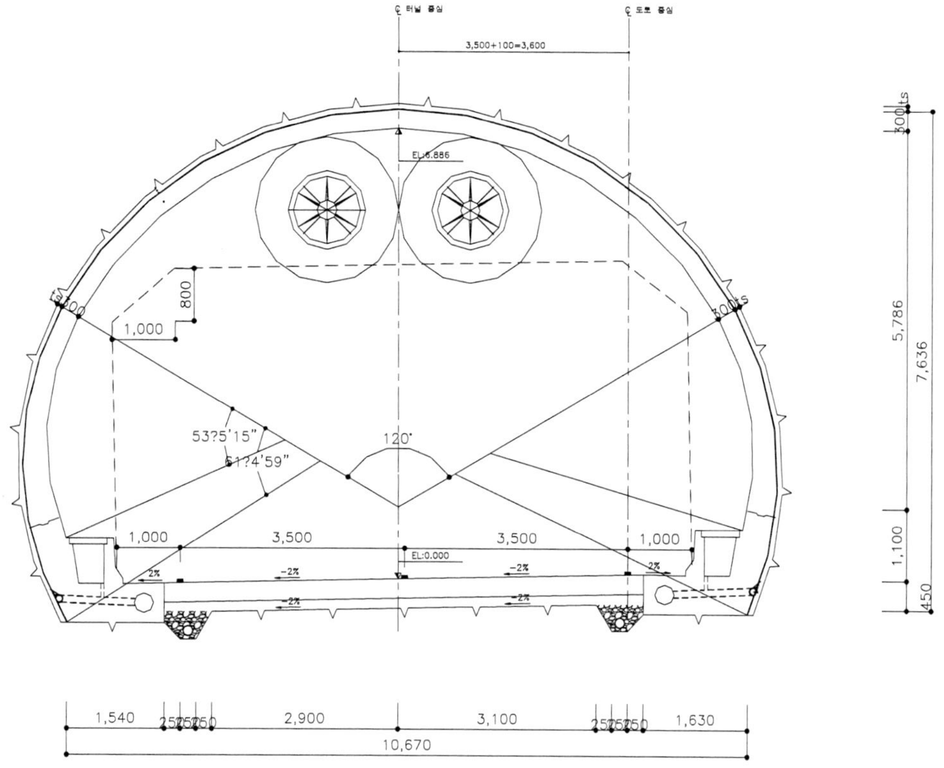

② 3차로

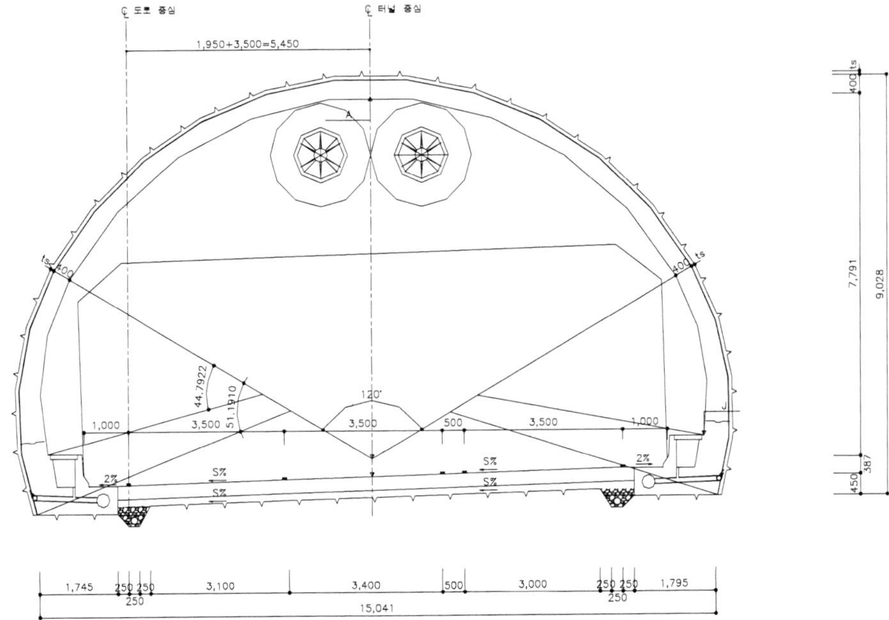

1,950+3,500=5,450
120°
1,000
3,500
3,500
500
3,500
1,000
44.7922
51.1910
2%
S%
S%
2%
S%
S%
7,791
9,028
387
450
1,745
250 250
250
3,100
3,400
500
3,000
250 250
250
1,795
15,041

③ 4차로

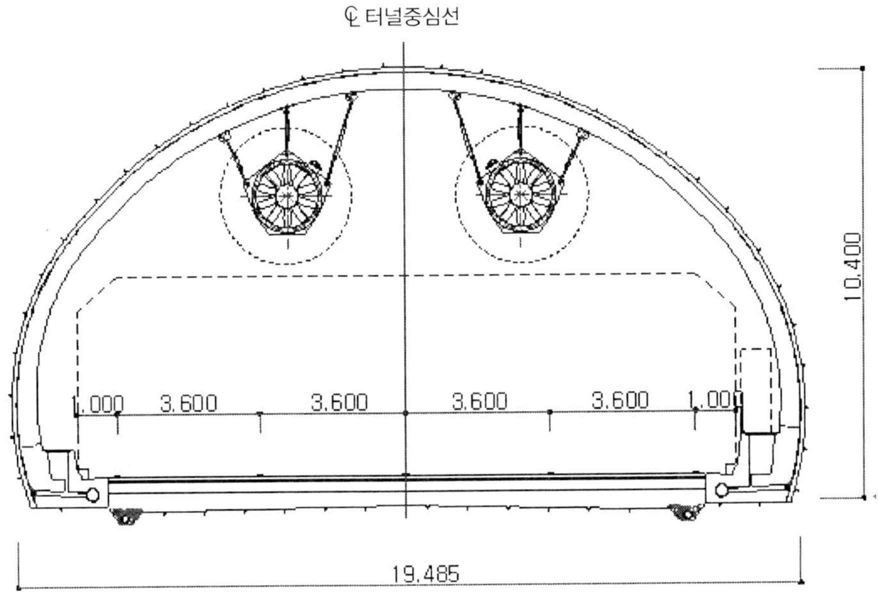

℄ 터널중심선
1.000
3.600
3.600
3.600
3.600
1.000
10.400
19.485

(4) 지하철 터널 단면

① 단선

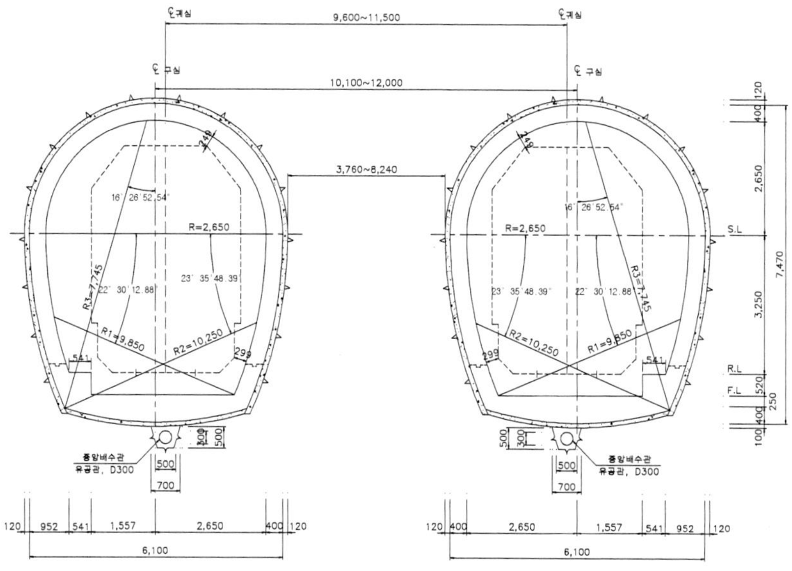

② 복선

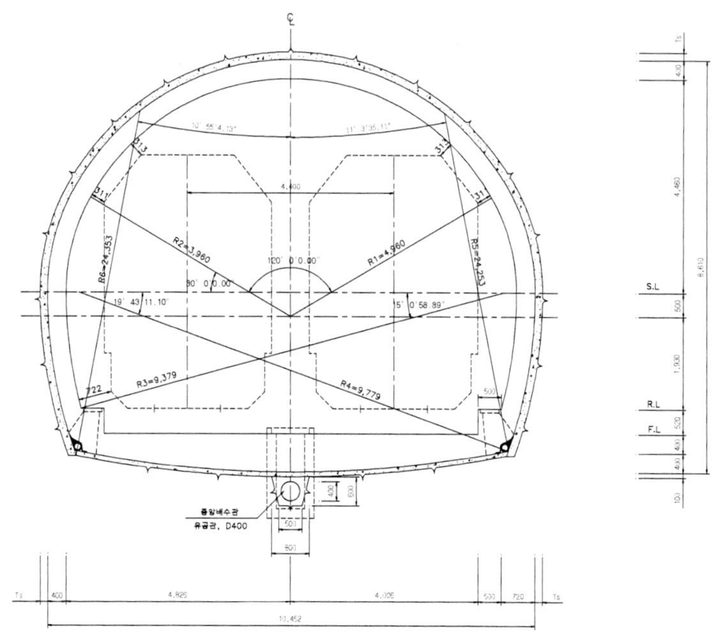

(5) 정거장 터널 단면

① 서울지하철 7호선 청담 정거장

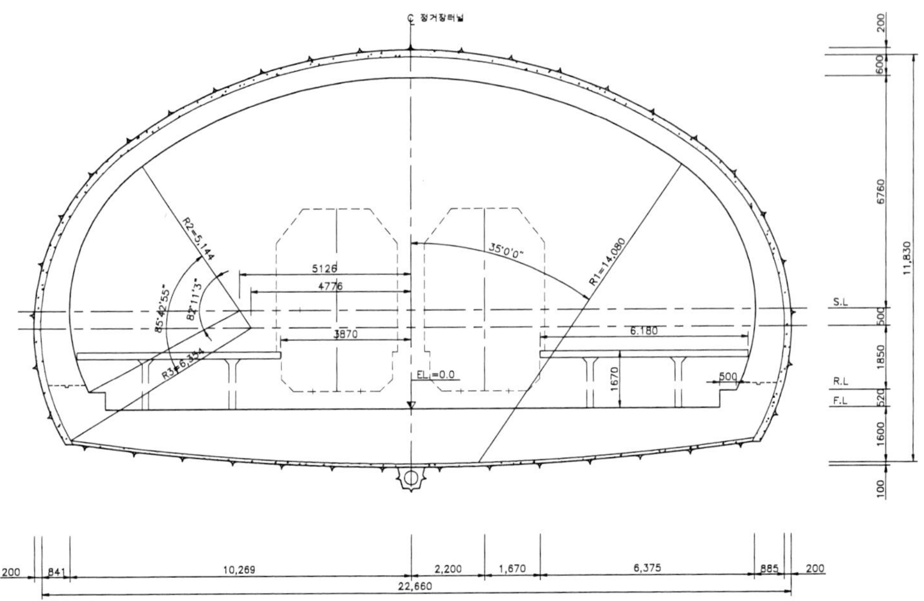

② 대전 3-arch 터널 정거장

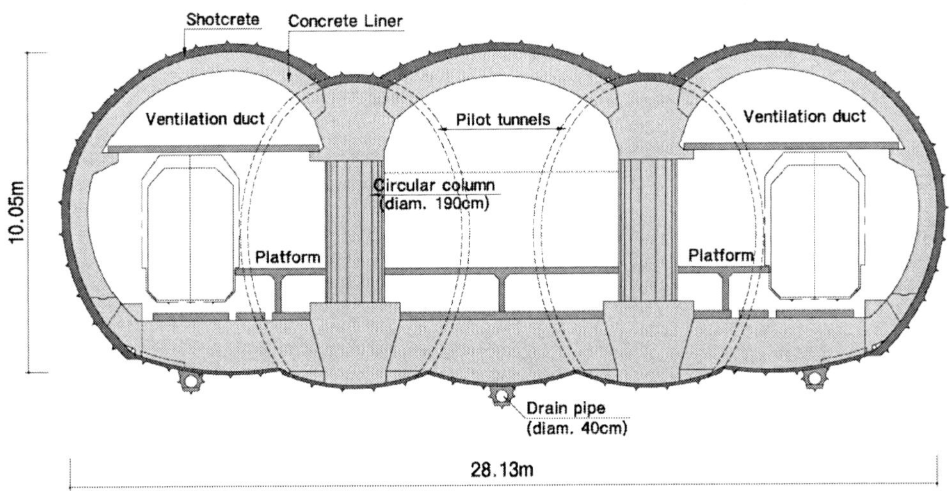

③ 서울지하철 녹사평 정거장

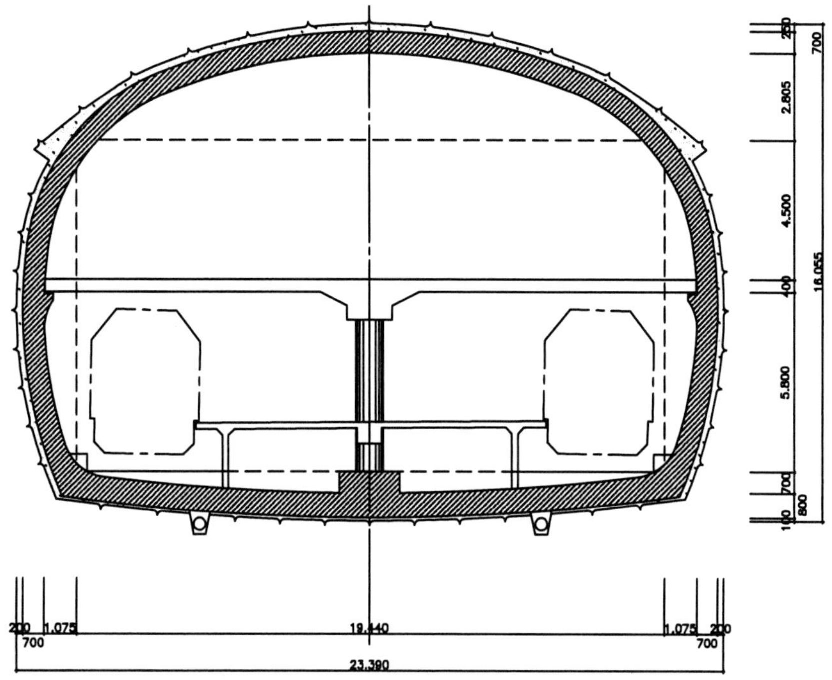

[찾아보기]

[참고문헌]

Allirot D. and J.P. Boehler, 1979, Evolution of rock properties under confinement, Proc. 4th int. Congress Rock Mechanics, Montreux, 1, pp.15～22.

Amadei, B., Stephansson, O, 1997, Rock Stress and Its Measurement, Chapman and Hall, London, p.490.

Barton N., 1976, Recent experience with the Q-system for tunnel support, Proc. Symp. Exploration for Rock Engineering, Balkema, pp.107～114.

Barton N., R. Lien and J. Lunde, 1974, Engineering classification of rock mass for the design of tunnel support, Rock Mechanics, 6.4, pp.183～236.

Barton N., 1995, The Influence of Joint Properties in Modelling Jointed Rock Masses, Keynote Lecture, 8th ISRM Congress, Tokyo, Vol.3.

Berthelsen O.J. et al (a), 1992, Guide to cavern engineering, Government Publication Center, Hong Kong, p.131.

Berthelsen O.J. et al (b), 1992, Guide to cavern engineering, Government Publication Center, Hong Kong, p.136.

Bieniawski Z.T., 1976, Rock mass classification in rock engineering, Proc. Symp. Exploration for Rock Engineering, Balkema,, pp.97～106.

Bieniawski Z.T., 1978, Determining rock mass deformability- experience from case histories, Int. J. Rock Mech. Min. Sci., 15, pp.237～248.

Bieniawski Z.T., 1979, Tunnel design by rock mass classifications, U.S. Army Corps of Engineers, Waterways Experiment Station- Technical Report GL-79-19, p.133.

Bieniawski Z.T., 1984, Rock Mechanics Design in Mining and Tunneling, Balkema, Rotterdam, p.272.

Bieniawski Z.T., 1989, Engineering Rock Mass Classifications, John Wiley & Sons, p.251.

Bieniawski Z.T., 1992, Design Methodology in Rock Engineering, Balkema, Rotterdam, p.196.

Blyth F.G.H. and M.H. de Freitas, 1984, A Geology for Engineers(7th ed.), Edward Arnold, p.325.

Bowen N.L., 1928, The Evolution of the Igneous Rocks, Princeton University Press, Princeton, p.334.

Brown E.T.(ed), 1981, Rock Characterization Testing & Monitoring, Pergamon Press, Oxford, p.211.

Chen R., G.I. Ofoegbu and S. Hsiung, 2000, Modeling drift stability in fractured rock mass at Yucca Mountain, Nevada - discontinuum approach, Pacific rocks-proc. of the 4th NARMS, pp.945~952.

Cummings R.A., F.S. Kendorski and Z.T. Bieniawski, 1982, Caving mine rock mass classification and support estimation, U.S. Bureau of Mines contract No. J0100103, Engineers International, p.195.

Deere D.U., R.B. Peck, J.E. Monsees and B. Schmidt, 1970, Design of tunnel linings and support systems, Highway Research Record, Washington DC, No. 339, pp.26~33.

EFNARC, 1996, European specification for sprayed concrete, United Kingdom.

Ehlers E.G. and H. Blatt, 1980, Petrology ; Igneous, Sedimentary, and Metamorphic, W. H. Freeman and Company, p.732.

Farmer I.W., 1983, Engineering Behaviour of Rocks-2nd ed., Chapman and Hall, London, p.208.

Goodman, 1980, Introduction to Rock Mechanics, John Wiley & sons, New York, p.478.

Grimstad, E. and Barton, N., 1993, Updating of the Q-system for NMT. Proceedings of the International Symposium on Sprayed Concrete. Modern Use of Wet Mix Sprayed Concrete for Underground Support, Fagernes, (eds Kompen, Opsahl and Berg), Oslo: Norwegian Concrete Association.

Grimstad E. and N. Barton, 1994, Updating the Q-system for NMT, Proc. Int. Symp. on Sprayed Concrete, Fagernes.

Hobbs, B.E., Means, W.D., Williams, P.F., 1976, An outline of structural geology, John Wiley & Sons, p.571.

Hoek E. and E.T. Brown, 1980, Empirical strength criterion for rock masses, J. Geotech. Engineering Div. ASCE, 106. pp.1,013~1,035.

Hoek E. and E.T. Brown, 1980, Underground Excavations in Rock, Institution of Mining and Metallurgy, p.527.

Hoek E., P.K. Keiser and W.F. Bawden, 1995, Support of Underground Excavations in Hard Rock, Balkema, Rotterdam, p.215.

Hoek, E., 1983, Strength of jointed rock masses, Geotechnique, 33.3, pp.187~223.

Hutchinson, D.J. and Diederichs, M.S., 1996, Cablebolting in Underground Mines, BiTech Publishers Ltd, Canada.

Iliev, I.G., 1967, An attempt to estimate the degree of weathering of intrusive rocks from their physico-mechanical properties, Proc. 1st Cong. Int. Soc. Rock Mech., Lisbon, pp.109~114.

John, M., 1980, Investigation and design for the Arlberg expressway, Tunnel, Tunnels and Tunneling, 46~51(April), 54~57(May), 45~50(June).

Jones M.J., 1985, The weathered zone aquifers of the basement complex areas of Africa, Q. J .eng. Geol. London, Vol. 18, p.35~46.

Kim K, Franklin JA., 1987, Suggested methods for rock stress determination, Int J Rock Mech Min Sci Geomech Abstr, Vol.24, No.1, pp.53~73.

Kendorski, F.S., R.A. Cummings, Z.T. Bieniawski and E.H. Skinner, 1983, Rock mass classification for block caving mine drift support, Proc. 5th Int. Congr. Rock Mech, ISRM, Melbourne, B pp.101~113.

Klein C. and C.S. Hurlbut, Jr., 1985, Manual of Mineralogy, John Wiley & Sons, p.596.

Laubscher D.H. and H.W. Taylor, 1976, The importance of geomechanics classification of jointed rock masses in mining operations, Proc. Rapid Excavation and Tunneling Conference, AIME, pp.417~429.

Müller L., 1978, Removing misconceptions on the New Austrian Tunneling Method, Tunnels and tunneling, pp.29~32.

Park D.H., S. Jeon and Y.G. Yeon, 2000, Application of mechanical crack model to numerical study of rock mass behaviour, Pacific rocks-proc. of the 4th NARMS, pp.695~702.

Peng S.S., 1978, Coal Mine Groung Control, John Wiley & sons, p.445.

Serafim J.L. and J.P. Pereira, 1983, Consideration of the geomechanical classification of Bieniawski, Proc. Int. Symp. on Engineering Geology and Underground Construction, 2, pp.33~42.

Terzaghi, K. and F.E. Richart, 1952, Stresses in rock about cavities, Geotechnique, Vol.3, pp.57~90.

Thidemann, A. 1976, The influence of jointing on the overbreak in tunnelling, Fjellsprengningsteknikk, Paper 19.1, 9p Tapir, Trondheim. (In Norwegian with English summary).

Unal E., 1983, Design guidelines and roof control standards for coal mine roofs, Ph.D. Thesis, The Pennsylvania State Univ.

Vutukuri V.S. and K. Katsuyama(ed), 1994, Introduction to Rock Mechanics, Industrial Publishing & consulting, Inc., Tokyo, p.275.

Ward, W.H., P. Tedd, and N.S.M. Berry, 1983, The Kielder Experimental Test Tunnel: Final Results, Geotechnique, Vol. 33, No. 3, pp.275～291.

Wickham G.E., H.R. Tiedemann and E.H. Skinner, 1972, Support determination based on geologic predictions, Proc. of Rapid Excavation and Tunneling conference, AIME, pp.43～64.

Windsor, C.R., 1992, Invited lecture: Cable bolting for underground and surface excavations, Rock support, (eds. Kaiser, P.K. and McCreath D.), Rotterdam, A.A. Balkma, pp.349～376.

Yamaguchi, U., 1970, The number of test pieces required to determine the strength of rock, Int. J. Rock Mech. Min. Sci. 7.2, pp.209～227.

권인환 편저,『NATM 터널공법』, 원기술, 1990, p.368.

김수진,『광물학원론』, 우성문화사, 1982, 610p.

김재극,『산업화약과 발파공학』, 서울대학교 출판부, 999, p.408.

대구지하철 건설본부,「지하철 2호선 3공구 실시설계보고서」, 1997, p.650.

신희순,「지반조사 및 시험결과 활용과 문제점, 터널과 지하공간」,〈한국암반공학회지〉, 2000, 10.1, pp.92～110.

원종관, 이하영, 지정만, 박용안, 김정환, 김형식,『지질학원론』, 우성문화사, 1989, p.552.

윤지선 역,『암반역학』, 구미서관, 1990, p.381.

이기형, 이형원, 신재섭,「화강암질 석재의 열파괴 특성 연구」,〈한국자원공학회지〉, 27.1, 1990, pp.31～42.

이병철 편역,『터널 설계와 시공 계측관리』, 엔지니어즈, 1992, p.326.

이수열,「폴리프로필렌 纖維補强 콘크리트의 性能評價에 關한 硏究」,〈수원대학교 박사학위논문〉, 2011, p.107.

이정인, 「Rock Bolt 지보기술 광산적용 시험연구」, 〈대한광업진흥공사 연구보고서〉, 1986, p.230.

이정인, 조태진, 이연규 편역, 『터널설계』, 구미서관, 1997, p.359.

이희근, 양형식, 『응용암석역학』, 서울대학교 출판부, 1997, p.487.

임환욱, 김치환, 『터널공학』, 구미서관, 2003, p.361.

전용원, 『지구자원과 환경』, 서울대학교 출판부, 1998, p.492.

정창희, 『지질학개론』, 박영사, 1990, p.642.

조병욱, 박연준, 유광호, 김수만, 임두철, 이상돈, 「휨인성을 고려한 강섬유보강 숏크리트 거동의 수치해석적 연구, 터널과 지하공간」, 〈한국암반공학회지〉, 17.5, 2007, pp.411~427.

한국지질자원연구원, 〈한국지질도(1 : 1,000,000)〉, 1995.

한국터널공학회, 「쉴드 TBM 지침서」, 2001.

한국터널공학회, 『터널 기계화시공 설계편』, 씨아이알, 2008, p.655.

현병구 외, 『물리탐사용어사전』, 선일문화사, 1995, p.364.

터널 설계와 시공 Basic for Expert

초판인쇄 2013년 8월 1일
초판 2쇄 2020년 8월 31일

저　　자 김재동, 박연준
펴 낸 이 김성배
펴 낸 곳 도서출판 씨아이알

책임편집 박영지
디 자 인 백정수, 윤미경
제작책임 김문갑

등록번호 제2-3285호
등 록 일 2001년 3월 19일
주　　소 (04626) 서울특별시 중구 필동로8길 43(예장동 1-151)
전화번호 02-2275-8603(대표)
팩스번호 02-2265-9394
홈페이지 www.circom.co.kr

I S B N 978-89-97776-92-4 (93530)
정　　가 32,000원